木質の物理

日本木材学会　編

文永堂出版

表紙デザイン：中山康子（株式会社ワイクリエイティブ）
写 真 提 供：仲村匡司

は じ め に

　森林は，国土の保全，水源のかん養，公衆の保健，地球温暖化防止など環境資源としての機能と，木材の生産など経済資源としての機能を持つ．樹木は，バイオマス（生物量）のほとんどを占めており，持続可能な循環型社会を実現していくためには，樹木が生産する再生可能な木質資源（木材）を，建築材料や紙およびパルプなどの資材や燃料としての利用に加えて，さらに広く利活用していくことが必要である．

　『木質の物理』は，木材の物理的性質を深く認識するための科学で，『木質の構造』，『木質の化学』とともに，木質科学の基礎である．木質の物理は，基礎科学としてだけでなく，木質資源の新しい利用技術の開発のために必要な基礎知識として重要である．

　第1章では，材料としての木材の構造的特徴と木材が持つ生物材料固有の特徴について述べている．第2～5章では，木材物理学の主たる内容を構成する水，力，熱，電気に関係する性質を取り上げている．木材は，住宅など建築物や家具類の資材として多く用いられている．したがって，建築物の強度を受け持つ構造材料としての木材の力学的性質と居住空間を形づくる内装材料としての木材の性質は，特に重要である．内装材料として木材が示す特性は，人間の感覚と関わる部分が多く，木材の物理的性質を別の側面から理解するうえで重要である．そこで，第6章では，木材と住環境について取り上げている．第7章では，木材試験法と主要木材の物理的性質についての表を示している．

2007年4月　　　　　　　　　　編集責任者　則　元　　　京

編集責任者

則 元 　 京 　　同志社大学工学部教授
　　　　　　　　京都大学名誉教授

執筆者（執筆順）

則 元 　 京 　　前 掲
小 田 一 幸 　　九州大学大学院農学研究院教授
中 野 隆 人 　　京都大学大学院農学研究科教授
中 尾 哲 也 　　島根大学総合理工学部教授
石 丸 　 優 　　京都府立大学名誉教授
飯 田 生 穂 　　元・京都府立大学大学院農学研究科助教授
祖父江 信 夫 　　静岡大学農学部教授
古 田 裕 三 　　京都府立大学大学院農学研究科准教授
吉 原 　 浩 　　島根大学総合理工学部准教授
村 瀬 安 英 　　九州大学大学院農学研究院教授
大 谷 　 忠 　　茨城大学教育学部准教授
山 本 浩 之 　　名古屋大学大学院生命農学研究科教授
岡 野 　 健 　　（財）日本木材総合情報センター主任研究員
　　　　　　　　東京大学名誉教授
小 畑 良 洋 　　（独）産業技術総合研究所
　　　　　　　　　　サステナブルマテリアル研究部門主任研究員
中 井 毅 尚 　　島根大学総合理工学部准教授
青 木 　 務 　　神戸大学大学院人間発達環境学研究科教授
仲 村 匡 司 　　京都大学大学院農学研究科講師
矢 野 浩 之 　　京都大学生存圏研究所教授

目　　　　次

第1章　木材の物理的性質の特徴 …………………………………… 1
 1．構造上の特徴 ……………………………………（則元　京）… 1
  1）構　造　の　概　要 ……………………………………………… 1
  2）密　　　　　　度 ……………………………………………… 3
  3）セ　ル　構　造 ……………………………………………… 6
  4）複　合　構　造 ……………………………………………… 7
 2．生物材料としての特徴 ……………………………（小田一幸）… 9
  1）物 性 値 の 変 動 ……………………………………………… 9
  2）品　種　特　性 ……………………………………………… 14

第2章　水　と　木　材 …………………………………………… 19
 1．木材中の水分 ……………………………………………………… 19
  1）木材と水分吸着 …………………………………（中野隆人）… 19
  2）水の構造と特性 …………………………………（中野隆人）… 21
  3）吸　着　機　構 …………………………………（中野隆人）… 24
  4）拡　　　　　　散 …………………………………（中尾哲也）… 47
 2．収　縮　と　膨　潤 ……………………………………………… 50
  1）収縮率と膨潤率 …………………………………（石丸　優）… 50
  2）水溶液および非水液体による膨潤および収縮 ………（石丸　優）… 66
  3）水　分　応　力 …………………………………（飯田生穂）… 82

第3章　力　と　木　材 …………………………………………… 91
 1．弾　　　　　　性 ………………………………（祖父江信夫）… 91
  1）応力とひずみ ……………………………………………………… 91

2）直交異方性弾性理論……………………………………… 95
　　3）木材の弾性 …………………………………………… 104
 2．粘　　弾　　性……………………………………………… 113
　　1）線型粘弾性理論………………………………（中野隆人）…113
　　2）木材のさまざまな緩和現象…………………（中野隆人）…132
　　3）ドライングセット……………………………（飯田生穂）…140
　　4）熱軟化特性 …………………………………（古田裕三）…146
 3．強度と破壊 ………………………………………………… 151
　　1）木材の強度特性………………………………（吉原　浩）…151
　　2）硬さ（硬さ，反発性）………………………（村瀬安英）…173
　　3）摩擦と摩耗 …………………………………（大谷　忠）…177
 4．成　長　応　力………………………………………（山本浩之）…181
　　1）樹幹内の残留応力……………………………………… 181
　　2）樹木の成長応力………………………………………… 184

第4章　熱と木材……………………………………………… 199
 1．熱膨張と比熱 …………………………………（岡野　健）…199
　　1）熱　膨　張……………………………………………… 199
　　2）比　　　　　熱………………………………………… 200
 2．熱　　伝　　導……………………………………（小畑良洋）…201
　　1）フーリエの法則と熱伝導方程式……………………… 202
　　2）木材と他材料の熱伝導特性の比較…………………… 205
　　3）木材の熱伝導率の特徴………………………………… 207

第5章　電気と木材 ………………………………………… 211
 1．誘電性と導電性………………………………（則元　京）…211
　　1）誘電率と導電率………………………………………… 211
　　2）誘　電　緩　和………………………………………… 216

　　　　　　　　　　目　　次　　　　　　　　　　*vii*

  2．圧　電　性 ………………………………………（中井毅尚）…218
　　1）圧　電　率 ……………………………………………… 219
　　2）圧　電　緩　和 ………………………………………… 224

第6章　木材と住環境 ……………………………………… 229
  1．気 候 調 節 ………………………………………（青木　務）…229
　　1）温　度　調　節 ………………………………………… 231
　　2）湿　度　調　節 ………………………………………… 233
  2．視　覚　と　触　感 ………………………………（仲村匡司）…236
　　1）視　　　　　感 ………………………………………… 236
　　2）触　　　　　感 ………………………………………… 241
  3．音 …………………………………………………（矢野浩之）…245
　　1）音　と　聴　覚 ………………………………………… 245
　　2）木材の音響特性 ………………………………………… 247
　　3）楽　器　と　木　材 …………………………………… 249
　　4）居　住　空　間　と　音 ……………………………… 251

第7章　木材試験法と主要樹種の物理的性質 ……………（則元　京）…257

参　考　図　書 …………………………………………………… 289

索　　　　　引 …………………………………………………… 293

第1章　木材の物理的性質の特徴

1．構造上の特徴

1）構造の概要

　樹木の幹の周辺に樹皮（外皮，内皮）が，内部に木部（木材）がある．樹皮と木部の間には，形成層と呼ばれる狭い層があり，そこで細胞の増殖が行われ，その外側に師部（内樹皮）の細胞を，内側に木部の細胞を生産する．師部は，栄養分の通路や貯蔵の働きをするが，その機能を失うと，一部はコルク形成層に変化し，外樹皮に組み込まれていく．外樹皮は，樹幹表面を保護しているが，順次自然に剥落していく．木部は，水分の通路，樹幹の支持および栄養分の貯蔵の働きをする．季節のはっきりした地域に生育する樹木では，春になると形成層の活動が活発となり，大形で壁の薄い細胞（早材）が数多く生産される．夏になると形成層の活動が鈍り，細胞の数は減少するが，小型で壁の厚い細胞（晩材）が生産される．秋になると形成層の活動が休止し，翌年の春まで細胞は生産されない．この繰返しによって，年輪が形成され，樹幹は年々肥大する．熱帯地域に生育するほとんどの樹木には，年輪は認められない．木部の周辺部には着色の少ない若い木部（辺材）が，中心部には着色した古い木部（心材）が存在する．心材色は，辺材部の柔細胞が死滅する直前に生産する物質（抽出成分）で発現し，すでに死滅したまわりの仮道管や木部繊維にそれが分泌されて，辺材は心材化していく．心材色は，木目とともに樹種特有の美観を与えるものであるが，その成分の中には，木材の生物劣化の防止に効果のあるものや，木材の音響的性質を向上させるものが含まれる．

　図1-1aは，木材片の模式図である[1]．向かい合う3断面をそれぞれ木口面，

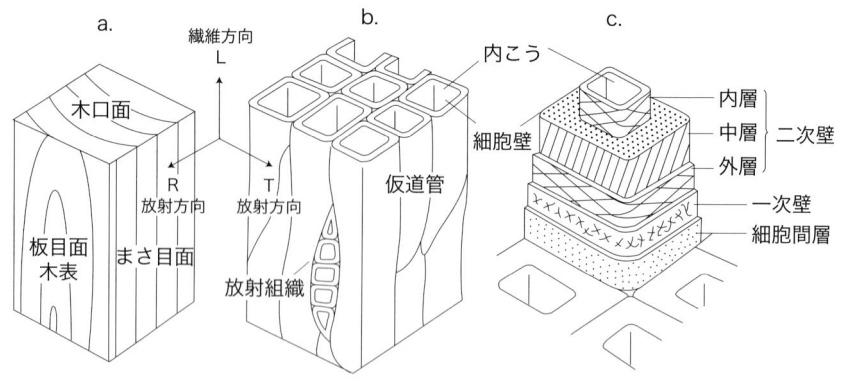

図1-1 木材の構造の模式図
(日本木材加工技術協会関西支部(編):木材の基礎科学,海青社,1992)

まさ目面,板目面と呼ぶ.木口面は樹幹の横断面で,年輪が見られる断面である.1年輪において晩材が占める割合を晩材率という.樹幹の髄(木部の中心)から外に向かう方向について,(細胞の内こう径)/(隣り合った2つの細胞の重複細胞壁厚)が2以下となる部位を晩材と決めることがある(Morkの定義).晩材率は,樹種間あるいは同一樹種でも異なる.まさ目面は,樹幹の髄を通る縦断面で,年輪が平行線として見られる.板目面は,年輪に接する断面で,樹幹の外側の面を木表,髄側の面を木裏と呼ぶ.木材片の切り出し方によっては,まさ目面と板目面の中間の縦断面が現れるが,その面を追まさ面と呼ぶ.樹幹の軸方向を繊維方向(L方向),樹幹の髄から外に向かう方向を放射方向(R方向),年輪に接する方向を接線方向(T方向)という.したがって,RT面が木口面,LR面がまさ目面,LT面が板目面である.木材は,直交するL,R,Tの方向で,構造が異なり,物理的性質は異方性(anisotoropy)を示す.木材は,直交異方体(orthotropic body)と呼ばれる.

　木材片の一部分を光学顕微鏡で拡大して観察すると,針葉樹材では,図1-1bの模式図に示す構造が見られる.木材は,細胞の集合体(セル構造体,cellular solids)である.細胞は,壁と内こう(空隙)よりなる.針葉樹材を構成する細胞のほとんど(平均96%)は,仮道管であり,わずかにR方向に

長軸を持つ放射組織などが含まれる．広葉樹材を構成する細胞の多くは，木部繊維（50～70％），道管要素（10～30％），放射組織（5～15％），軸方向柔組織（5～15％）が占め，樹種によってこれらの比率は異なる．図1-1cは，1つの仮道管または木部繊維の模式図で，電子顕微鏡で観察できる構造である．細胞壁には，一般に，細胞間層（I層），一次壁（P層）および外層（S_1層），中層（S_2層），内層（S_3層）からなる二次壁（S層）が存在する．各層には，さらに微細な内部構造が存在する．細胞壁は，複合構造体（composite materials）である．木材は，セル構造体と複合構造体の特徴を併せ持つ．木材の物理量を構造と関連付けて定式化する物性研究において，物理量をセル構造が寄与する部分（形状因子）と壁の複合構造が寄与する部分（壁の物理量）の積で表現することがある．温度や水分量（含水率）に依存する木材の性質の変化は，壁構造のレベルで生じ，その変化が細胞の形状および配列，壁の占める割合（密度）などセル構造を経由して，実際の物理量として現れる．セル構造および複合構造は，それぞれ図1-1bとcに示す構造に相当する．

2）密　　　　度

　物体の密度（density）は，物体の単位体積当たりの質量で定義され，そのSI単位はkg/m^3であるが，普通，g/cm^3を用いることが多い．物体の比重（specific gravity）は，（物体の密度）/（4℃の純水の密度）で定義される．密度をg/cm^3で求めて，単位を除き比重とすることが多い．木材の密度は，含水率によってかわるので，密度を示す場合に，含水率を併記することが重要である．水分を全く含まない木材の状態を全乾状態，通常の大気中に長時間放置したときの木材の状態を気乾状態といい，それぞれの状態での密度を，全乾密度および気乾密度という．また，樹木を伐倒した直後における木材を生材という．（全乾質量）/（生材体積）をkg/m^3で示した量を容積密度数（basic specific gravity），g/cm^3で示したものを容積密度（basic density）という．容積密度数は，立木の実質成長量を表すのに用いる．

　木材の密度は樹種によって異なり，また，同じ樹種でも個体によって変動

表 1-1　木材の気乾密度

密度 (g/cm³)	日本産材 針葉樹材	日本産材 広葉樹材	外国産材 針葉樹材	外国産材 広葉樹材
0.1				バルサ
0.2				
0.3	ネズコ, サワラ, スギ	キリ	ベイスギ	
0.4	ヒノキ, アスナロ, コウヤマキ, トドマツ, カラマツ, エゾマツ, モミ		ストローブマツ, ドイツトウヒ, スプルース, ベイツガ, レッドウッド	
0.5	ツガ, カラマツ, アカマツ, クロマツ	オオノキ, カツラ, クスノキ, トチノキ, シオジ, クリ	ホオノキ, ラジアータパイン, ベイマツ	ジョンコン, ホワイトラワン, イエローメランチ, レッドラワン
0.6		ハルニレ, サクラ, スダジイ, ブナ, ケヤキ, ヤチダモ	ダフリカカラマツ, ロブロリーパイン, ロンググリーフパイン, スラッシュパイン	ホワイトセラヤ, アカシアマンギウム
0.7		ミズナラ, イタヤカエデ, マカンバ		カポール, ニアトー, ラミン, ホワイトメランチ, チーク, マトア, ホワイトオーク
0.8				アピトン
0.9		イスノキ, アカガシ		
1.0				コクタン
1.1				シタン
1.2				
1.3				リグナムバイタ

し,同樹種で± 0.1g/cm³ 程度の変動が見られる.表 1-1 に,日本産および外国産の主な木材についての大略の気乾密度を示す.木材の密度は,バルサ材の約 0.1g/cm³ からリグナムバイタ材の約 1.3g/cm³ の範囲にある.また,表 1-2 に木材と他物質の密度を比較している[1].木材の密度は,発泡スチロールに比べると大きいが,ほかの多くの物質と比べて小さい部類に属する.木材の密度または比重は,強度,熱伝導,膨潤および収縮などの物理的性質と関係し,性質の比較や材質の評価を行ううえでの重要な量である.

細胞壁を構成する実質の比重を真比重(specific gravity of wood substance)と呼ぶ.細胞壁を構成する主要な化学成分は,セルロース,ヘミセルロースおよびリグニンである.これらの重量割合および比重は,それぞれ,50,20 〜 30,30 〜 20%および 1.55,1.50,1.30 〜 1.40 程度であり,実質比重は,1.46 〜 1.50 程度と推定できる.真比重を実験的に求める方法として,気体置換法,液体置換法,密度勾配法,浮遊法などがある[2].気体置換法は,容積が既知の体積計と体積測定用容器を連結し,連結部の栓を閉じた状態で容器内に木材を入れたときと入れないときについて排気し,その後栓を開いて体積計内に入れたヘリウムなどの気体を容器に入れ,圧力の減少から容器内の体積を求めて木材の実質体積を測定し,木材の全乾状態の質量と実質体積から真比重を計算する方法である.液体置換法は,比重ビンに細胞壁を膨潤させないトルエンやベンゼンなどの液体を入れたときの質量と,木粉を入れて液体で満たしたときの質量を測定して求める方法である.密度勾配法は,密度の異なる 2 つの有機液体,例えば密度 1.63g/cm³ の四塩化炭素と 0.86g/cm³ の m-キシレンなど

表1-2 物質の密度

物　質	密度 (g/cm³)	物　質	密度 (g/cm³)
水	1.0	発泡スチロール	0.02
エチルアルコール	0.8	コンクリート	2.4
木　材	0.1 〜 1.3	ガラス	2.4 〜 2.6
コルク	0.2 〜 0.3	大理石	1.5 〜 2.8
ゴム	0.9 〜 1.0	アルミニウム	2.7
ポリエチレン	0.9	鉄	7.9

(日本木材加工技術協会関西支部(編):木材の基礎科学,海青社,1992)

の混合液体を連続的に管に入れて密度勾配をつくり,そこに木材の薄片を入れ,その浮遊点から求める方法である.浮遊法は,木材を入れた混合液体の密度を高めていき,浮遊点から求める方法である.実験で求められた木材の真比重は,1.45～1.46程度で,樹種にあまり依存しない.

木材には,内こう,細胞間隙,壁孔こうなどの空隙が存在する.木材に含まれる空隙量の割合を空隙率(void volume)という.木材実質の密度を $1.45\mathrm{g/cm^3}$ とすると,空隙率は次式で求められる.

$$空隙率（\%） = \left(1 - \frac{木材の全乾密度}{1.45}\right) \times 100$$

全乾密度が 0.1, 0.3, 0.5, 0.7, $0.9\mathrm{g/cm^3}$ の木材では空隙率は,それぞれ 93, 79, 66, 52, 38 % である.木材は,多くの空隙（空気）を含む多孔体であり,木材が断熱性に優れているのはこのためである.

3）セル構造

樹幹を力学的に支えているのは,針葉樹では仮道管,広葉樹では主に木部繊維である.仮道管の長さは,2～4mm程度で,晩材に比べ早材で直径は大きい.直径に対する長さの比は,数十～100以上である.壁厚は,早材で 1～3 μm,晩材で 3～7 μm 程度である.断面形状は,早材では一般にR方向に長い六角形で,晩材ではT方向に長い矩形である.木部繊維は,長さが 1～2mm,直径が 10～30 μm,壁厚が 2～3 μm 程度である.木繊維,道管要素,放射組織の断面形状は,いずれも丸みを帯びている.図1-2にパワースペクトル解析によって求めた7種類の針葉樹早材の代表的な寸法および形状を示す[3].早材の形状および寸法は,樹種によって異なる.また,細胞は,R方向に比較的規則的に,T方向には不規則的に配列している.木材の物理的性質は,同じ密度であっても樹種によって大きく異なる場合がある.例えば,早材のRおよびT方向の性質は,細胞の形状や配列によって大きく異なる.これに加えて,晩材率および両者の層構造の配列様式がRおよびT方向で異なることにより,木材の性質は複雑に変化する.広葉樹材では,これに加えて,道管の分布のタ

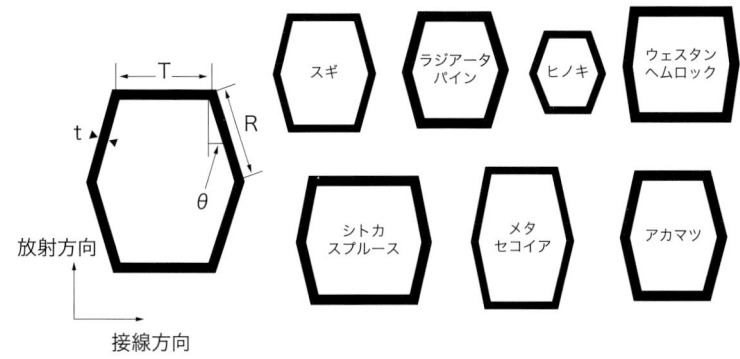

樹　種	T (μm)	R (μm)	t (μm)	θ (°)	樹　種	T (μm)	R (μm)	t (μm)	θ (°)
スギ	24.1	22.1	3.1	14	ラジアータパイン	22.7	21.4	4.9	17
ヒノキ	15.6	15.9	3.6	19	ウェスタンヘムロック	34.2	21.3	4.1	7
アカマツ	25.5	23.8	5.0	12	シトカスプルース	36.0	23.6	5.2	10
					メタセコイア	25.4	26.6	2.9	13

図 1-2　針葉樹の早材の細胞モデル
（Watanabe, U. et al., 2002）

イプや放射組織率の違いなどによって，木材の性質に複雑な樹種依存性が現れる．道管の分布のタイプは，散孔材，環孔材，放射孔材に大別される．散孔材は，道管が一年輪内に散在しているタイプで，ブナ，ホオノキ，カツラ，クスノキがこのタイプに属する．環孔材は，大型の道管が年輪の開始部分に沿って環状に配列しているタイプで，ケヤキ，ミズナラ，シオジ，ヤチダモ，ハルニレなどがこのタイプに属する．放射孔材は，道管が放射方向に配列しているタイプで，アカガシ，シラカシなどがこのタイプに属する．広い放射組織を持つ樹種には，ブナ，ミズナラ，アカガシ，シラカシなどがある．

4）複 合 構 造

細胞壁の各層は，図 1-1c に示すように，それぞれ異なる構造を持つ．I 層は，隣接する細胞との共通部分で，リグニンの濃度が非常に高い．P 層と S 層は，ミクロフィブリル（microfibril）とそれらの間を充填するマトリックス物

質（matrix）で構成される．ミクロフィブリルは，セルロース分子が集合して結晶した長い糸状の構造体で，一辺が約3〜4nmの矩形断面を持つ．ミクロフィブリルの長さ方向のヤング率および強度は，それぞれ約140GPaおよび2GPa以上と推定されていて，非常に優れた強度的性質を持つ．マトリックス物質は，ヘミセルロースとリグニンより構成され，両者の間には化学結合（LCC）が存在する．マトリックス物質においてヘミセルロースとリグニンは均一に分布しているのではなく，ミクロフィブリルの周辺部で，セルロースと親和性の高いヘミセルロースの濃度が高い．ミクロフィブリルとマトリックス物質は，細胞壁の基本構造を構成している．

　形成層で分裂した細胞が拡大するときにP層が形成され，細胞が拡大したあとでS層が，S_1層，S_2層，S_3層の順に形成される．P層では，ミクロフィブリルはランダムに配向している．S_1層ではミクロフィブリルは細胞の長軸に対し交差した横巻状に，S_2層では細胞の長軸に近い角度で，S_3層では細胞の長軸に対して直角に近い方向に配向している．ミクロフィブリルが細胞長軸からの傾いた角度を，ミクロフィブリル傾角（microfibril angle，MFA）と呼ぶ．S_2層の平均的なMFAは，樹種により，また，同一樹種であっても個体によって異なる．細胞壁の大半をS_2層が占めるので，木材のL方向の物理的性質，例えばヤング率や強度は，S_2層のMFAに強く依存し，MFAが大きくなると，値が減少する．L方向の強度的性質が，密度の同じ木材間で異なるのは，MFAの違いによる．

　ミクロフィブリルは結晶しているため，水分子は，その内部に入ることはできない．水分子は，細胞壁内において，ミクロフィブリルの表面やマトリックス物質の水酸基などと水素結合した状態で存在する．水分子が細胞壁に侵入すると，マトリックス物質が膨潤し，ミクロフィブリル間の距離が拡大する．細胞壁の大半をS_2層が占めているので，細胞壁の膨潤は，S_2層のMFAの走向方向と直交する方向に大きく起こり，MFAの走向方向にはほとんど起こらない．したがって，木材は，RおよびT方向に膨潤するが，L方向にほとんど膨潤しない．R方向とT方向の膨潤の異方性は，細胞の形状および配列，早晩材

の配列様式,放射組織の存在など,セル構造における異方性によって現れる.S_2 層の膨潤が進むと,MFA の走向方向が S_2 層と直交する S_1 および S_3 層による拘束によって,細胞壁の膨潤は,やがて停止する.このときの含水率が繊維飽和点である.細胞壁の含水率が高くなり,マトリックス物質が大きく膨潤すると,マトリックス分子およびミクロフィブリルとマトリックス分子間の凝集力が低下し,温度の上昇とともに,その程度は著しくなる.乾燥状態では認められなかった分子のセグメント運動(ミクロブラウン運動)が促進され,細胞壁の性質は,弾性(elasticity)から粘弾性(viscoelasticity)へと変化する.リグニン分子は,架橋のある 3 次元網目構造を持ち,リグニンとヘミセルロース分子の間には LCC が存在するため,マトリックス物質は,ガラス転移を示すが,分子の流動は生じない.リグニンのガラス転移温度(glass transition temperature)は,湿潤状態で 50〜70℃の領域にあり,ヘミセルロースのそれは,さらに低い温度領域に存在する.木材の含水率や温度が変化すると,木材の物理的性質が変化するのは,細胞壁のマトリックス物質の性質が変化するためである.しかし,ミクロフィブリルの存在によって,木材は,合成高分子に認められるような顕著な粘弾性は現れない.

2. 生物材料としての特徴

1)物性値の変動

(1)密　　　度

　木材の密度は,基本的にはおおむねその樹種特有の値を示すものであるが,同一樹種でも遺伝的変異,立地・環境条件や樹齢によって個体間で異なる.また同一個体でも樹幹内の部位によって差異があり(図 1-3)[1],全体としての変動は大きい.このため,密度と密接な関係がある物理的・力学的性質もまた個体間・樹幹内で変動することになる.

　普通に成長した個体における密度の樹幹放射方向の変動には,樹種特有のパ

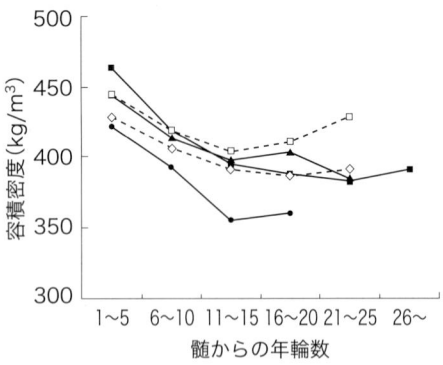

図1-3 ヒノキ5林分における容積密度の樹幹放射方向の変動
（津島俊治ら，2006）

ターンがある．アカマツ，カラマツ，センダンなど多くの樹種では樹心部で低く，外周に向かって増加し，その後安定する．逆にスギ，ヒノキなどでは樹心部で高く，外周に向かって低下し，やがて安定する．一方，ユリノキなどの樹種では樹心部から外周に向かってほぼ一定の値をとる．

また年輪内では，早材部の密度よりも晩材部の密度が大きく，針葉樹材における早材と晩材との密度の比は2～4倍とされている．早材から晩材への移行が急なカラマツ，スギでは大きな比をとり，硬軟の差が著しい．移行が緩やかなヒノキ，トドマツでは小さな比を示す．

早材と晩材とでは密度が異なるため，木材の密度は晩材率の影響を受けることになる．そして，晩材率と年輪幅との間には負の相関関係が存在する場合が多い．針葉樹材では，極端に幅の狭い年輪で密度が低下するものもあるが，通常は年輪幅の増加に伴って密度は低下し，その後はほとんど変化しない．広葉樹環孔材では，成長の良否にかかわらず孔圏部の幅はほとんどかわらないため，年輪幅が狭いと孔圏の部分だけの木部（ぬか目と呼ばれる）となり，密度は低下する．しかし，年輪幅が増大するにつれて密度は増加し，やがて安定する．散孔材では直径がほぼ同じ道管が年輪内にほぼ均一に分布するために，一定の傾向を示さない場合が多い．

(2) 生材含水率

普通，立木状態の含水率を生材含水率と呼んでいる．多くの場合，木材は気乾状態で使用されるが，生材含水率は乾燥コストや輸送コストと関係するので，立木の水分状態を把握しておく必要がある．さて，生材含水率は心材では季節を通してほとんど変化しないが，辺材では樹種によって著しく変動する．しかし，春成長が始まるときに辺材の含水率は高くなるとされているものの，同一個体の同一部位の含水率を定期的にかつ非破壊的に測定することは難しいため，一定の季節変動は見出されていない．

心材と辺材について生材含水率の測定例を表 1-3 に示している．針葉樹の心材では，スギの黒心やトドマツの水食い材などの例外を除くと，含水率は低い．これに対して，辺材はその大部分が水分通導の役割を果たしているので，含水率は高く，一般に最大含水率に近い値を示す．このことは針葉樹に共通した傾向である．ところが，広葉樹では，心材含水率が辺材含水率よりも低いもの，高いもの，両者の値がほとんどかわらないものなどが存在し，心材と辺材の含水率の大小関係は樹種によって異なる．しかも，広葉樹では心材と辺材の含水

表 1-3 心材と辺材の生材含水率（％）

樹　種	心　材	辺　材
トドマツ	77	204
ツ　ガ	42	103
エゾマツ	41	169
カラマツ	43	128
アカマツ	34	144
ス　ギ		
メアサ（赤心）	75	213
クモトオシ（黒心）	183	220
ヒノキ	38	172
ヤマモモ	87	104
ヤマザクラ	52	67
クスノキ	121	80
ハゼノキ	88	52
ヒメユズリハ	105	113
クロキ	95	93

率差は針葉樹における差よりも小さい．

　なお，針葉樹と広葉樹とでは水分通導様式が異なり，針葉樹では辺材の広い領域の早材仮道管が水分通導経路として機能している．一方，環孔材樹種では樹皮側から1年輪ないしは複数年輪の道管が主な水分通導の役割を果たし，散孔材樹種では樹皮側の数年輪ないしはかなり広い領域の道管が水分通導経路として機能すると考えられている．したがって，広葉樹では，辺材全体の含水率は低くても，樹皮に近い部位で含水率が急激に高い値を示す樹種が多く，辺材内での含水率差が大きい．

(3) 強　度　値

　木材の力学的性質は，単位体積当たりの細胞壁実質量と細胞壁の質に大きく左右される．密度あるいは比重が細胞壁実質量の指標であり，ミクロフィブリル傾角は細胞壁の質を表す指標の1つである．

　密度が大きければ外力に抵抗する能力も大きく，密度と強度値との間には正の相関関係が存在する．このため，強度値の樹幹放射方向の変動は，密度の変動パターンと同じような傾向を示す．すなわち，カラマツ，センダンなど多くの樹種では，密度は樹心部で低く外方に向かって増加し，その後安定するので，強度値もまた樹幹放射方向に同様に推移する（図1-4）[2]．しかし，樹心部で密度が高いスギ，ヒノキでは，樹心部と外周部との強度値には大差がない．なぜなら，二次壁中層のミクロフィブリル傾角は，樹心部で大きく髄からの年輪数が増加するにつれて減少しその後安定するため，樹心部の高い密度は強度値を

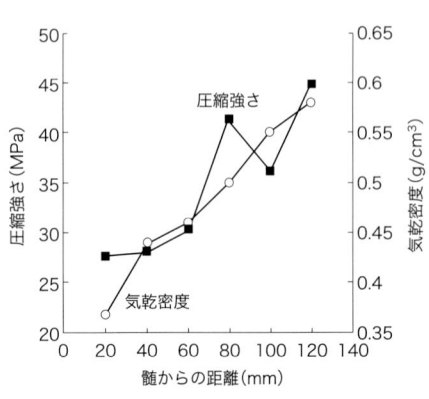

図1-4　センダン樹幹内での気乾密度と圧縮強さの変動

（松村順司ら，2006）

増大させるが,大きいミクロフィブリル傾角は強度値を低減させるからである.

ミクロフィブリル傾角は肥大成長量の影響をほとんど受けない遺伝形質であると考えられ,同一樹種(あるいは同一品種)の成熟材部での変動は小さい.したがって,成熟材部における強度値の変動の大部分は密度で説明できるとされている.

(4) ヤング率

密度とヤング率との間には正の相関関係が存在し,ミクロフィブリル傾角とヤング率との間には負の相関関係がある(図1-5)[3].この結果,樹幹内でのヤング率の変動は密度とミクロフィブリル傾角によってほぼ決まり,特に未成熟材部でのヤング率の変動にはミクロフィブリル傾角の変化が大きく影響すると考えられている.したがって,樹幹放射方向のヤング率の変動は,ミクロフィブリル傾角の推移とほぼ対応し,樹心部で小さく髄からの年輪数が増加するにつれて増大し,その後安定する.

またヤング率は,密度とミクロフィブリル傾角の変動に対応して,樹高方向にも変動する.スギ18品種を対象とした調査[4]では,動的ヤング率の樹高方向変動パターンには,①変動しないもの,②ある高さまで地上高とともに増加するもの,③1番丸太が特に小さくそれ以上はほとんどかわらないものの3タイプがあり,品種の特徴を示すことが見出されている.ヒノキでも同様な結果が得られ,①と③のタイプが報告[5]されている.もちろん,スギ,ヒノキともに,樹幹上部ではミクロフィブリル傾角が大きい未成熟材の割合が多くなるため,ヤング率は低くなる.

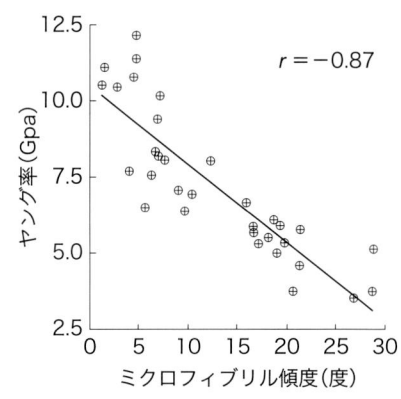

図1-5 ミクロフィブリル傾度とヤング率との関係
(西村正徳ら,2003)

(5) 心 材 色

　心材は，すべての樹種においてある一定の樹齢に達すれば必ず形成される．このとき，木部中にゴム質，タンニン，樹脂，油などの物質が沈積されるため，多くの樹種では心材は濃色になる．一方，ブナ，カバ類，ポフラ類などでは心材は形成されても，心材と辺材の色調差は明らかではない．心材色は樹種ごとにほぼ決まっているが，同一樹種でも遺伝の影響や立地条件，森林施業，樹齢によって異なる場合がある．ケヤキやウダイカンバなどでは，心材率，心材の赤みの強さ，辺材と心材の明瞭性は材価に影響する．

　色を数値化や記号化するために種々の表色系が使われるが，木材ではL*a*b*（エルスター・エースター・ビースター）表色系が使用されることが多い．L*は明度（明るさ）を，a*とb*の両者で色相（色あい）と彩度（あざやかさ）を表す．L*は0（黒色）から100（白色）の範囲の値をとり，a*，b*はそれぞれ＋と－に分けられる．＋a*は赤方向，－a*は緑方向，また，＋b*は黄方向，－b*は青方向を示し，それぞれの値が大きくなるほど色が鮮やかになる．

　樹幹内での心材色の変動は，一般に，樹梢部で濃く，幹の基部に向かって次第に淡色になるとされている．また横断面では，ほぼ均一な色調を示す樹種もあれば，心材と辺材の境界に接する心材の外周部が濃色で樹心に向かって次第に淡色になる傾向を持つ樹種もある．図1-6はヒノキまさ目板における心材色の放射方向の変動を示しており，辺材との境界付近の心材で特にa*が増大し，赤みがかることを表している．

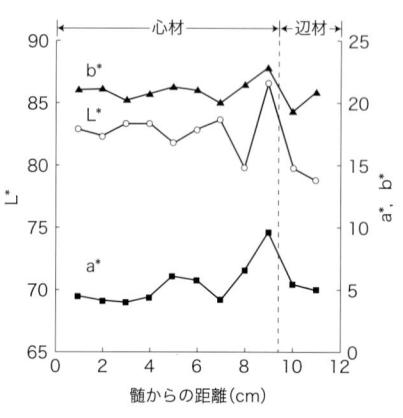

図1-6 ヒノキまさ目板における心材色の変動

2）品 種 特 性

　栽培品種は，その成立過程から次

のように分けられる.

　①それまでの集団を人為的に淘汰し，比較的変動幅の小さい集団にしたもの
　②優良個体を選抜し，栄養繁殖（主に挿し木）によって増殖したもの
　　②-1．複数の個体からの複合クローンで構成されているもの
　　②-2．1個体からの単一クローンで構成されているもの

　これらの栽培品種の中では，②-2.は単一クローンで構成されているので，遺伝的には全く均一な集団である．栽培品種のほとんどは②に該当するため，品種内の物性値の変動幅は小さく，その平均値は品種によって異なることが容易に想像できる．

　ヒノキの実生林と挿し木林における物性値などの林分内変動を表1-4[5]に示す．実生A〜Cの林分は実生苗を造林したものである．ナンゴウヒ（ヒノキの林業品種）AとBの林分は挿し木苗を植林したものであり，前者は単一クローン，後者は複合クローンである．表1-4を概観すると，ナンゴウヒ林の各測定値の変動係数は実生林よりも小さい．特に，容積密度と仮道管長の変動幅はナンゴウヒ林，すなわちクローン林ではきわめて小さい．

　スギ6品種における心材の生材含水率と明度の品種内変動を表1-5[6]に示す．心材の生材含水率および明度は品種間で異なり，その品種特有の値をとってい

表1-4 ヒノキ5林分における物性値などの変動

林　分	実生A	実生B	実生C	ナンゴウヒA	ナンゴウヒB
林齢（年）	31	31	32	28	20
心材含水率（％）	38	39	34	31	33
変動係数（％）	9.6	14.6	4.3	3.9	8.4
容積密度（kg/cm³）	406	394	390	420	380
変動係数（％）	6.2	7.0	5.9	2.1	2.1
仮道管長（mm）	2.54	2.57	2.76	2.95	2.90
変動係数（％）	5.7	5.8	7.0	2.9	2.8
曲げ強さ（MPa）	84.4	85.7	90.5	89.1	73.8
変動係数（％）	9.2	10.9	9.9	6.6	4.7
曲げヤング率（GPa）	9.56	8.41	9.31	9.02	7.47
変動係数（％）	11.5	8.6	8.8	5.7	7.1

供試木数は各林分とも20個体．ナンゴウヒA：単一クローン，ナンゴウヒB：複合クローン．仮道管長は髄から17年輪目の晩材で測定．曲げ強さおよび曲げヤング率は成熟材部から作製した無欠点小試験体による．

（津島俊治ら，2006）

表 1-5 スギ心材の生材含水率と明度

品　種	心材含水率（％）	明度（L*）
アヤスギ	57.0（4.4）	74.7（1.2）
オビアカ	91.4（19.1）	72.2（1.7）
クモトオシ	182.6（14.0）	56.8（7.2）
メアサ	74.8（18.3）	72.3（5.9）
ヤイチ	64.4（18.4）	73.3（2.1）
ヤブクグリ	88.8（30.1）	69.3（3.0）

供試木数は各品種とも 5 〜 7 本．明度は気乾状態のまさ目板で測定．（　）内は標準偏差．
（河澄恭輔ら，1991）

表 1-6 スギ 12 品種の成熟材部における仮道管長，気乾密度および縦圧縮に対する性質

品　種	仮道管長 (mm)	気乾密度 (kg/cm^2)	圧縮強さ (MPa)	圧縮ヤング率 (GPa)
ホンスギ	2.4	0.42	36.4	5.68
ヒゴメアサ	2.7	0.35	29.5	5.13
ヤブクグリ	2.3	0.39	30.8	4.74
アヤスギ	2.4	0.41	34.0	5.53
クモトオシ	3.0	0.38	34.1	9.75
ウラセバル	3.4	0.33	28.0	8.47
ヒノデ	3.6	0.37	31.9	9.05
タノアカ	2.6	0.38	31.4	6.71
アラカワ	2.7	0.36	31.8	8.53
モトエ	3.0	0.38	33.7	8.94
メアサ	2.9	0.37	33.0	8.40

（小田一幸ら，1990）

る．品種内の変動は小さいが，複数の品種にまたがると変動幅は大きくなる．なお，スギ心材では，心材含水率が低い品種は淡桃色を，高い品種は黒褐色を示す傾向があり，心材含水率と明度との間に負の相関関係が認められる．

　同様に，スギ 12 品種の成熟材部における晩材仮道管長，気乾密度，縦圧縮強さおよび圧縮ヤング率を表 1-6 に示す．品種ごとの平均仮道管長は 2.3 〜 3.6mm，平均気乾密度は 0.33 〜 0.42kg/cm^3，平均圧縮強さは 28.0 〜 36.4MPa，平均圧縮ヤング率は 4.74 〜 9.75GPa の範囲に及び，品種全体の変動幅は著しく大きい．表 1-6[7]では，気乾密度と圧縮強さとの間，および仮道管長と比ヤング率との間に相関関係が存在する．つまり，木材の基本的な性質

の違いが圧縮強さとヤング率の品種間差異をもたらしている．

　品種は形質が固定，継承されて，多面的な特徴を持っている．木材生産および利用に当たっては，このような品種特性を理解することが重要である．

引　用　文　献

1. 構造上の特徴
1) 日本木材加工技術協会関西支部（編）：木材の基礎科学, 海青社, 1992.
2) 伏谷賢美ら：木材の物理, 文永堂出版, 1985.
3) Watanabe, U. et al.：Tranverse Young's Moduli and Cell Shapes in Coniferous Early Wood, Holzforschung, 56, 1-6, 2002.

2. 生物材料としての特徴
1) 津島俊治ら：ヒノキの実生林とさし木林における木材性質の林分内変動，木材学会誌 52 (5)：277-284, 2006.
2) 松村順司ら：高炭素固定を有する国産早生樹の育成と利用（第 1 報）　センダン（*Melia azedarach*）の可能性，木材学会誌 52 (2)：77-82, 2006.
3) 西村正徳ら：林木育種にむけての材質指標としてのスギ仮道管孔口角，九大演報 84：51-58, 2003.
4) 山下香菜ら：スギ 18 品種の丸太ヤング率の品種間差に及ぼすミクロフィブリル傾角と密度の影響，木材学会誌 46 (6)：510-522, 2000.
5) 津島俊治：品質管理型林業の実践に向けたスギおよびヒノキの成長と木材性質に関する研究，大分県農林水産研究センター林業試験試験場研究報告 16 号, 2006.
6) 河澄恭輔ら：スギ心材の性質－生材含水率，温水抽出物および明度を中心に－，九大演報 64：29-39, 1991.
7) 小田一幸ら：構造部材を意識したスギ 12 品種の木材性質　スギ材材質評価法確立を目指して，九大演報 62：115-126, 1990.

第2章 水と木材

1. 木材中の水分

　天然材料は水となじみやすい特性を有する．天然材料の多くは，動物由来であれ植物由来であれ水との親和性が高い．これは，その発生の由来が海にあることによるのかもしれない．天然材料の特性を理解するには，水との相互作用についての理解が不可欠である．天然材料の1つである木材も例外ではない．

1）木材と水分吸着

　木材への吸着水分量は，木材が水分を有していない状態を全乾（oven-dry）と称し，この質量を基準として算出される．全乾質量は105℃で質量変化がなくなるまで乾燥したときの質量である．熱分解を抑制するときにはより低温で減圧乾燥が施される．全乾状態の木材の単位質量（1g）当たりに吸着水した水の質量（g）を含水率（moisture content）という．一般には，これを100倍した百分率（％）が用いられる．

　伐採したときの木材を生材（green wood）という．このときの含水率は，針葉樹では平均して辺材148.9％，心材55.4％であり，広葉樹では辺材82.7％，心材81.4％である[1]．これら含水率は，部位や伐採時期で変動する．一般に，環境の蒸気圧はこれらの含水率と平衡する蒸気圧より低いので，生材を自然環境に放置すると含水率は低下し，蒸気圧と釣り合った含水率で一定になる．これを平衡含水率という．含水率は環境温度と蒸気圧によって決定されるもので，物理・化学的な材質の変性やその組成比の変化がない限り平衡含水率（equilibrium moisture content）は樹種には大きくは依存しない．

　木材において水の吸着可能領域は，非結晶領域である．吸着可能な個所を吸

着サイト（adsoprtion site）と称する．木材の吸着サイトは主に OH 基である．含水率 u は相対湿度（relative humidity）h の増大に伴って増大する．u vs. h の関係として表される曲線を吸着等温線（sorption isotherm）という．木材の吸着等温線において，その関係は特徴的傾向を示しシグモイド型である．これは，ほかの多くの天然材料と類似する．図 2-1 は種々の温度でのシトカスプルースの吸着等温線である．室温付近の吸着等温線では低相対湿度領域で含水率が大きく上昇し（$h = 0 \sim 0.3$），その後直線的に増大（$h = 0.3 \sim 0.7$）したのち，著しい増大（$h > 0.7$）を示す．初期の立ち上がりは，温度の上昇に伴って緩やかになる傾向が認められる．図 2-1[1] は典型的な木材の吸着等温線である．

　水分吸着に関する吸着等温線は，一定温度における所定の相対蒸気圧での含水率を測定することによって得られる．実験的に吸着等温線を得る方法は種々あるが，無機塩飽和水溶液（saturated aqueous solution）を用いる方法が最も容易である．表 2-1[3] は種々の飽和水溶液と得られる相対蒸気圧との関係である．

　吸着水の材内での存在状態は木材の構成成分分子鎖との結合状態に関係するから，木材の物理的性質に影響を与える．吸着水と物性との関係を知ることは，したがって学術的，実用的に重要な課題である．これには，吸着水の構造やさ

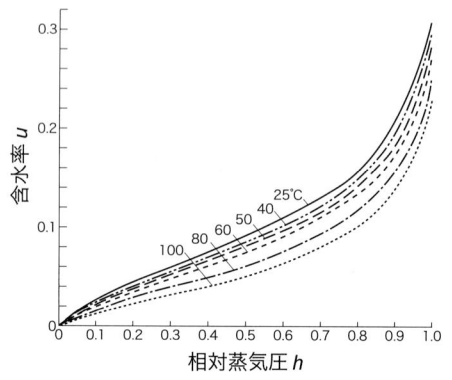

図2-1　シトカスプルースの種々の温度での吸着等温線
（Stamm, A. J. and Harris, E. E., 1953）

表 2-1 飽和水溶液と相対蒸気圧(%)

調湿塩	20℃	25℃	35℃	45℃
LiCl	12.4	12.0	11.7	11.5
CH_3COOK	22.8	22.5	15.0	—
$MgCl_2$	33.0	32.7	32.5	31.8
K_2CO_3	42.6	42.8	—	—
$LiNO_3$	—	47.1	—	—
$Mg(NO_3)_2$	54.6	52.7	50.6	47.7
NaBr	58.7	57.7	—	—
NH_4NO_3	64.9	61.8	55.9	50.5
$SrCl_2$	72.5	70.8	—	—
NaCl	75.1	75.1	75.5	75.1
$(NH_4)_2SO_4$	80.6	80.3	79.8	79.3
KCl	84.7	84.0	—	—
$BaCl_2$	90.7	88.0	—	—
KNO_3	93.2	92.0	89.3	86.5
$Pb(NO_3)_2$	95.8	95.4	—	—
K_2SO_4	97.2	96.9	96.4	96.0

(高分子学会(編):高分子物性(Ⅲ)高分子実験学講座 5,共立出版,1958)

まざまな吸着理論についての知見が不可欠である.

2) 水の構造と特性 [4-6]

(1) 水分子の構造

　水分子は,三角形の1つの頂点に酸素原子を,ほかの2つの頂点に水素原子を配した構造をしている.酸素原子と水素原子間の距離 0.0957nm,結合角 104.52°である.結合角は正四面体角 109.5°にほぼ等しい.その立体構造を図 2-2 に示す.酸素原子は正四面体の中心に位置し,水素原子は2つの頂点に位置する.これは,酸素原子の電子の軌道が4つの等価な SP^3 混成軌道(SP^3 hybrid orbital)を形成していることによる.したがって,水素原子の存在しないほかの2つの頂点は孤立電子対であり,水素原子と O-H 結合を形成する可能性を有している.

　水分子の構造から明らかなように,水分子は電荷が非対称に分布しており,双極子モーメント(dipole moment)を有する.水分子を球で近似すると,半径 0.141nm である.

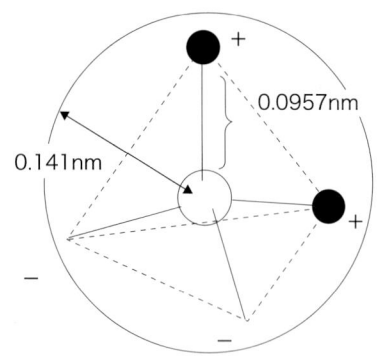

図2-2 水の分子構造
○：酸素原子，●：水素原子.

水は前記の構造に固定されているわけではなく，熱運動している．水分子の構造は3原子からなる非直線構造であるから，3個の基準振動を持つ．それらは，対称伸縮振動，変角振動，逆対称伸縮振動である．

(2) 水 素 結 合

水素原子を介した結合を水素結合（hydrogen bond）という．すなわち，電気陰性度の大きな原子，例えばO，N，Fなどと，X⋯H⋯Yの結合を形成する．この結合は，分子間結合（intermolecular bonding）だけでなく，分子内結合（intramolecular bonding）においても形成される．

水素結合の結合エネルギーΔEと沸点との間には密接な関係がある．水の水素結合エネルギーは20.93kJ/mol（約5kcal/mol）であり，水素結合がない場合には水は理論的にはおよそ-100℃で凍結し，-80℃で沸騰する．水素結合エネルギーはファンデルワールスエネルギー（van der Waals energy）より大きく，共有結合のエネルギーより1～2桁小さい．水素結合はH⋯X結合の長さを増大するので，IRスペクトルは低波数側にシフトし，その積分強度が大きくなる．また，プロトンの電子密度が減少するのでNMRのシグナルは低磁場側へシフトする．

(3) 水溶液の構造

木材と水との相互作用を理解するには，水のほかの物質との共存状態での構造を知る必要がある．一例として，水溶液中での水の存在状態について述べる．

水の構造を考える前に，氷の構造のいくつかの形態のうち，氷Ⅰを考える．この結晶を構成する水分子は正四面体の頂点に位置している4個の水分子で囲まれている．水分子を球で近似して結晶を2次元的に見ると，六角形である（図

2-3).この構造は先に述べた水分子の構造に由来する.図では,実際には4個である最近接分子を3個として描かれている(紙面上方あるいは下方にさらに1個の結合が存在する).最近接の水分子数は,任意に選んだ水分子に直接接している水分子の数である.球を最密充填したとき1個の球は12個の球に囲まれることを考慮すると,最近接分子数4個の氷の結晶は隙間の多い構造である.

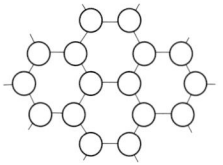

図2-3 平面的に眺めた氷Iにおける水分子の構造
○:水分子.

この氷Iが溶解すると,結晶構造が壊れ,構造が緩くなり激しく運動する.その結果,水分子の一部は氷で形成されていた隙間に出入りする.これが液体の水の状態である.この結果,水分子に近接する水分子の数は増大する.最近接分子数は,氷では4個であるのに対して,水では4.4個である.水の最近接分子数は氷の結晶に比べてわずかに多い.しかし,最密充填の12個に比べるとはるかに少ない.すなわち,水もまた空隙を有した構造をとっている.

前記の純水の構造を考慮して,次に,水溶液を考える.例として水・エタノール水溶液を取りあげる.よく知られているように,この2つの液体を混ぜると,その体積はそれぞれ単独の場合に比べて減少する.水5mlとエタノール10mlを混ぜると,その体積は14.6mlであり15mlではない.木材への水分子の吸着に伴う膨潤を考える場合,このことは考慮すべきである.

エタノール(C_2H_5-OH)と水(H_2O)の分子形態はそれぞれダルマの形と球で近似できる.エタノールは疎水基(C_2H_5-)と親水基(-OH)とを有している.先に述べたように,水は氷の構造の緩んだ形態をしており,その構造は平面的に見ると六角形の構造を有し,その空隙は直径約0.5nmである.

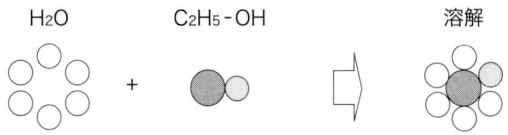

図2-4 水とエタノールとの溶解

両者が溶解するとき，図2-4のような構造が安定な状態である．すなわち，水と溶解するときには，親水基は水分子と置換され，疎水基は六角形の構造の空隙に配置される．エタノールと水とから水溶液を作成するとき，その体積が減少するのはこうした機構による．木材への水分子の吸着においても同様な機構であるならば，親水性の吸着サイトへの吸着水である木材への水分子の吸着において，吸着水の体積は部分モル容積として考えなければならない．

3）吸 着 機 構[8-15]

(1) 吸着熱と平衡含水率

吸着（adsorption）の定義は，「異なる相の間の界面で，互いに接する相が化学変化を起こさず，内部と界面とが異なる濃度にある現象」である．したがって，気相／固相，液相／固相などのように，さまざまな吸着がある．木材の場合，実用的な観点から水蒸気あるいは液状の水が，木材の内外表面に付着する現象が議論されてきた．この吸着では，吸着媒（adsorbent，吸着される側）は木材であり，吸着質（adsorbate，吸着する側）は水である．吸着量は，吸着媒単位質量（1g）当たりの吸着質の質量で定義される（あるいは，それを100倍した％で記述される）．これを含水率という．しかし，有機溶媒やその蒸気あるいは高分子物質の木材への吸着についても議論されており，接着などの領域で重要な課題である．吸着の反対は脱着（desorption）である．吸着と脱着とを総称して収着（sorption）という．

吸着は，発熱現象（exothermic phenomena）であり，吸熱現象（endothermic phenomena）ではない．木材に対する水の吸着を考えるとき，3次元空間を熱運動していた水分子が2次元空間である木材表面か，それに近い空間内に拘束されることを意味する（図2-5）．したがって，自由度の高い状態から低い状態に移るのであるから，熱力学的に見るとエン

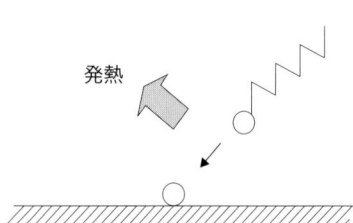

図2-5 吸着と発熱
吸着質：水，吸着媒：木材．

トロピーは減少する．また，空間を自由に運動していたものがほとんど運動しなくなるのだから，自由エネルギーも減少する．定圧での自由エネルギー変化は $\Delta G = \Delta H - T\Delta S$ で与えられる．ここで，ΔG, ΔH, ΔS はそれぞれ自由エネルギー，エンタルピー，エントロピーであり，T は絶対温度である．式において，$\Delta G < 0$ であり $\Delta S < 0$ であるのだから，$\Delta H < 0$ でなければならない．すなわち，吸着によって系のエンタルピーは減少する．すなわち，系の外へ熱を放出するであるから，吸着は発熱現象である．吸着に伴う発熱量を吸着熱（sorption heat）という．

木材は吸湿性（hygroscopicity）であるために，その吸着熱は含水率とともに変化する．そこで，「1gの水が無限量の木材に吸着されたときに発生する熱量」を微分吸着熱（differential heat）と定義する．無限量の木材とは，水分吸着によって含水率が変化しない木材を意味する．水蒸気からの微分吸着熱 Q_V，液体からのそれを Q_L，気化熱（evaporation heat，蒸発熱）を Q_0 とするとき，$Q_0 = Q_V - Q_L$ の関係がある（図2-6）．

1gの全乾木材が含水率 $u_1 \to u_2$ に変化したとき，発生する熱量を湿潤熱（wetting heat）といい，下式で定義される．下式において，$u_1 = 0$, $u_2 = $ fsp（繊維飽和点の含水率）のとき得られた湿潤熱を積分吸着熱（integral heat）という．

$$w = \int_{u_1}^{u_2} Q_L du \qquad (2\text{-}1)$$

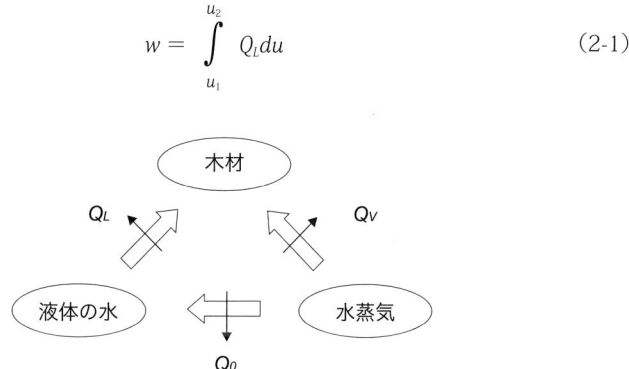

図2-6 それぞれの吸着熱の相互関係

"→" は発熱方向，Q_V：水蒸気からの微分吸着熱，Q_L：液体からの微分吸着熱，Q_0：気化熱（蒸発熱）．

湿潤熱は熱量計で得られ，積分熱を微分すれば微分吸着熱を得る．

微分吸着熱は，Clausius-Clapeyron の式を用いて得ることができる．理想気体であることを仮定して Clausius-Clapeyron の式を適用すると，下式を得る．

$$Q_L = -R\left(\frac{\partial \ln(h)}{\partial (1/T)}\right) \tag{2-2}$$

ここで，R：気体定数，h：相対蒸気圧，T：絶対温度である．

したがって，異なる温度で得られた吸着等温線に関して所定含水率における $\ln(h)$ vs. $1/T$ の関係から微分吸着熱が導出でき，含水率の関数としての微分吸着熱 Q_L を得る．微分吸着熱と積分吸着熱との関係を図 2-7 に示す．

吸着が始まり一定の時間が経過すると，それ以上の吸着が進行しなくなる（図 2-8）．吸着量と脱着量とが等しくなった状態である．このときの含水率を平衡含水率という．それぞれ一定の気相蒸気圧（分圧）に対して一定量の吸着量が対応する．吸着過程から得た平衡含水率と脱着過程からのそれとは互いに異なる．これをヒステリシス（hysteresis）という（後述）．

平衡吸着量（equilibrium adsorption quantities）u は温度 T に依存する．また，吸着した吸着質にも影響を受けるはずだから，相互作用ポテンシャル（interaction potential）E にも影響される．したがって，u

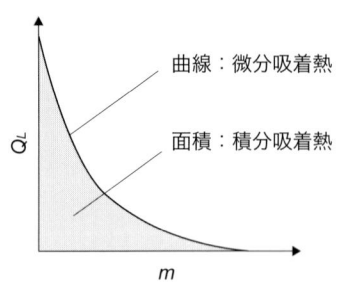

図2-7 微分吸着熱と積分吸着熱

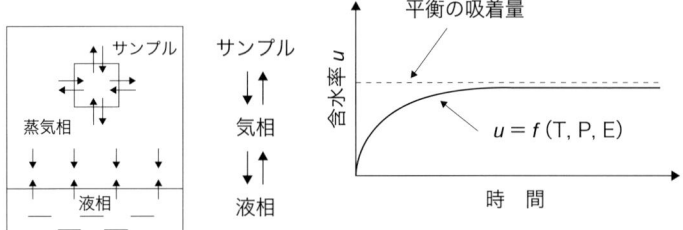

図2-8 木材における相平衡と平衡含水率

は温度 T,蒸気圧 P,相互作用ポテンシャル E との関数である.

$$u = f(T, P, E) \tag{2-3}$$

(2-3)式は1つの状態式(state equation)である.吸着質(水)と吸着媒(木材)が決まっているとき E はほぼ定数と見なせるから,一定温度において u は蒸気圧のみで決まる.厳密には,単分子吸着の場合とそれ以上の場合とでは,E は異なる(☞後述BET理論).このとき,平衡吸着量 u と蒸気圧 P(あるいは相対蒸気圧 h)との関係 u vs. P(あるいは h)を吸着等温線という.吸着等温線を解析することによって,吸着現象におけるさまざまな知見を得ることができる.吸着等温線は吸着質と吸着媒との相互作用に依存するが,加えて,吸着媒の膨潤収縮(swelling and shrinkage)にも影響を受ける.膨潤収縮は熱力学諸量の変化を伴うからである.木粉とブロック木材とで吸着挙動が異なることが報告されており,熱力学的にその高次構造の影響が指摘されている.

(2) 吸 着 理 論

吸着等温線の解析は,その得られた結果によりさまざまな理論に基づいて行われる.以下では,その代表的な吸着理論を紹介する.先に述べたように,木材あるいは化学処理した木材の吸着等温線はいずれもシグモイド型をしており,以下に紹介する理論のうち Hailwood and Horrobin 理論,あるいは二元吸着理論に基づいて解析され,貴重な知見が得られてきた.

含水率記号として u を用いてきたが,吸着理論の記述においてはオリジナル論文の記号を用いた..

a．Langmuir 吸着理論[10]

固体表面には,吸着質分子が吸着する座席が吸着媒表面にあると考える.これを吸着サイトと呼ぶ.吸着とは,この座席を吸着質分子が占有(occupation)することである.吸着平衡では,単位時間に吸着する分子の数 m_a と脱着する(蒸発する)分子の数 m_d とは等しい(図2-9).議論は吸着質単位質量(1g)当たりで考えることとする.

まず,吸着過程を考える.総座席数 N_m とし,すでに占有されている座席数

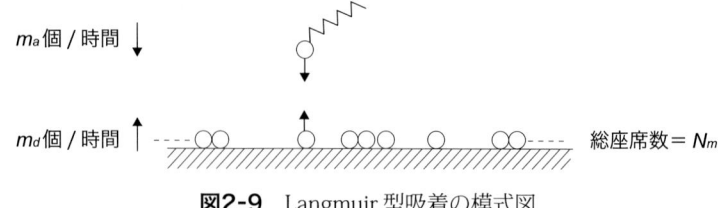

図2-9 Langmuir型吸着の模式図

N_a とすると，単位時間の吸着分子数は蒸気圧 P と空の座席数に比例するであろうから，下式を得る．k_a は比例定数である．

$$m_a = k_a P[N_m - N_a] \tag{2-4}$$

他方，脱着では，すでに吸着した分子数 N_a に比例するであろうから，下式を得る．k_d は比例定数である．

$$m_d = k_d N_a \tag{2-5}$$

今，平衡状態を考えると，吸着分子の数と脱着分子数とは等しいから，(2-4)式と(2-5)式から，

$$k_a P[N_m - N_a] = k_d[N_a] \tag{2-6}$$

したがって，

$$\frac{[N_a]}{[N_m - N_a]} = \frac{k_a}{k_d} P \tag{2-7}$$

さらに変形すれば，

$$[N_a] = \frac{N_m(k_a/k_d)P}{1 + (k_a/k_d)P} \tag{2-8}$$

ここで，$m = [N_a]$，$a = N_m$，$b = (k_a/k_d)$ と置けば，Langmuirの表現となり下式を得る．

$$m = \frac{abP}{1 + bP} \tag{2-9}$$

相対蒸気圧 h を用いると下式で表される．

$$m = \frac{ab'h}{1 + b'h} \tag{2-10}$$

ここで，$b' = bP_0$ である．

(2-9)式あるいは (2-10)式で記述される吸着等温線は，高相対湿度領域で含水率が一定値となる．

Langmuir 理論から得られる知見は，定数 a と b に含まれている．a は導いた手順からわかるように，吸着媒表面を吸着質分子で単一層として覆いつくしたときの吸着量（飽和吸着量）である．これを用いて吸着表面積を算出できる．他方，定数 b は，下記の吸着反応におけるにおける平衡定数である．すなわち，$b = (k_a/k_d) = K$（K：平衡定数）．

$$[\text{吸着質分子}\,(\propto P)] + [\text{未占有の座席の数}\,(= [N_m - N_a])] \rightleftarrows [\text{吸着した分子}\,(= [N_a])] \quad (2\text{-}11)$$

平衡定数は，反応における自由エネルギーに関係するから，したがって，b は吸着質と吸着媒との相互作用に関係する量である．

定数 a と b は，(2-9)式あるいは (2-10)式を用いて得ることができる．(2-5)式から

$$\frac{P}{m} = \frac{1}{ab} + \frac{1}{a}P \quad (2\text{-}12)$$

あるいは，相対蒸気圧を用いると，(2-10)式から

$$\frac{h}{m} = \frac{1}{ab'} + \frac{1}{a}h \quad (2\text{-}13)$$

したがって，(h/m) vs. h の関係をプロットしたとき，直線関係があれば Langmuir 型の吸着であると予想できる．このとき，その傾きと切片から a と b とを得る．すなわち，すべての表面を覆いつくしたときの吸着量（飽和吸着量）と相互作用に関わる定数が得られる．飽和吸着量は吸着表面積に比例する量であるから，内部吸着表面に関する重要な物理量である．多くの場合，Langmuir 型吸着は吸着の初期において成立する．

b．BET（Brunauer, Emmett, and Teller）吸着理論 [11]

Langmuir 吸着理論では，表面をすべて覆ってしまえば吸着は飽和してしまう．したがって，蒸気圧の増大に伴い吸着量が増大する吸着を，Langmuir 理

論は説明できない．Brunauer, Emmett, Teller は，このような吸着現象を説明するために Langmuir 理論の拡張を試みた．BET は，吸着質分子は積み重なって無限に吸着しうること，吸着質分子間の相互作用は同じであることを仮定し，それぞれの吸着層に Langmuir 吸着式が成立するとして吸着式を導いた．

BET の仮定から，吸着層（adsorption layer）はさまざまな高さをとることができる（図 2-10 左）．これを右寄せにして整理する（図 2-10 右）．今，第 i 番目の層の吸着分子数は N_i とする．第 i 番目の層の表面に現れている分子数，すなわち吸着可能な座席の数は N_{Si} とする．以下において，添字 i は層の i 番目を意味する．

まず，何も吸着していない表面への吸着を考える．これは，先の Langmuir 式を導いた場合と同じである．吸着速度は，その表面の座席数 N_m に比例して圧力に比例するから，

$$[吸着速度] = a_1 P N_m \tag{2-14}$$

ここで，a_1：定数，P：蒸気圧．

他方，脱着速度は，すでに吸着している分子数 N_1（第 1 層の分子数）のうち，表面に曝されている数 N_{S1} に比例するから，

$$[脱着速度] = K_1 N_{S1} = b_1 N_{S1} \exp[-E_1/RT] \tag{2-15}$$

第 2 層以上がなければ，当然 $N_1 = N_{S1}$ である．ここで，K_1 は第 1 層を形成するときの平衡定数であり，$K_1 = b_1 \exp[-E_1/RT]$ の関係がある．E_1 は第 1 層を形成する吸着エネルギー，b_1 は定数である．平衡では（2-14)式と（2-15)

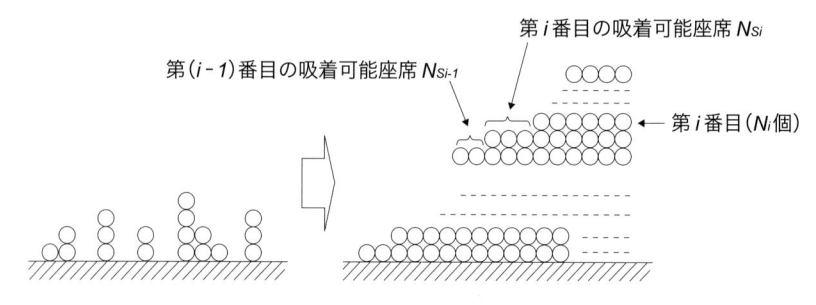

図2-10 BET 理論における吸着模式図

式は等しいから,

$$a_1 P N_m = b_1 N_{S1} \exp[-E_1/RT] \tag{2-16}$$

次に,第1層への吸着を考える.この場合,第1層の曝露吸着分子数が増大する方向を(＋)とすると,次の4つの場合がある.①裸面への吸着(＋),②第1層からの脱着(－),③第1層への吸着(－),④第2層からの脱着(＋)である(図2-11).

平衡状態では,前記の①〜④がすべて生じて平衡なのだから,(＋)と(－)が等しいと置いて,下式が成立する.

$$a_1 P N_m + b_2 N_{S2} \exp[-E_2/RT] = a_2 P N_{S1} + b_1 N_{S1} \exp[-E_1/RT] \tag{2-17}$$

(2-16)式を考慮すると,

$$a_2 P N_{S1} = b_2 N_{S2} \exp[-E_2/RT] \tag{2-18}$$

同様の手順で,i 番目では,

$$a_i P N_{S(i-1)} = b_i N_{Si} \exp[-E_i/RT] \tag{2-19}$$

の関係がある.

1番目と i 番目が導出できたので,全吸着量が算出できる.第2層以上の層では,吸着と脱着に関して同じと仮定する.すなわち,第2層以上のすべての層において吸着エネルギーと平衡定数は同じとする.このとき,下式が成立する.

$$E_2 = E_3 = \cdots = E_i = \cdots \equiv E_L \tag{2-20}$$

$$\frac{b_2}{a_2} = \frac{b_3}{a_3} = \cdots = \frac{b_i}{a_i} \cdots = \cdots = \frac{b_L}{a_L} \equiv g \tag{2-21}$$

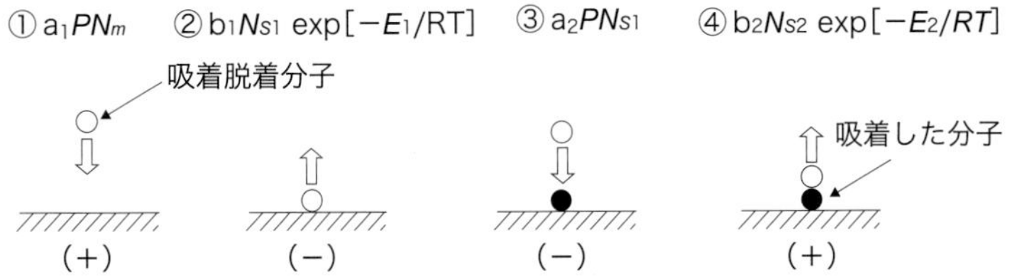

図2-11 第1層の水分子の吸着

ここで，(2-16)式から，

$$N_{S1} = \frac{a_1}{b_1} N_m P\exp[E_1/RT] = yN_m \tag{2-22}$$

ただし，

$$y = \frac{a_1}{b_1} P\exp[E_1/RT] \tag{2-23}$$

さらに，(2-18)式から

$$N_{S2} = xN_{S1} \tag{2-24}$$

ただし，

$$x = \frac{a_2}{b_2} P\exp[E_2/RT] = \frac{1}{g} P\exp[E_L/RT] \tag{2-25}$$

第3層は，(2-24)式と同様に考えて，

$$N_{S3} = xN_{S2} = x^2 N_{S1} \tag{2-26}$$

したがって，

$$N_{Si} = xN_{S(i-1)} = x^2 N_{S(i-2)} = \cdots = x^{i-1} N_{S1} \tag{2-27}$$

この (2-27)式へ (2-22)式を代入すると，

$$N_{Si} = x^{i-1} yN_m = x^i N_m \left(\frac{y}{x}\right) \tag{2-28}$$

ここで，

$$\frac{y}{x} = \frac{(a_1/b_1)P\exp[E_1/RT]}{(1/g)P\exp[E_L/RT]} \equiv C \tag{2-29}$$

ここで，C：定数である．

とおくと，(2-28)式は，次式となる．

$$N_{Si} = Cx^i N_m \tag{2-30}$$

以上の議論にふまえて全吸着量を計算する．i 番目の層で表に曝されているのは N_{Si} 個の吸着分子だから，このブロックの吸着分子の数は iN_{Si} 個である（図2-12）．これをすべてについて加えたものが全吸着量である．

第2章 水と木材

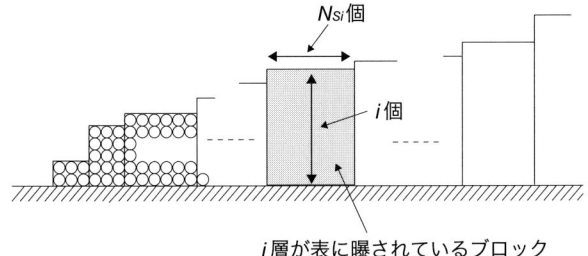

図2-12 BET吸着における吸着量の計算のための模式図

$$N = \sum_{i=0}^{\infty} iN_{Si} \tag{2-31}$$

他方，N_mについて考えると，表に曝され吸着に関与する既吸着分子の総和である．図示した階段状のステップの部分の総和である．これが吸着可能座席数である．したがって，下のように書くことができる．

$$N_m = \sum_{i=0}^{\infty} N_{si} \tag{2-32}$$

(2-31)式を(2-32)式で除すと，下式を得る．これは，吸着分子が均一に表面を覆った場合の吸着層の厚さに対応する．

$$\frac{N}{N_m} = \frac{\sum_{i=0}^{\infty} iN_{si}}{\sum_{i=0}^{\infty} N_{Si}} \tag{2-33}$$

(2-33)式に，(2-30)式を代入すると，

$$\frac{N}{N_m} = \frac{\sum_{i=0}^{\infty} iN_{Si}}{N_{S0} + \sum_{i=1}^{\infty} iN_{Si}} = \frac{CN_{S0}\sum_{i=1}^{\infty} ix^i}{N_{S0} + CN_{S0}\sum_{i=1}^{\infty} x^i} = \frac{C\sum_{i=1}^{\infty} ix^i}{1 + C\sum_{i=1}^{\infty} x^i} = \frac{C[x/(1-x)^2]}{1 + C[x/(1-x)]}$$

$$= \frac{Cx}{(1-x)(1-x+Cx)} \tag{2-34}$$

ここで，次式を用いた

$$\sum_{i=1}^{\infty} x^i = \frac{x}{1-x} \tag{2-35}$$

$$\sum_{i=1}^{\infty} i x^i = x \frac{d \sum_{i=1}^{\infty} x^i}{dx} = \frac{x}{(1-x)^2} \tag{2-36}$$

(2-34)式において，BET の表現を用いて $v = N$, $v_m = N_m$ とおくと，

$$\frac{v}{v_m} = \frac{cx}{(1-x)(1-x+Cx)} \tag{2-37}$$

これが吸着を表す BET の式である．

今，P が飽和蒸気圧 P_0 のときを考えると，層は無限に重ねられることになる．すなわち，$v \to \infty$ である．したがって，$P = P_0$ のとき (2-37)式において $x = 1$ でなければならないことは容易に理解できる．この条件を (2-25)式に入れると，

$$\frac{P_0}{g} \exp[E_L/RT] = 1 \tag{2-38}$$

これを再び (2-25)式に代入すると，

$$x = \frac{P}{P_0} \tag{2-39}$$

を得る．すなわち，(2-37)式における x は相対蒸気圧である．

c．Hailwood and Horrobin 吸着理論 [12]

Hailwood and Horrobin 吸着理論（以下 H&H 理論）は，高分子の吸着を記述することを目的とした理論である．この理論では，吸着水が水和水（hydrated water）と溶解水（dissolved water）からなるとする．木材の水吸着挙動の解析に適用例が多い．以下では吸着質として水，吸着媒として木材を考え議論する．この理論では，いくつかの仮定を設ける．この理論の適用に際しては，この仮定を十分考慮し，その適用限界を考えておく必要がある．

H&H 理論では，下のような仮定を設けて議論する（関係を図 2-13 の模式

第2章 水と木材

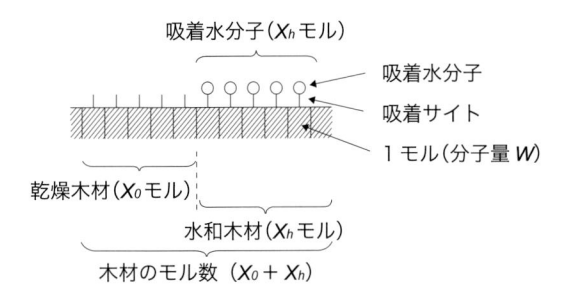

図中ラベル:
- 吸着水分子(X_hモル)
- 吸着水分子
- 吸着サイト
- 1モル(分子量 W)
- 乾燥木材(X_0モル)
- 水和木材(X_hモル)
- 木材のモル数 ($X_0 + X_h$)

図2-13 H&H理論における吸着の模式図

的に示した).

①系の相として以下の3つを考える.
 1. 水和も溶解もしていない乾燥した木材
 2. 水和した木材
 3. 溶解した水

②吸着サイト1個当たりの木材の質量を木材の1モルとし,これをWとする.このサイトに1モルの水分子が吸着して木材が水和する.

③系は理想溶液として振る舞う.すなわち,成分の活量がモル分率に等しく,混合エンタルピー(混合熱)を考慮しない.したがって,系を理想固溶体とする.

以上の仮定のもとに,乾燥木材,水和した木材,そして溶解水の3成分が共存した形の系を考える.この平衡関係を定式化すると以下のようである.

$$[溶解水] + [乾燥木材] \underset{}{\overset{K_1}{\rightleftarrows}} [水和木材]$$
$$A_S \qquad\qquad A_0 \qquad\qquad\qquad A_h$$

$$[水蒸気] \underset{}{\overset{K_2}{\rightleftarrows}} [溶解水]$$
$$p/p_0 \qquad\qquad A_S$$

ここで,$A_i (i = h, 0, S)$:活量,$K_i (i = 1, 2)$:平衡定数である.

それぞれのモル数を$X_i (i = h, 0, S)$とし,系の全モル数をXとすると,

$$X = X_h + X_0 + X_S \tag{2-40}$$

今,理想固溶体を考えているから,活量はモル分率と等しい.したがって,次式を得る.

$$A_h = \frac{X_h}{X_h + X_0 + X_S} \tag{2-41}$$

$$A_0 = \frac{X_0}{X_h + X_0 + X_S} \tag{2-42}$$

$$A_S = \frac{X_S}{X_h + X_0 + X_S} \tag{2-43}$$

さらに,平衡定数は反応物の活量の積と生成物の活量の積の比として定義されるから,

$$K_1 = \frac{A_h}{A_0 A_S} \tag{2-44}$$

$$K_2 = \frac{A_h}{P/P_0} = \frac{A_S}{h} \tag{2-45}$$

なお,ここで相対蒸気圧は活量に等しいことを用いた.

(2-44)式と(2-45)式から,2つの平衡定数の積 $K_1 K_2$ は $(A_h/A_0)h$ であり,乾燥木材と水蒸気とから水和木材が生成するときの平衡定数である.したがって,$K_1 K_2$ は乾燥木材の水分吸着しやすさのパラメータとして用いることができる.

明らかにしたい量は,木材中における水和水の割合と溶解水の割合である.これらをそれぞれ M_h と M_S と現し,全含水率を M とする.ここで,議論を容易にするために単位を mol/mol とする.すなわち,木材1モル当たりに吸着した水分子のモル数である.三者の関係は下式で与えられる.

$$M = M_h + M_S \tag{2-46}$$

まず,水和水の平衡含水率 M_h を導出する.先の仮定から,水和は木材の吸湿サイト1モルに水分子1モルで起こる(H&Hの模式図参照).水和した水のモル数は X_h であり木材のモル数は $(X_h + X_0)$ だから,木材1モル当たりの水のモル数,すなわち mol/mol 単位の水和水の含水率 M_h は下式で与えられる.

第2章 水 と 木 材   37

$$M_h = \frac{X_h}{X_h + X_0} \tag{2-47}$$

他方,(2-41)〜(2-43)式と(2-44)式を用いて,

$$K_1 = \frac{A_h}{A_0 A_S} = \frac{X_h/(X_h+X_0+X_S)}{X_0 A_S/(X_h+X_0+X_S)} = \frac{X_h}{X_0 A_S} \tag{2-48}$$

ここで,(2-47)式と(2-48)式を用いて X_h を消去して(2-45)式を用いると,水和水の含水率として下式を得る.

$$M_h = \frac{K_1 X_0 A_S}{X_0 + K_1 X_0 A_S} = \frac{K_1 K_2 h}{1 + K_1 k_2 h} \tag{2-49}$$

次に,溶解水の平衡含水率を導出する.溶解水 X_S モルが,木材 $(X_0 + X_h)$ モルに溶解しているのだから,M_S は下式で与えられる.

$$M_S = \frac{X_S}{X_0 + X_h} \tag{2-50}$$

ここで,(2-43)式を用いると,

$$\frac{1}{A_S} = \frac{X_h + X_0 + X_S}{X_S} = \frac{X_h + X_0}{X_S} + 1$$

したがって,(2-45)式を用いて,

$$\frac{X_S}{X_0 + X_h} = \frac{1}{(1/A_S) - 1} = \frac{1}{(1/K_2 h) - 1} \tag{2-51}$$

(2-51)式を(2-50)式に代入すると,次式を得る.

$$M_S = \frac{K_2 h}{1 - K_2 h} \tag{2-52}$$

以上の議論から,水和水と溶解水の平衡含水率は次式で与えられる.ただし,含水率の単位は(mol/mol)である.

$$M_h = \frac{K_1 K_2 h}{1 + K_1 K_2 h} \tag{2-53}$$

$$M_S = \frac{K_2 h}{1 - K_2 h} \tag{2-54}$$

ここで注目すべきは,M_h が Langmuir 型であり,M_S は後述のように内容的には Henry 型の吸着式であることである.

木材の含水率の単位は,一般に木材 1g 当たりの水の g 数で表され g/g である(百分率ではこれの 100 倍).そこで,(2-53)式と(2-54)式の結果を(g/g)の単位に変換する必要がある.(2-53)式と(2-54)式において,式の分子は水分子のモル数であり,分母は木材のモル数である.水と木材の 1 モルの分子量はそれぞれ 18 と W であるから,これを分子分母に乗ずると,単位を変換した含水率 m_h と m_S は次式で与えられる.単位は(g/g)である(百分率の場合には,さらに 100 倍).

$$m_h = \frac{18}{W} \frac{K_1 K_2 h}{1 + K_1 K_2 h} \tag{2-55}$$

$$m_S = \frac{18}{W} \frac{K_2 h}{1 - K_2 h} \tag{2-56}$$

したがって,全体の含水率 m は次式である.

$$\begin{aligned}m &= m_h + m_S \\ &= \frac{18}{W} \frac{K_1 K_2 h}{1 + K_1 k_2 h} + \frac{18}{W} \frac{K_2 h}{1 - k_2 h}\end{aligned} \tag{2-57}$$

H&H 理論が適用できるとき,式の諸定数が確定される.その結果,得られた諸定数を用いて対象物質の特性を議論できる.以下,諸定数の導出について考える.(2-57)式から次式を得る.

$$\frac{m}{h} = \frac{18}{W} \frac{K_2(1+K_1)}{(1+K_1 K_2)(1-K_2 h)}$$

さらに変形すると,

$$\frac{h}{m} = -\left[\frac{W}{18} \frac{K_1 K_2}{K_1 + 1}\right] h^2 + \left[\frac{W}{18} \frac{K_1 - 1}{K_1 + 1}\right] h + \left[\frac{W}{18} \frac{1}{K_2(K_1 + 1)}\right] \tag{2-58}$$

すなわち,次式を得る.

$$\frac{h}{m} = -ah^2 + bh + c \tag{2-59}$$

ここで,

$$a = \frac{W}{18} \frac{K_1 K_2}{K_1 + 1} \tag{2-60}$$

$$b = \frac{W}{18} \frac{K_1 - 1}{K_1 + 1} \tag{2-61}$$

$$c = \frac{W}{18} \frac{1}{K_2(K_1 + 1)} \tag{2-62}$$

したがって,吸着等温線 m vs. h を得たのち,h/m vs. h を描き,これが上に凸の二次曲線に類似した形であり,その相関が高ければ,得られた吸着等温線は H&H 理論を採用することができると考えられる.このとき,二次曲線回帰して得られた諸定数から,H&H 理論の諸定数を導出できる.諸定数は (2-60)〜(2-62)式の連立方程式を解いて次式で与えられる.

$$K_1 = 1 + \frac{b^2 + b\sqrt{b^2 + 4ac}}{2ac} \tag{2-63}$$

$$K_2 = \frac{-b + \sqrt{b^2 + 4ac}}{2c} \tag{2-64}$$

$$W = 18\sqrt{b^2 + 4ac} \tag{2-65}$$

以上の手順によって,実験結果に H&H 理論を適用してパラメータ W,K_1,そして K_2 を得ることができ,その結果,吸着特性を考察できる.あるいは,$1/W$ が木材 1g 当たりの吸着サイト数を意味し,$K_1 K_2$ が乾燥木材の水分吸着しやすさを示す平衡定数であることにふまえて議論することが可能である.

木材に H&H 理論を適用するとき,h/m vs. h の関係は (2-58)式によって近似的に記述できるが,完全には一致しない.多くの場合,非対称である.したがって,この理論は有用ではあるが,木材の吸着挙動を近似的に記述するものであることを考慮して適用すべきである.

d. 二元吸着理論 [13, 14]

H&H 理論では水和水,溶解水,そして乾燥木材(吸着媒)の3つの相の平衡関係をもとに導かれた.そこでは,三者は互いに独立ではない.

ここでは，H&H理論に類似した二元吸着理論を紹介する．この理論においては，H&H理論と同様に，低含水率領域ではLangmuir型の吸着が進行するとともに，これに独立に木材に溶解する吸着もまた進行すると考える．H&H理論と異なるのは両者が互いに独立ということである．

全吸着量 m は，Langmuir型で表される吸着量 m_H とそれを除いた量 m_D の和として表されると考える．H&H理論と区別するために，記号として m_H，そして m_D を用いる．単位は g/g とする．

$$m = m_H + m_D \tag{2-66}$$

m_H はLangmuir型であるから，(2-10)式から，

$$m_H = m_0 b'h/(1 + b'h)$$

ここで，m_0：飽和吸着量，b'：相互作用に関わる定数である．

である．m_0 は吸着媒1g当たりにおいて，すべての吸着サイトを吸着質が1個ずつ吸着した場合の吸着量である．したがって，H&H理論と同様に，吸着サイト1個当たりの木材の分子量を W_H と定義して導入すれば，単位質量当たりのサイト数は $1/W_H$ であり水分子1個の分子量は18であるから，$m_0 = (1/W_H) \cdot 18 = 18/W_H$ の関係がある．したがって，

$$m_H = \frac{m_0 b'h}{1 + b'h} = \frac{18}{W_H} \frac{b'h}{1 + b'h} \tag{2-67}$$

この式はH&H理論の(2-55)式と等価である．

m_D は，水和水以外の吸着水すなわち溶解水であるからHenry則ないしはFlory-Huggins式が適用できる．ここでは，Henry則の場合について考える．Henry則が成立するとき，その相対蒸気圧 h とモル分率 ω は比例関係にある．

$$\omega = Kh \tag{2-68}$$

ここで，溶解水の濃度 m_D (g/g) とするとき，これを単位変換すると，

$$m_D(\text{g/g}) = \frac{m_D/18}{1/W_D} (\text{mol/mol}) = \frac{W_D}{18} m_D(\text{mol/mol}) \tag{2-69}$$

ここで，W_D：吸着媒の吸着サイト当たりの質量である．

したがって，モル分率 ω は，

第2章　水　と　木　材

$$\omega = \frac{(W_D/18)m_D}{1+(W_D/18)m_D} \tag{2-70}$$

したがって，(2-70)式と(2-68)式から次式を得る．

$$m_D = \frac{18}{W_D}\frac{Kh}{1-Kh} \tag{2-71}$$

この式は H&H 理論の (2-56)式と等価である．

以上のことから，

$$m = m_H + m_D \quad \leftarrow (2\text{-}66)$$

$$m_H = \frac{18}{W_H}\frac{b'h}{1+b'h} \quad \leftarrow (2\text{-}67)$$

$$m_D = \frac{18}{W_D}\frac{k'h}{1-k'h} \quad \leftarrow (2\text{-}71)$$

$W_H = W_D$ ならば，前記の議論は H&H 理論と完全に一致する．しかし，前記議論では，これは保証されてはいない．H&H 理論では，$W_H = W_D$ であり h/m vs. h の二次曲線回帰の諸定数（a, b, c）と未知数（K_1, K_2, W）との数が等しくなるので，未知数（K_1, K_2, W）を得ることが可能である．しかし，二元吸着理論では両式の諸定数はそれぞれ算出しなければならない．

　二次元吸着理論では，それぞれの式から諸定数を算出する．Langmuir 型吸着は，先に述べた (2-67)式から，

$$\frac{h}{m_H} = \frac{W_H}{18b'} + \frac{W_H}{18}h \tag{2-72}$$

であるから，h/m_h vs. h の直線域において，その傾きと切片から諸定数を得る．Langmuir 型吸着が単分子吸着であることを考慮するならば，この式は h が 0 に近い領域でしか適用できないはずである．事実，直線関係は h の低い領域で成立する．同様に溶解水の場合には，(2-71)式から下式が成立するから，

$$\frac{h}{m_D} = \frac{W_D}{18K} - \frac{W_D}{18}h \tag{2-73}$$

諸定数は，h/m_D vs. h の直線域において，その傾きと切片から算出する．Henry則が溶解に関する法則であることを考えるならば,この領域はhが1に近い領域である.事実負の傾きの直線関係はhが1に近い領域で成立する.一般に得られたW_HとW_Dとは一致しない.

(3) 木材へのH&H吸着理論の適用

種々の吸着理論の中で,木材の水分吸着に多く用いられているものはH&H理論である.以下において,H&H理論の適用事例について述べる.この理論は先の議論からわかるように,Langmuir型とHenry型の吸着が相互に関係しながら進行するとするものである.

H&H理論によれば,吸着は水和水の吸着と溶解水の吸着とからなる.図2-14[15]は,ヒノキの吸着等温線(m:○プロット)と,先に述べた手順に従ってH&H理論を適用し得られた曲線(h/m),水和水(m_h),そして溶解水(m_d)の等温線である.他の樹種においてもおおむね類似した傾向を示す.

図2-14におけるh/m vs. hは,上に凸の二次曲線で近似でき,(2-58)式が適用可能であることを示している.H&H理論を適用し,得られる水和水と溶解水の挙動は次の通りである.木材表面の吸着サイトへの吸着(水和水の形成)は相対湿度(h)0.5〜0.6あたりまで進行したのち一定値に近づき,同時に,その相対湿度から木材実質への溶解(溶解水の形成)がより優勢となる.水和水が一定値となる含水率は約0.05(約5%)程度である.これを水和水の飽

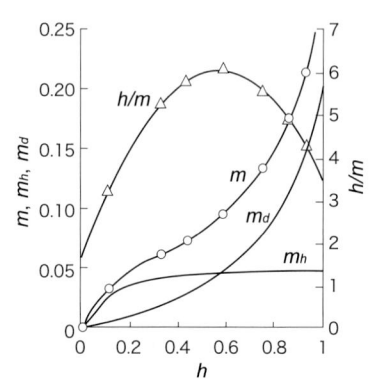

図2-14 ヒノキの20℃での吸着等温線とHailwood & Horrobin解析
○:含水率(m),△:相対湿度/含水率(h/m).(横山 操ら,2000)

和吸着量(含水率)という.溶解水の吸着は含水率0.3 (30%)まで増大し続ける.この含水率までの吸着水を結合水(adsorbed water)といい,木材の諸物性はこの吸着量に依存した特性の変化をもたらす.0.3 (30%)以上の水は自由水(free water)と称され,結合水と区別される.この結合水と自由水との境界の含水率を繊維飽和点(fiber saturation point, fsp)という.繊維飽和点以上の含水率において,木材の諸物性は含水率依存性を示さない.

　水和水の飽和吸着量は,木質単位質量当たりにおいて吸着サイト1個を1個の水分子で全て占有したときの値であるから,木材単位質量当たりの吸着サイト数でもある.したがって,含水率をこの値で除すと,吸着サイト当たりの吸着水分子数,すなわちクラスタサイズ(cluster size)を算出できる.この値は3前後である.クラスタサイズは厳密にはZimm[16]のクラスタ積分を用いて算出されるべきであるが,H&H理論からも目安となる値を導出可能である.H&H理論におけるWの逆数$1/W$は木材1g当たりの吸着サイト数であるから,含水率と$1/W$から吸着サイト1個当たりの吸着水分子の個数が算出できる.

　fsp以上では木材物性は含水率依存性がない.これは,fsp以上の木材中の水は自由水だからである.しかし,fsp以下の含水率領域では,含水率と木材の諸物性とは密接に関係する.概略,弾性率は減少し,コンプライアンスは増大,$\tan\delta$は増大する.しかし,詳細に見ると木材の物性は,含水率約0.05 (5%)で特徴的に変化する[17-20].この含水率は水和水が飽和する含水率である.弾性率あるいはクリープコンプライアンスは含水率0.05 (5%)を境に変化し,$\tan\delta$もまた変化する.この含水率までは弾性率が増大(クリープコンプライアンスは減少)して$\tan\delta$は減少し,それ以上では弾性率が減少(クリープコンプライアンスは増大)して$\tan\delta$は増大する.こうした含水率依存性は,水和水と称される吸着水が関与した水素結合による架橋が関与していることを示している.詳細な機構は未解明であるが,力学緩和や誘電緩和の測定結果は,この含水率領域を境にした変化が吸着水による木材成分分子鎖間の架橋形成によることを示唆する.

　木材は多成分系の高次構造を有しており,それらを反映した複雑な吸着挙動

を示すことが予想される．高次構造が失われた微粉末の吸着等温線はブロック木材のそれとは異なり，前者の含水率は後者より等しいか大きい．解析の結果，水和水が形成される領域では両者は含水率に差を生じないが，溶解水が支配的な領域では後者の含水率が大きい．このことは，細胞壁内二次壁の内外層（S1とS3）内の円周方向に配向したミクロフィブリルの膨潤拘束によることが指摘されている[21]．

(4) ヒステリシス

吸着等温線は，一定温度における相対湿度と平衡含水率との関係である．したがって，吸着等温線は吸湿過程あるいは放湿過程のいずれからも得ることができる．このとき，放湿過程から得た吸着等温線は，吸湿過程からのそれより高い含水率を示すことが知られている（図2-15[2]）．このように，吸着過程と脱着過程での吸着等温線が異なる現象をヒステリシスという．

ヒステリシスの機構については諸説がある．提案されているいくつかの仮説の中からインクボトル説[22]を紹介する．これは，毛管凝縮に関するKelvin式を基礎においている．

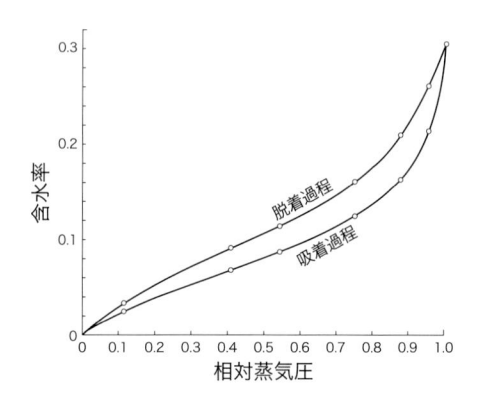

図2-15 スプルースの吸着および脱着過程での吸着等温線
(Stamm, A. J. and Harris, E. E., 1953)

$$\ln\left[\frac{P}{P_0}\right] = -\frac{2\sigma V\cos\theta}{r\rho RT} \tag{2-74}$$

ここで，r：毛管半径，σ：表面張力，V：液の分子容積，R：気体定数，T：絶対温度，θ：接触角，ρ：液の密度である．

この式は，吸着媒に異なる半径の毛管が存在するとき，圧力 P においては半径 r 以下の毛管は全て凝縮が生じることを意味している．

インクボトル説は，図 2-16[7] のようなインク瓶の形状をした細孔の存在がヒステリシスを生じるとするものである．ヒステリシスの要因を吸着する細孔の形状に求めたものである．蒸気圧が増大する過程を考える．Kelvin 式に従うならば，このとき，r_1 に対応した低蒸気圧 P_1 で r_1 の部分の体積 v_1 だけ（対応した質量）の凝縮が生じ，蒸気圧がより高い P_2 に到達したとき初めて r_2 の部分の体積 v_2 の凝縮が起こる．すなわち，図 2-16 の経路 A をたどる．これに対して，蒸気圧が減少する過程の場合には，r_2 の液体は P_2 に至ってもボトル内から外へは出ることができない．なぜなら，径 r_1 の部分には液体が存在し，蓋をしているからである．r_1 の液体が飛散する P_1 の蒸気圧まで，径 r_2 の部分の物質は脱出できない．したがって，経路 B をたどることになる．

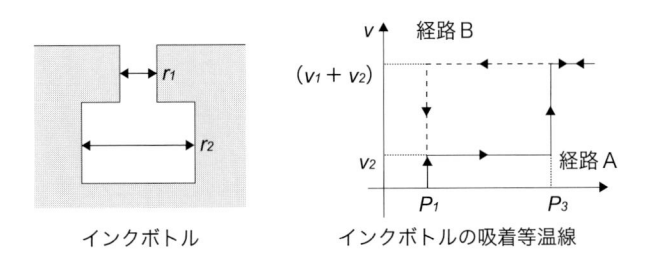

図2-16 吸着等温線におけるヒステリシス
(慶伊富長：吸着，共立出版，1976)

(5) 吸着水の木材内での存在状態

木材および木材成分中の吸着水の存在状態は，吸着等温線の測定や吸着水の誘電緩和測定から得られた．その結果，吸着水に関する活性化エネルギーなど

の熱力学的諸量が氷のそれに非常に類似していることが見出された[23-26].

1個の水分子が木材成分中の水酸基と4個の水素結合をしている様子を，模式的に図2-17[23-26]に示す．図では4個の水素結合（紙面上に3個，紙面に垂直に1個）が形成されているが，この中の紙面上の3個が切断するとき，水分子は紙面垂直方向の水素結合の周りに回転することが可能である．この吸着水の活性化エネルギーは，4.5×3＝56.51kJ/mol（13.5kcal/mol）と概算される．なぜなら，水素結合の活性化エネルギーが18.83kJ/mol（4.5kcal/mol）であり，その3倍と計算できるからである．全乾に近い含水率での吸着水の誘電緩和から得られた活性化エネルギーの実測値は58.60kJ/mol（14kcal/mol）であることから，図2-17の結合形態は，この含水率領域での水分子の結合形態を表していると推察される．

すなわち，この含水率領域の水素結合の数は含水率0.05（5%）以下では4個と見積もられる．この構造は氷の構造と非常に類似したものである．含水率0.05～0.10（5～10%）では，活性化エネルギーの実測値は41.89kJ/mol（約10kcal/mol）である．前記と類似のモデルを考え水素結合の数を3個と見積もると，水素結合のうち2個の切断で回転配向可能となる．このとき，活性化エネルギーは37.70 kJ/mol（9kcal/mol）となり，実測値に非常に近い値を与える．さらに，0.10（10%）以上の含水率では2個以上の水分子の関与を示唆する125.58kJ/mol（約30kcal/mol）の活性化エネルギーが得られている．

このように，吸着水の木材内における存在形態は水素結合の形成を考慮すると，活性化エネルギーに限らず，活性化エントロピーなどの実験的に得られた

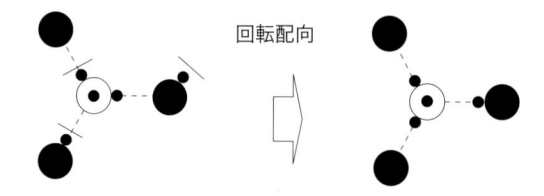

図2-17 低含水率領域での木材中の水分と木材との水素結合
◎：水分子，●：水酸基，●：水素原子．（則元 京ら，1973，1975，1977，1990）

熱力学的諸量の含水率依存性をうまく説明することができる．また，誘電緩和挙動から得られた前記の水素結合の形成機構は，力学的性質の含水率依存性と矛盾しない．

4）拡　　　散

木材中の水分移動は，拡散現象として記述される．拡散現象は，定常状態と非定常状態に区分されて記述される．

定常状態，すなわち，木材表面と雰囲気が平衡状態にあり，かつ，木材内部の水分分布も定常的になった場合（例えば，木質壁の透湿）には，水分通過量 m と単位面積当たりの水分濃度 c の勾配に対して，次式

$$\partial m/\partial t = -D\partial c/\partial x \tag{2-75}$$

ここで，t：時間，x：空間（1次元）．この場合，c はよりなじみの深い含水率 u，あるいは蒸気圧 p に置き換えてよい．

が適用できる．

一方，木材の乾燥のような非定常状態においては，木材中の水分の拡散は，1次元の場合，次の拡散方程式の適用が基本となる．

$$\partial u/\partial t = D\partial^2 u/\partial x^2 \tag{2-76}$$

すなわち，含水率の時間変化は，含水率分布の曲率に比例する（Fickの第2法則）．より物理的には，速度に比例する粘性抵抗（ニュートン粘性）が曲率に比例するとも解釈できる．前記，比例定数 D は拡散係数と呼ばれる．

乾燥など，実用上も重要な（2-76）式は，拡散係数 D が定数の場合は，例えば，木材表面が雰囲気に直ちに平衡する条件において，高次項を無視すれば，

$$u = u_e + (u_c - u_e)\exp(-D(\pi/l)^2 t)\sin(\pi/l)x \tag{2-77}$$

ここで，u_e，u_c：それぞれ平衡含水率，および初期含水率，l：試験片の長さ．

のような解を持つ．1次元の場合のみでなく，x, y, z の3次元の場合も，前式類似の解析的な解が得られるため，（2-76）式は広く用いられる．

しかしながら，得られた拡散係数 D について子細に検討すると，前式を適用して実験的に求めた D は，温度，試験片の寸法，含水率に依存する．した

がって，ほかの物理的な定数，例えば，ヤング率，強度などに対し，木材の D は定数として扱えず，議論が困難である．

そこで，(2-76)式中の右辺の u のかわりに，蒸気圧 p を用いて木材中の水分拡散を検討することが考えられる．各温度での含水率と相対湿度の関係，すなわち，吸湿等温線を知れば，含水率 u を，相対湿度 RH に変換できる．そこで，飽和水蒸気圧 ps を以下のアレニウス式類似の近似式

$$ps = \exp(20.9006 - 5204.9/T) \tag{2-78}$$

で求めれば，

$$p = ps \cdot RH$$

として，u を蒸気圧 p に置き換えることができる[1]．D の含水率依存性の影響を省くため，含水率変化の小さい区間で，逐一，蒸気圧 p を用いた拡散方程式を用いて D を求めたところ，拡散係数は温度に寄らない係数として扱えることがわかった（図 2-18[2]）．また，含水率 u を用いた場合でも，D の温度依存性を (2-77)式を用いれば，実用上問題のない値が得られる．しかしながら，図 2-18 からも明らかなように，拡散係数 D は，明らかな含水率依存性を持つ．含水率 u や蒸気圧 p の曲率以外の駆動力を用いた研究もあるが，やはり，含水率依存性は残っている．

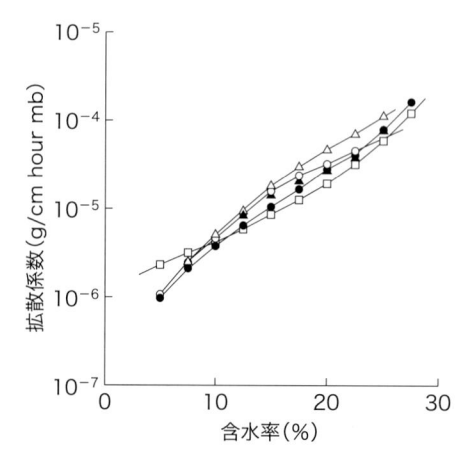

図 2-18 乾燥過程における生材含水率に伴う拡散係数の変化
乾燥温度…△：40℃，▲：50℃，○：60℃，●：70℃，□：80℃．駆動力…蒸気圧勾配．（古山安之・金川　靖, 1994）

その結果,もともとの(2-76)式のDは従属変数であるuの関数となり,(2-76)式は非線形の偏微分方程式となり,数学的には,(2-77)式のような解析的な解を持たないことはもちろん,解そのものを持つかどうかまでが問題となる.

そこで,溶液の拡散現象がミクロブラウン運動に基づくとするならば,木材中の水分移動,特に,繊維飽和点以下での拡散は,結合水の移動である.この場合,木材実質との相互作用があり,単純な拡散現象とはいえないことが考えられる.

このような化学的な反応を記述する方程式は,反応方程式として知られており,また,拡散現象と併せれば,次式のような反応拡散方程式が用いられる.

$$\partial u/\partial t = D\partial^2 u/\partial x^2 + f(x, t) \qquad (2\text{-}79)$$

木材の水分移動に対しては,関数fを定数F,あるいはディラックのδ関数とした式の適用例がある[3].δ関数を用いた場合,水分傾斜に対し,一定の力の摩擦(乾性摩擦,クーロン摩擦)が働くという,簡明な物理的意味を持つ.これらFあるいはδを用いた反応拡散方程式を用いた場合,先の拡散係数Dの含水率依存性はなくなり,Dを含水率によらない定数として扱うことが可能である.

ただし,1次元の試験片を用いた場合,形状依存性は依然として残るとともに,3次元の拡散現象での結果に対し,その値が3倍程度大きくなる.ただし,3次元での拡散現象においては,形状依存性はほとんど認められず,形状,さらに含水率に依存せず,また,蒸気圧勾配を用いれば,温度の影響も持たない定数としての扱いが可能である.小試験片での実験結果では,密度0.4で,繊維方向の拡散係数は0.03% /hPa cm^2/h 程度である.ただし,1次元と3次元での不一致は,試験方法の改善と,(2-76)式を2次元,3次元に拡張する際にねじれの曲率$\partial^2 u/\partial x \partial y$を導入するなど,不確定の要素が存在する.

さて,現状では(2-79)式により,拡散係数を定数として扱える段階までいちおう至ったとすれば,その木材物理的な議論が可能となる.

異方性については,R方向がT方向より大きく,また,L方向はこれらの数倍大きい.また,密度との関係については,図2-19にさまざまな密度の材の

拡散係数の値を示す．定数 F を用いた(2-79)式により，1次元の試験片を用いた実験結果である．密度の増大とともに拡散係数は減少する．これは，乾燥速度の傾向とも一致する．

ただし，密度の増大とともに一定の値に収束する傾向を示す．そこで，木材の真比重約 1.5 では，仮想的に細胞内の空間は存在しないはずであるし，密度 0 では，逆に空間のみが存在すると考えられる．細胞壁内の拡散は含水率傾斜，空間内は蒸気圧傾斜それぞれが駆動力となると仮定すれば，図 2-19 の結果より，密度 0.5 程度の材では，蒸気圧傾斜の影響が大きいと考えられる．(2-79)式において，u と p それぞれを用いて，乾燥過程への適合性を見た結果では，蒸気圧 p を用いた方が良好な結果が得られている．また，さらに詳細な検討結果もこれを支持する．

ただし，含水率 u と蒸気圧 p の差異は，つまるところ，吸着等温線の非線形性に基づいており，これをほぼ直線的と見なせば，より単純な含水率を用いた拡散方程式も現実の適応性はかなり高い．

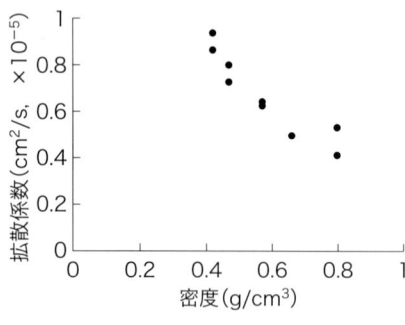

図2-19 密度と拡散係数の関係

2．収 縮 と 膨 潤

1）収縮率と膨潤率

(1) 定義と基本的特徴

木材は，生材からの乾燥過程，あるいは使用状態における周囲の温・湿度の変化によって，その含水率が変化するとともに寸法も変化する．こうした含水率低下に伴う寸法減少を収縮（shrinkage）といい，逆に，含水率増加に伴う寸法の増大を膨潤（swelling）と呼ぶ．

木材の収縮および膨潤の基本的特徴は以下のように要約できる．

①水分による木材の収縮および膨潤は，細胞壁の非晶領域に水分が出入りして，細胞壁の寸法が変化することによる．したがって，正常な収縮および膨潤は繊維飽和点以下の含水率域で生じ，それ以上では起こらない．ただし，落ち込みなどの乾燥時の異常収縮は，繊維飽和点よりもかなり高い含水率で起こる．

②木材の収縮および膨潤の程度は，木材の組織および構造に起因して構造3方向によって大きく異なり，顕著な異方性（anisotropy）を示す．この収縮および膨潤の異方性は樹種や密度などの影響を受けるが，同じ含水率変化を受けた時の収縮・膨潤量は，接線方向＞半径方向≫繊維方向の順である．

③のちに詳しく述べるが，木材の接線および半径方向，ならびに体積の膨潤・収縮率は，密度の増加とともに直線的に増加する傾向にあるが，繊維方向では密度との間に明確な関係は認められない．

なお，木材の膨潤は，水ばかりでなく，ある程度の水素結合能を持つ有機液体によっても起こる．各種液体による木材の膨潤は，液体の水素結合能，自己凝集力，分子寸法や分子形状に起因する立体障害などに依存することなど，最近その機構が明らかになってきたが，その詳細は次節に譲る．

(2) 収縮率と膨潤率の求め方

木材の収縮率 α（coefficient of shrinkage）および膨潤率 β（coefficient of swelling）は，一般に収縮，膨潤前の寸法あるいは体積を基準とした百分率として，以下の式によって算出される．

$$\alpha_l = \frac{l_i - l_f}{l_i} \times 100 \ (\%), \quad \alpha_V = \frac{V_i - V_f}{V_i} \times 100 \ (\%) \tag{2-80}$$

$$\beta_l = \frac{l_f - l_i}{l_i} \times 100 \ (\%), \quad \beta_V = \frac{V_f - V_i}{V_i} \times 100 \ (\%) \tag{2-81}$$

ただし，α_l, α_V：それぞれ線収縮率，体積収縮率，β_l, β_V：それぞれ線膨潤率，体積膨潤率，l, V：それぞれ寸法，体積を表し，添字 i：寸法変化前，添字 f：寸法変化後を意味する．

なお，体積収縮率（coefficient of volumetric shrinkage）および体積膨潤率

(coefficient of volumetric swelling) は,線収縮率 (coefficient of linear shrinkage) および線膨潤率 (coefficient of linear swelling) から次式で計算することができる.なお,繊維方向の収縮率および膨潤率は多くの場合 0.2% 程度にすぎないので,次式のように,接点方向および半径方向の収縮・膨潤率を用いて近似的に求めることができる.

$$\alpha_V = \left\{1 - \left(1 - \frac{\alpha_T}{100}\right) \cdot \left(1 - \frac{\alpha_R}{100}\right) \cdot \left(1 - \frac{\alpha_L}{100}\right)\right\} \times 100$$
$$\fallingdotseq \left\{1 - \left(1 - \frac{\alpha_T}{100}\right) \cdot \left(1 - \frac{\alpha_R}{100}\right)\right\} \times 100 \fallingdotseq \alpha_T + \alpha_R \quad (2\text{-}82)$$

$$\beta_V = \left\{\left(1 + \frac{\beta_T}{100}\right) \cdot \left(1 + \frac{\beta_R}{100}\right) \cdot \left(1 + \frac{\beta_L}{100}\right) - 1\right\} \times 100$$
$$\fallingdotseq \left\{\left(1 + \frac{\beta_T}{100}\right) \cdot \left(1 + \frac{\beta_R}{100}\right) - 1\right\} \times 100 \fallingdotseq \beta_T + \beta_R \quad (2\text{-}83)$$

ただし,α_T,α_R,α_L:それぞれ接線,半径,繊維方向の線収縮率,β_T,β_R,β_L:それぞれ接線,半径,繊維方向の線膨潤率.

以上の計算式からもわかるように,収縮・膨潤率は寸法変化前の寸法および体積を基準として求められるので,同じ含水率範囲の収縮および膨潤に対して,収縮率と膨潤率ではわずかながら異なる値が算出されることに注意が必要である.

なお,木材の構造 3 軸のうち 2 軸 (x, y) を含む面内において,その 1 軸から任意角度傾いた方向における収縮率 (α_θ) および膨潤率 (β_θ) はピタゴラスの定理を用いて次式によって求められる.

$$\alpha_\theta = 100 - \sqrt{(100-\alpha_x)^2 \cos^2\theta + (100-\alpha_y)^2 \sin^2\theta}$$
$$\fallingdotseq \alpha_x \cos^2\theta + \alpha_y \sin^2\theta \quad (2\text{-}84)$$

$$\beta_\theta = \sqrt{(100+\beta_x)^2 \cos^2\theta + (100+\beta_y)^2 \sin^2\theta} - 100$$
$$\fallingdotseq \beta_x \cos^2\theta + \beta_y \sin^2\theta \quad (2\text{-}85)$$

木理通直な材については,上式が高い精度で成り立つことが確認されている.

(3) 含水率変化に伴う収縮および膨潤

木材の膨潤率と含水率の関係は図2-20に示すように，全乾状態から繊維飽和点までの含水率範囲では，接線方向，半径方向，木口面および体積の膨潤率は，いずれも近似的に含水率に比例するといえる．しかし，より詳細に見ると，約5％以下の低含水率域と20～25％以上の繊維飽和点近くの含水率域では，そのほかの含水率域よりも含水率に対する膨潤率の勾配は小さくなっている．

低含水率域において含水率に対する膨潤率の勾配が小さくなる原因としては，以下の2つの説がある．

①全乾状態近くの低含水率で細胞壁内に吸着された水分は，高い吸着力のために圧縮され，比容が通常の液状水よりも小さくなる．このため，吸着した水分の質量に対応するよりも低い体積増加しか示さない．

②巨視的な水分傾斜による乾燥応力の発生を避けるため，繊維方向に薄い試験片を用いてきわめて緩慢な乾燥を行ったとしても，木材の乾燥の際には，細胞壁内の微細な部分の収縮量の差異のために細胞壁内での応力およびひずみの発生は避けられない．こうしたひずみのために，全乾状態近くの低含水率域では，木材構成成分分子内あるいは分子間の水素結合は必ずしも適合位置でなされるわけではなく，遊離の吸着点や距離が離れているためにルーズにしか結合していない吸着点が存在している．すなわち，低含水率域の木材細胞壁には，分子オーダーの微細な空隙が存在すると考えられる．そうした空隙に水分が吸着しても，木材（細胞壁）は吸着した水の体積に相当する体積増加を示さない．

古くは，①の説が有力であったが，近年，低含水率状態の木材細胞壁には，

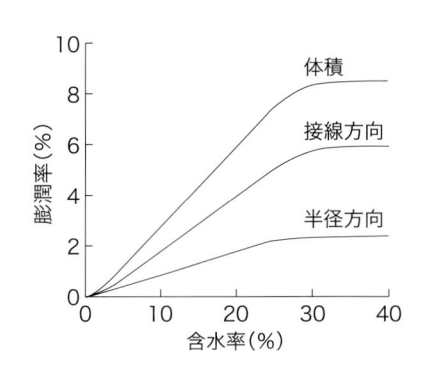

図2-20 全乾状態から横軸の含水率までの接線および半径方向の線膨潤率と体積膨潤率

樹種：ヒノキ．

量的にはわずかであるが，分子オーダーの微細な空隙が存在することを示す実験事実が数多く見出されている．

一方，繊維飽和点近くの含水率域で含水率に対する膨潤率の勾配が小さくなる原因としては，①このような高含水率域では対応する相対湿度が高く，細胞間隙などの乾燥状態においても存在している微細な空隙への毛管凝縮が起こるため，脱・吸湿量に対応する収縮および膨潤を生じない．②一次壁などのミクロフィブリルの配列に起因して，特に繊維飽和点近くの脱・吸湿に対して，細胞外への変形に対する拘束が働き，内こう体積が変化するため脱・吸湿量に対応する収縮および膨潤を生じないとする説がある．

生材状態からの乾燥過程の収縮経過の検討では，多くの場合，繊維飽和点よりもかなり高い含水率から横断面の収縮が始まる．この現象は乾燥過程における水分傾斜によるものであり，薄い試験片について水分傾斜を伴わないよう乾燥し，得られた収縮率を膨潤率に換算して含水率に対してプロットすると，図2-20 とほぼ同様の結果が得られる．

繊維方向の収縮・膨潤率は繊維飽和点以下であっても含水率と直線関係を示さない．繊維方向の乾燥経過に伴う収縮挙動の検討結果によれば，木理通直な正常材では，気乾状態までほとんど収縮を示さず，むしろ伸びるものもある．正常材では繊維方向の収縮率は多くの場合 0.2％程度にすぎず，無視されることが多い．しかしながら，圧縮あて材や引張あて材の繊維方向の収縮は繊維飽和点から含水率の減少に伴って直線的に増大し，正常材に較べて著しく大きい．また，未成熟材は成熟材よりも大きな繊維方向収縮を示す傾向にある．

(4) 収縮・膨潤率に影響する因子

a. 密　度（比重）

基本的特徴のところで述べたように，繊維方向を除いて木材の膨潤・収縮率は，密度の増加とともに直線的に増加する傾向にある．このことは，細胞内こうなどの永久空隙が収縮および膨潤に際して細胞壁ほどの寸法変化を起こさないことを示しており，木材細胞の複雑な壁層構造に起因する．なぜならば，収

縮および膨潤が細胞壁の厚さ方向にも幅方向にも同じだけ生じた場合，収縮・膨潤率は空隙の有無や量にかかわらず一定の値を示さなければならない．例えば，細胞モデルとして，図2-21に示すような断面形状が中空の長方形で壁の厚さが異なる外寸の等しい2つの細胞（低比重材と高比重材細胞に対応）を考えよう．これらが横断面で等方的に収縮すると，図2-21に示すように，収縮後の寸法は壁厚さ，したがって，密度にかかわらず等しくなる．なおこの場合，中空部の寸法も同じ割合で縮小する．したがって，密度に対して明確な依存性を示さない繊維方向の収縮および膨潤は決して異常なことではなく，むしろ明確な依存性を示す横断面，すなわち，接線および半径方向の収縮・膨潤挙動が生物材料としての木材の特異な性質といえる．

ところで，図2-21は，真比重を1.50，繊維飽和点を28％，細胞壁中の水の密度を1.0と想定して描かれている．木材が横断面であらゆる方向に均等に収縮し，繊維方向の収縮率が現実通りきわめてわずかであると仮定すると，全収縮率は接線方向，半径方向ともに約14％，木口面の面積収縮率は約30％にも及ぶことになる．さらに，これを全膨潤率に換算すると，接線および半径方向では約19％，木口面面積では約42％にもなる．このように大きな収縮および膨潤が実際に起これば，多くの用途に木材は使用できなくなるであろう．

図2-22は，国産の12樹種について，体積全収縮率と全乾比重r_0との関係

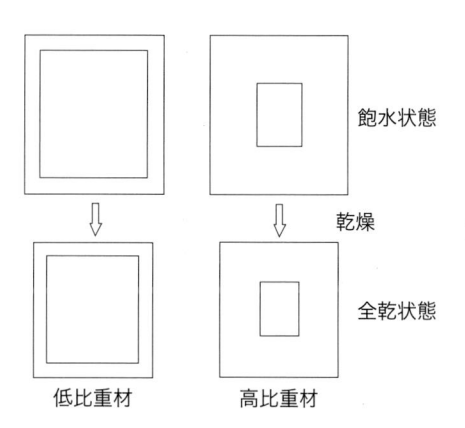

図2-21 比重の異なる木材細胞が横断面で等方的に収縮した場合の寸法変化のモデル

水分の離脱によって等方的に14％（断面積で30％）収縮させた．この収縮率は真比重が1.50，繊維飽和点が28％の場合に相当する．

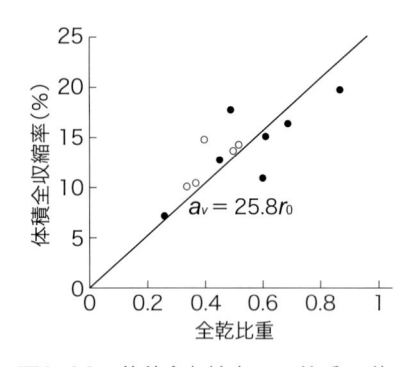

図2-22 体積全収縮率 a_v の比重 r_0 依存性
○：針葉樹，●：広葉樹．（林業試験場木材部，1982のデータより作成）

を示したものである．密度増加による収縮率の増大傾向は明らかであるが，回帰直線からのばらつきはかなり大きい．世界の 125 樹種についての体積全収縮率と容積密度（R：全乾重量/生材体積）の関係においても，図2-22 の場合と類似の結果が得られているが，その場合の回帰直線の傾きは 28％であり，一般に認められている繊維飽和点（28 〜 30％）にほぼ一致する．体積全収縮率を容積密度数で除した値が繊維飽和点と数値的に一致することは，外部に現れる木材の収縮量が細胞壁から出た水の体積に等しいことを意味する．なぜならば，生材体積を V_g，全乾重量を W_0 とすると容積密度数 R は W_0/V_g で表され，さらに，全乾体積を V_0 とすれば体積全収縮率 β_V は $(V_g - V_0)/V_g$ であり，また，細胞壁から離脱した水の重量 W_{de} とすると，繊維飽和点（FSP）は W_{de}/W_0 となる．したがって，

$$\frac{\beta_V}{R} = \frac{(V_g - V_0)/V_g}{W_0/V_g} = \frac{V_g - V_0}{W_0} = \text{FSP} = \frac{W_{de}}{W_0} \tag{2-86}$$

$$\therefore \quad V_g - V_0 = W_{de} \tag{2-87}$$

すなわち，体積収縮量は数値的に細胞壁から離脱した水の重量に等しく，水の密度を 1.0g/cm^3 とすると離脱した水の体積に等しいことになる．

また，外部収縮・膨潤量が細胞壁に出入りした水の体積に等しいことは，収縮および膨潤の際に全細胞内こう容積がほとんど変化しないことを意味する．しかし実際には，図 2-22 におけるばらつきの大きさからも判断できるように，体積全収縮率を全乾密度で除した値は，樹種によって大きく異なり，11 〜 47％の広い範囲にまたがる．この値の差異には樹種による繊維飽和点の違いも関係しているはずであるが，数多くの樹種について繊維飽和点は 22 〜

35％の範囲に収まっていることから，繊維飽和点の違いだけで前述の値の大きな差異を説明することは困難である．さらに，5〜25％の含水率範囲で，単位吸湿量当たりの木材の外部体積の増加量を調べた結果によれば，この値が0.6cm^3/g 以下や 1.8cm^3/g 以上の値を示す樹種も知られている．したがって，平均的には膨潤および収縮に伴う細胞内こうの容積の変化はあまりないとしても，かなり大きく変化する樹種もあることに注意すべきである．

なお，数多くの樹種についての図 2-22 と同様の回帰に基づいて，接線方向，半径方向および体積全収縮率（膨潤率）の間に以下の関係式が提案されている．

$$\alpha_{Tmax} = 17R, \quad \beta_{Tmax} = 17r_0$$
$$\alpha_{Rmax} = 9.5R, \quad \beta_{Rmax} = 9.5r_0 \quad (2\text{-}88)$$
$$\alpha_{Vmax} = 28R, \quad \beta_{Vmax} = 28r_0$$

ただし，R：容積密度数，r_0：全乾密度，添字の T, R, V：それぞれ接線方向，半径方向，体積を表す．

かなりの樹種について近似的に上式が成り立つことが知られているが，前述の議論から明らかなように，(2-88)式の関係から大きく離れる樹種も多く，以上の関係式は目安としての近似式と解釈すべきである．

b. 化 学 成 分

木材のセルロースは吸湿性が高く，大きい膨潤・収縮性を示すとされており，セルロース含有率と全膨潤率の間には有意な正の相関が認められている．

ヘミセルロースはセルロースよりも吸湿性が高いため，その含有率の増加は膨潤・収縮率を増加させると期待される．事実，ヘミセルロース含有率の増加に伴って体積全膨潤率が増大するとの結果も得られている．ただし，密度とヘミセルロースの含有率との間にも正の相関があったため，体積全膨潤率の増大がヘミセルロース含有率の増加によるとの確証が得られているとはいえない．

リグニンはセルロースやヘミセルロースに比べてかなり吸湿性が低いことから，リグニン含有率の増加は木材の膨潤・収縮性を低下させる傾向にある．同密度レベルの針葉樹と広葉樹を比較すると，広葉樹の方が高い体積収縮率を示す傾向にあるが，これは広葉樹のリグニン含有率の方が低いためであるとされ

ている．さらに，木材に脱リグニン処理を施すと，処理の進行に伴って収縮率が増加する．

c. 温　　度

　一定相対湿度下における木材への吸湿量は，温度上昇とともに低下する．このことから，木材の繊維飽和点も温度上昇とともに低下すると推測される．Stamm[1]は，1℃の温度上昇に伴う繊維飽和点の低下を約0.1％と見積もっている．この推定が正しいとすれば，20℃から80℃への上昇に伴って，木材の全膨潤率は比膨潤率にして20％ほど低下しなければならない．しかし，図2-23に測定例を示すように，水ばかりでなく多くの液体による膨潤率は，20℃から80℃への温度上昇でごくわずかな低下を示すにすぎない．

　吸着理論によれば，木材のように水素結合の切断を伴う吸湿は，微視的に見て木材のすべての部位において発熱反応であるとは限らない．すなわち，低温で多く吸着している部分の吸着量は高温では低下するが，低温ではあまり吸着していない部分の吸着量が高温では増加するという現象，換言すれば，細胞壁中の成分，水素結合の強さや密度の違いに起因して，微小部位における水分の分配のされ方が温度によって変化することは十分に起こりうる．近年，高温水蒸気下で圧縮処理された木材の圧縮変形は常温での飽水処理では回復しないが，高い膨潤能を持つ液体への浸漬によって回復するという現象や，飽水木材

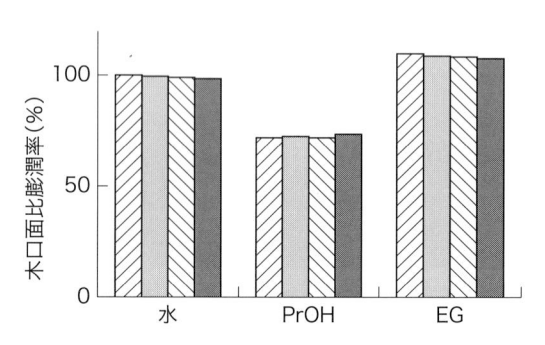

図2-23　平衡膨潤量の温度依存性
　　▨ 20℃，▩ 40℃，▧ 60℃，■ 80℃．木口面比膨潤率：水による膨潤を100とした相対値．PrOH：プロパノール，EG：エチレングリコール．

を高温から急冷すると弾性率が低下し，クリープや応力緩和が著しくなるという現象が認められており，これらの現象は前記の考えを裏付けるものといえる．

膨潤に関して温度は，膨潤量に対してよりも膨潤速度に著しい影響を与える．繊維方向に薄い（4mm）試験片を用いての検討結果によれば，膨潤液体の分子寸法が大きいほど膨潤速度は温度の上昇に伴って著しく大きくなる．多くの液体による薄い試験片の膨潤の律速因子は，木材構成成分分子内および分子間の水素結合の切断に続く置換吸着反応と考えられ，分子寸法の大きな液体ほど，1分子の吸着により多くの水素結合の切断を必要とするため，活性化エネルギーが高く，温度上昇に伴う膨潤速度の増大が著しくなったと解釈できる．

d．収縮および膨潤の異方性

基本的特徴のところでも述べたように，木材の構造3方向の膨潤・収縮率は大きく異なり，著しい異方性を示す．接線方向（T）の膨潤・収縮が最も大きく，ほとんどの樹種で全収縮率（全膨潤率）は 3.5～15%，次いで半径方向（R）で，2.4～11%，繊維方向（L）では 0.1～0.9% の範囲にある．T:R:L 方向の収縮・膨潤率の比は平均的に 10：5：1～0.5 程度であるが，樹種や密度などによってかなり大きく異なる．なお一般に，T方向とR方向の膨潤および収縮の異方性（横断面異方性）は低密度材ほど大きい．

ただし，前述の収縮・膨潤率の比は，全収縮・膨潤率について得られた結果であり，全乾状態から吸湿によってさまざまな含水率に調湿した場合，図2-24[2)] に示すように，横断面の異方性は低含水率では低く，含水率の増加に伴って大きくなる．さらに，高い膨潤能を持つ液体によって飽水状態以上に木材を膨潤させた場合，横断面の異方性は例外なく拡大するが，これについてはのちに詳しく述べる．

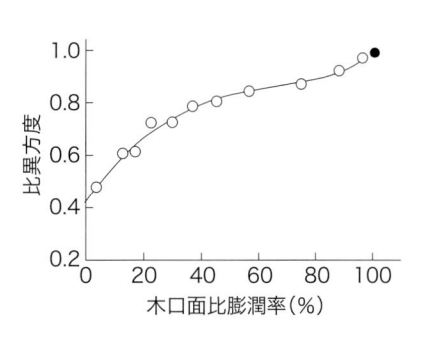

図2-24 膨潤の程度による横断面膨潤異方性の変化

●：水中での膨潤率，○：吸湿による膨潤率．比異方度：水中における異方度（β_T/β_R）を1とした相対値．（石丸 優ら，1991）

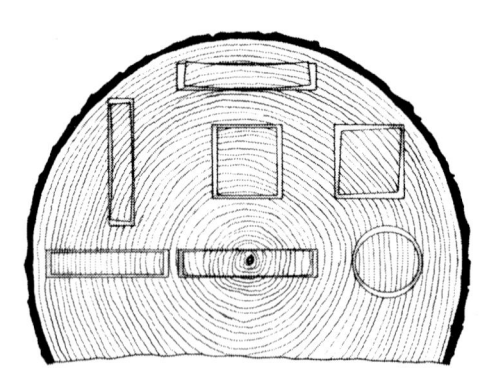

図2-25 生材から採った木材の乾燥による変形
(U. S. F. P. L.：Wood Hand Book, 1974 を参考に作成)

なお,横断面の収縮異方性は,乾燥による狂いや割れの原因となり,利用上大きな問題となる.図2-25[3]は,生材の各部位から種々の形状の材をとって乾燥した場合に,横断面の収縮異方性に起因して生じる変形を模式的に示したものである.

ⅰ）縦断面の収縮・膨潤異方性の原因　木材の繊維方向の膨潤および収縮が,横方向のそれに比べて著しく小さい原因については,主に以下のような説明がなされている.

①細胞壁中で大部分を占める二次壁中層のミクロフィブリルは繊維方向にほぼ平行に配列しており,しかもその弾性率はきわめて高く,容易に変形しない.収縮および膨潤は,ミクロフィブリルの周りに存在する非晶のセルロース,ヘミセルロースおよびリグニンからなるマトリックス物質への水分の出入りによって生じる.このため,繊維方向ではきわめてわずかな収縮および膨潤しか示さない.しかし,ミクロフィブリル傾角が相当大きい場合でも,繊維方向の膨潤および収縮は横方向に比べて著しく小さいことから,この説だけで繊維方向の収縮および膨潤が他の方向に比べてきわめて小さいことを完全に説明することはできない.

②二次壁におけるセルロースは,細胞長軸にほぼ平行なリボン状となって細胞壁に堆積しており,いわゆるラメラ構造をとっている.このため,細胞壁の

収縮および膨潤は，横断面においては幅方向よりも厚さ方向においてはるかに著しい．細胞壁の厚さ方向の収縮および膨潤は横断面のそれらには寄与するが，繊維方向には寄与しないため，繊維方向の収縮および膨潤はきわめて小さい．

ⅱ）横断面の収縮・膨潤異方性の原因　木材の横断面の収縮・膨潤異方性については，古くから数多くの研究がなされており，その原因についてもきわめて多くの説が提案されている．

さて，横断面の収縮・膨潤異方性の原因を考えるに当たって，その原因となる要因が，細胞壁の厚さ方向，あるいは幅方向のいずれの収縮および膨潤を問題にしているかを整理しておく必要がある．前述したように，収縮・膨潤量が密度の増加に伴って比例的に増大することは，収縮および膨潤に伴う内こう容積の著しい変化がないこと，換言すれば，幅方向の寸法変化よりも厚さ方向の寸法変化の方が優勢であることを示唆している．近年の検討によれば，幅方向の寸法変化より厚さ方向の寸法変化の方がはるかに大きいとの結果が多く得られている．このことを考慮して，横断面の収縮・膨潤異方性の原因として提案されている主な要因を以下に紹介する．

①細胞壁の幅方向の収縮・膨潤の異方性…接線壁（T壁）の幅方向の収縮および膨潤が半径壁（R壁）のそれよりも大きいとするもので，この原因として，①二次壁中層のミクロフィブリル傾角がT壁よりR壁において大きい，②T壁よりR壁においてリグニン含有率が高い，③針葉樹ではR壁に存在する壁孔の周囲でミクロフィブリルが迂回配列していることなどがあげられている．

②早・晩材の相互作用…早材よりも密度が高く，厚い細胞壁を持った晩材は，細胞壁の幅方向の収縮および膨潤のポテンシャルが高く，また弾性率も高い．このため，早材と晩材が並列に配列しているT方向の膨潤（収縮）は，早材と晩材の構成割合に応じた平均的な値よりも大きくなる．これに対して，直列に配列しているR方向では，膨潤（収縮）量は早材部と晩材部の膨潤（収縮）量の総計となり，構成割合に応じた平均的な値をとる．この説は，細胞壁の幅方向の収縮および膨潤が，幅方向のそれよりもはるかに大きいことを前提としている．近年この説を肯定する検討結果が多いが，一方では，明瞭な年輪を持

たない熱帯産針葉樹材についても収縮および膨潤の異方性は認められており，さらに，晩材から分離した早材も異方性を示すことが知られている．

　③**細胞形状と接線方向と半径方向の壁厚の総和の違い**…針葉樹仮道管は晩材部の一部を除いて，R方向に細長い形状をしている．このため，T方向（R壁）の壁厚の総和はR方向（T壁）のそれよりも大きいことが収縮・膨潤異方性の原因とする説で，T方向とR方向の収縮率の比は，両方向の細胞壁厚の総和の比に等しいとの結果も得られている．この説も細胞壁の幅方向の収縮および膨潤が幅方向のそれよりも優勢であることを前提としている．

　④**放射組織の存在**…放射組織はR方向に細胞が配列しており，しかもそのミクロフィブリルは細胞長軸方向に配列しているため，R方向の膨潤・収縮を抑制する．この効果は広放射組織を持つ広葉樹材については明確に認められているが，針葉樹材ではあまり大きくないとされている．

　ⅲ）有機液体による横断面膨潤異方性　　以上，水による木材の横断面膨潤（収縮）異方性について述べてきたが，木材はある程度以上の水素結合能を持つ有機液体によっても膨潤する．しかも，さまざまな有機液体により，わずかな膨潤状態から飽水以上の高い膨潤状態まで，さまざまな膨潤状態が得られる．したがって，有機液体による膨潤異方性の検討によって，水だけでは得られない新たな知見が期待できる．

　11種の単独有機液体および数種の2成分混合有機液体を用いての木材の横断面膨潤異方性の検討[2]によれば，図2-26に示すように，水分（吸湿，再飽水）による膨潤材も，異方性は膨潤の程度によって異なり，高い膨潤状態ほど異方性が拡大する（図中実線）．飽水以下の膨潤しか与えない液体では，横断面の膨潤異方性は液体の種類によって異なるとともに，吸湿によって同程度の膨潤を与えられた木材よりも，多くの場合高い異方性を示す．さらに，飽水以上の膨潤を与える液体中では，木材の横断面膨潤異方性は膨潤量の増大に伴って例外なく著しくなる．また，飽水以上の膨潤状態では異方性は飽水状態より著しいが，その場合の木口面比膨潤率に対する異方度のプロットは，例外なく再飽水状態を開始点とする同一線（破線）上に規則的に並ぶ．このことは，R方向

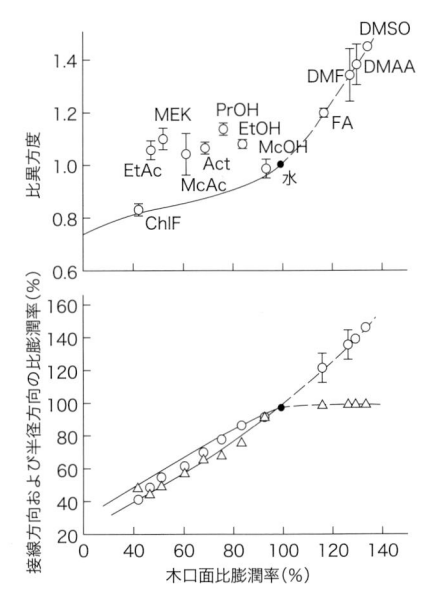

図2-26 各種有機液体による膨潤における横断面異方性(上)と接線方向(○)および半径方向(△)の膨潤度依存性(下)

MeOH：メタノール，EtOH：エタノール，PrOH：プロパノール，Act：アセトン，MEK：メチルエチルケトン，MeAc：酢酸メチル，EtAc：酢酸エチル，ChlF：クロロホルム，FA：ホルムアミド，DMF：ジメチルホルムアミド，DMAA：ジメチルアセトアミド，DMSO：ジメチルスルホキシド．実線は吸湿および飽水材についての結果，また，エラーバーは95％信頼区間を示す．(石丸 優ら，1991)

の膨潤が水による膨潤を著しくは越えないことに起因する(下図)．したがって，飽水以上の膨潤状態における異方性の拡大は，飽水状態以上の膨潤に対する半径方向の膨潤の拘束(針葉樹の場合，形成層において木部母細胞を取り囲んでおり，細胞分裂時にR方向に著しく引き伸ばされたparentwallや一次壁の拘束が考えられる)によると考えられる．さらに，飽水以下の膨潤では，異方性は液体によって異なるが，同一の官能基を持つ液体のグループ内では(上図のアルコール類，ケトン類，エステル類に注目のこと)，疎水部分の鎖長が長くなるほど異方性が著しくなる傾向が認められる．このことから，飽水以下の膨潤状態では，細胞壁中の膨潤性吸着点の化学的性質や分布，膨潤しうる空間の大きさなどと関連して，液体分子の持つ官能基の種類や疎水性の程度，さらには分子寸法も木材の横断面膨潤異方性に関与していると考えられる．

さらに，比較的分子寸法の大きな有機液体による膨潤において，膨潤初期の膨潤率が比較的低い時点では，異方性は膨潤の進行とともに増大するが，木口面比膨潤率が40〜60％のあたりで最大となり，その後は減少する傾向が認

められている[4]. この原因は，膨潤のごく初期にはR方向の膨潤がT方向の膨潤に先行し，その後はT方向の膨潤がR方向の膨潤に先行することに起因するが，一般に膨潤平衡状態においては，ある膨潤率で異方度が最大となる傾向は認められない．したがって，この結果は，あくまでも膨潤過程における現象と解釈すべきであるが，接線方向の膨潤に寄与する部分と半径方向の膨潤に寄与する部分とで，微小空隙への浸透および拡散に対する抵抗や，木材構成成分分子間の水素結合の切断に対する抵抗が，それぞれ異なった経過をたどって変化することを示すものと考えられ，興味深い現象である．

また前述のように，放射組織の存在は，主に半径方向の収縮および膨潤の抑制に寄与するとされてきたが，接線方向の収縮および膨潤を拡大することにも寄与する．図2-27に示すように，ブナおよびミズナラについて，放射組織の接線方向の膨潤が，放射組織を含まない部分のそれよりも明らかに高い値をしている[5]．この結果は，放射柔細胞の一次壁のミクロフィブリルが横巻き構造をとっておらず，細胞長軸にほぼ平行に配列しているために細胞の横断方向の変形に対する抑制効果を持たず，横断方向（TおよびL方向）の収縮および膨潤のポテンシャルが高く，さらには，L方向の変形が周囲の垂直組織によって

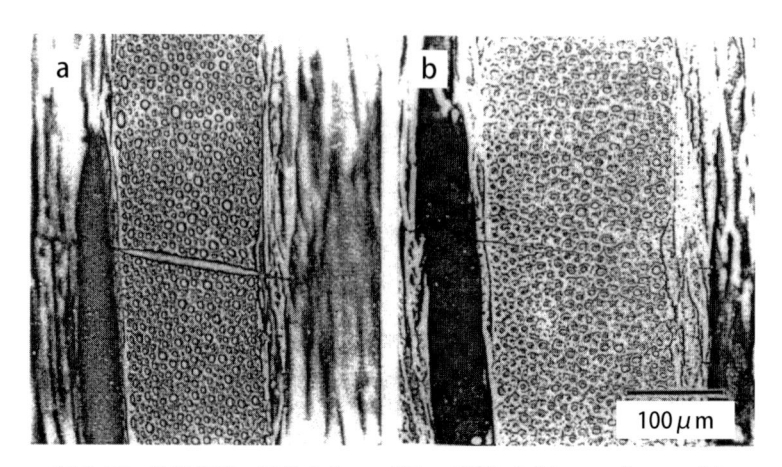

図2-27 放射組織の接線方向への著しい膨潤（ブナ，レプリカ画像）
a：乾燥状態，b：ジメチルスルホキシドによる膨潤状態．（足立有弘ら，1989）

拘束され，ポアソン効果によってT方向の変形がさらに拡大するためと説明されている．

また，ヒノキについては，図2-28に示すように，高膨潤能液体による飽水以上の膨潤状態では，仮道管の細胞壁が厚さ方向に著しく膨潤し，膨潤が細胞内こうに逃げて内こうがR方向に著しく縮小している[6]．このことは，飽水以上の膨潤において，仮道管の外側に向かってのR方向の膨潤が強く拘束されていることを示している．また，膨潤能の異なる数種の液体による膨潤においてT方向の内こう寸法は早材部では拡大するが，晩材部ではほとんどの場合縮小し，R方向にはすべて縮小を示している．なお，その程度は，高膨潤能液体による晩材部の膨潤において著しい（図2-29）．この結果から，木材の膨潤は，細胞壁の幅方向の膨潤よりも，細胞壁の厚さ膨潤に大きく起因するとともに，ヒノキについては，早・晩材の相互作用が横断面の膨潤異方性の主な原因であると判断される．

以上，横断面の収縮・膨潤異方性について述べてきたが，その原因としてはきわめて多くの要因があげられており，いずれの要因も実験的根拠に裏付けら

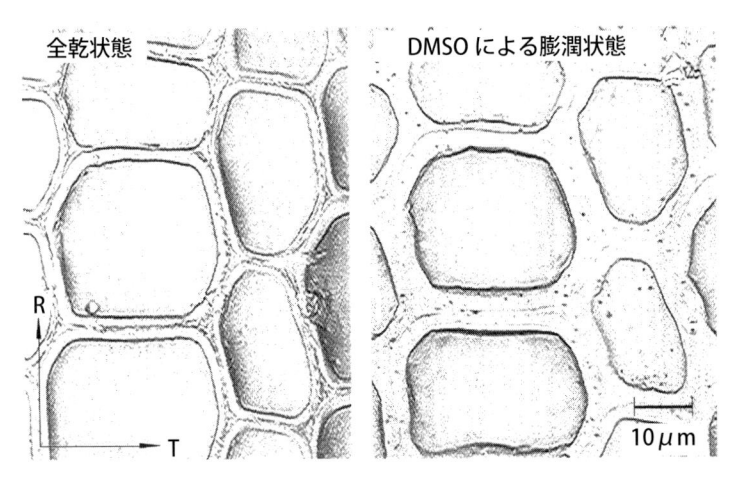

図2-28 早材部仮道管の膨潤による変形（ヒノキ，レプリカ画像）
DMSO：ジメチルスルホキシド．(Ishimaru, Y. et al., 2001)

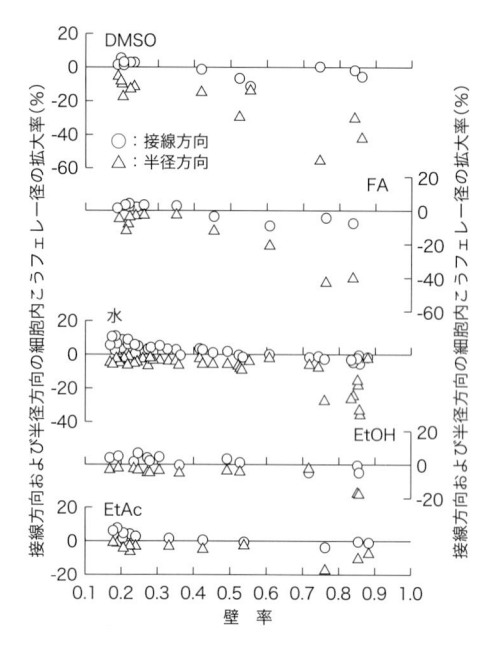

図2-29 各種液体による膨潤における細胞壁率の変化に伴う仮道管内こう径の変化

DMSO：ジメチルスルホキシド，FA：ホルムアミド，EtOH：エタノール，EtAc：酢酸エチル．（Ishimaru, Y. et al., 2001）

れている．一方，特定の樹種を取り上げたとしても，1つの要因だけで異方性を完全に説明することはできない．したがって，ある特定の樹種を取り上げたとしても，異方性の原因は決して単一ではなく，前述したようなさまざまな要因が組み合わさった結果として異方性が現れているのであり，しかも，それぞれの要因の異方性への寄与の程度も，針葉樹と広葉樹で異なり，さらには樹種が異なれば異なると考えるべきであろう．

2）水溶液および非水液体による膨潤および収縮

(1) 水溶液による膨潤および収縮

一般に，各種水溶液によるセルロース物質の膨潤は，溶質が木材に正吸着される場合には水による膨潤よりも大きく，負吸着の場合には同程度であるとされている．しかし，塩化ナトリウムやカルシウムイソシアネート水溶液で木材は水によるよりも著しく膨潤するが，これらの塩は明らかな正吸着を示さず，また炭素数2個以上のアルコール類は負吸着を示すにもかかわらず，それら

の比較的希薄な水溶液で木材は水による以上に膨潤するなど例外も多い.

　一方,各種の塩の水溶液中で処理した木材は,脱湿過程において相対湿度がその塩の飽和水溶液上の蒸気圧に低下するまでは収縮せず,全収縮量は塩の水への溶解性が高いほど小さく,しかも,塩処理材の全収縮量の低下は膨潤時に木材の細胞壁内に取り込まれた塩の体積に相当する.この全収縮量の低下は細胞壁中の微小空隙に残された塩のかさ効果による.これと同様のことは,糖類およびポリエチレングリコール(PEG)水溶液による処理木材についても認められ,特に後者の場合は,溶液上の水蒸気圧の低下が小さいため,高い相対湿度から収縮を始めるが,水溶性が高いため全収縮量は小さく,単位湿度変化に対して高い収縮抑制効果を示すことになる.このために,PEGは木材および紙の寸法安定化の処理剤として実用的にも広く用いられている.

　希薄な無機酸中で,木材は水による以上に膨潤することはないが,アルカリは希薄な場合でも水以上に木材を膨潤させる.木材の膨潤量のpH依存性の検討結果によれば,pH8以下では飽水以上の膨潤を示すことはないが,pH8以上では飽水以上の膨潤を示し,pHの増加とともに膨潤量が加速度的に増大する.また,硫酸やリン酸の濃厚溶液は加水分解によりセルロースを溶解するが,溶解前には木材を著しく膨潤することが知られている.

(2) 有機液体による膨潤

　セルロース物質と各種有機液体の相互作用は,各種非水溶性溶質を用いての木材の材質改良,新たなパルプ化法の開発やセルロースの化学処理,さらには膨潤機構の解明などと関連して,古くから多方面にわたって研究されている.

　既往の検討結果によれば,単独の有機液体による木材の膨潤は,多くの場合,水によるよりも小さいが,アミン類,アミド類,ジメチルスルホキシド,フェノールなどでは水による以上の膨潤を示し,極端な場合には水の1.5倍もの体積膨潤を示すことがある.

　表2-2には,さまざまな液体による木材の膨潤について得られた結果のうち,比較的よく知られている液体について,水による膨潤を100とした比膨潤率

表 2-2 各種単独液体による木材の体積膨潤率と液体の関連物性(文献値から作成)

液体	比膨潤率[^1] [%]	DPM[^2] [D]	PAP[^3] [cm^{-1}]	SP[^4] [(cal/cm^3)$^{1/2}$] δ	δ_d	δ_a	δ_p	δ_h	分子容 [cm^3/mol]
ベンゼン	0	0	0	9.2	9.0	1.5	0.5	1.4	9.4
トルエン	0	0.37	45	8.9	8.7	2.2	1.0	2.0	106.4
クロルベンゼン	5〜14	1.78	15	9.6	9.2	3.0	1.9	2.0	102.1
フェノール	114	1.14		10.4	8.9	5.0			87.9
シクロヘキサン	0〜2.1	0	0	8.2	8.2	0.0	0.0	0.0	108.3
n-ヘキサン	0	0	0	7.2	7.2	0.0	0.0	0.0	131.6
四塩化炭素	0〜1.4	0	8.7	8.7	8.7	0.0	0.0	0.0	97.1
クロロホルム	42	1.02	15	9.2	8.9	3.2	1.2	2.3	80.7
酢酸メチル	80	1.64	84	11.8	7.9	8.8	8.3	3.0	79.7
酢酸エチル	47〜56	1.78	84	9.5	7.6	5.7			98.5
アセトン	63〜78	2.74	97	9.8	7.6	6.1	5.7	2.0	74.0
メチルエチルケトン	65		77	9.3	7.8	5.1	4.4	2.5	90.2
ジエチルエーテル	3〜27	1.15	130	7.6	7.1	2.9	2.5	1.0	104.8
メチルセロソルブ	110		130	12.1	7.1	8.3			97.1
エチルセロソルブ	101		130	11.9	7.9	8.6			97.8
ジオキサン	62〜90	0	97	9.7	8.6	4.7	4.2	2.0	85.7
メタノール	89〜95	1.67	187	14.3	7.4	12.4	5.5	11.2	40.7
エタノール	81〜83	1.67	187	12.9	7.7	10.5	4.0	9.7	58.5
n-プロパノール	45〜73	1.68	187	12	7.8	9.1	3.0	8.6	75.0
n-ブタノール	13〜47	1.67	187	11.3	7.8	8.2	2.5	7.8	91.8
エチレングリコール	110	2.28	206	16.3	8.3	14.2	4.5	13.3	55.8
ジエチレングリコール	112								
トリエチレングリコール	112								
テトラエチレングリコール	111								
プロパンジオール	102								
ブタンジオール	96								
ジエチルアミン	108	0.97		8.0	7.3	3.2	2.3	2.3	103.8
n-ブチルアミン	139〜146								98.5
ピリジン	118〜130	1.48	181	10.6	9.3	5.2	3.7	3.5	80.4
ホルムアミド	123	3.72		17.8					39.7
ジメチルホルムアミド	123	3.82	117	12.1	8.5	8.7	6.7	5.5	77.0
ジメチルアセトアミド	126	3.81	123	11.1					92.3
ジメチルスルホキシド	132〜135	4.03	77	12.9	9.2	8.8	6.9	5.9	70.9
水	100	1.84	390	23.5	7.0	22.4	8.0	20.9	18.0

[^1]: 水による体積あるいは横断面の全膨潤率を100とした相対値.信頼性の低いものを除き,文献値の最小〜最大値を示した. [^2]: 双極子モーメント. [^3]: プロトン受容力. [^4]: 溶解度パラメータ.

として示したとともに,関連する液体の物性をも示した.ここで,木材の膨潤に関係すると考えられる液体の物性について簡単に説明する.

①**プロトン受容力**(proton accepting power, P.A.P.)…プロトン供与性を持つ水酸基などにプロトン受容性の原子が水素結合すると,水酸基の伸縮振動に

基づく赤外線の吸収帯が長波長側にシフトする．そこで，重水素メタノールの希薄ベンゼン溶液中での -OD の伸縮振動の赤外線吸収帯の波長（あるいは波数）と，これにさまざまな液体を加えた場合の吸収帯波長（波数）との差（シフト量）が求められている．このシフト量は供試液体のプロトン受容力（-OHなどのHとの間で水素結合を形成する能力）の尺度としての意味を持つ．なお，これらの検討では，ベンゼン溶液中での -OD の吸収帯波長（波数）を基準としてシフト量を測定しているが，ベンゼンの π 電子はある程度のプロトン受容性を有していることから，求められた値はプロトン受容性の厳密な尺度とはいえず，0 がプロトン受容性のないことを意味するわけではないことに注意を必要する．

　②**凝集エネルギー密度**（cohesion energy density, C.E.D.）…凝集状態にある 1cm^3 の物質を構成する各要素（元素，分子）を無限遠まで引き離すのに必要なエネルギー．

　③**双極子モーメント**…極性分子内では，構成元素の電気陰性度の違いによって電子が分子内で局在し，プラス電荷とマイナス電荷の中心が一致しない．この場合の電荷と両電荷の間の距離の積を双極子モーメントという．この値が大きい分子ほど極性が高く，電気双極子による分子間相互作用が大きい．なお，厳密な定義や，常用単位については物理化学などの教科書を参照されたい．

　④**液体の溶解度パラメータ**（solubility parameter, SP）…C.E.D の平方根で，この値が近い物質はよく混ざり合うことが知られており，塗料や接着剤の分野では溶媒と高分子化合物の溶解性の尺度としてよく用いられる．なお，この値（δ）は，分散力の相互作用による寄与分 δ_d と極性相互作用の寄与分 δ_a とに，さらに δ_a は双極子間相互作用による寄与分 δ_p と水素結合の相互作用による寄与分 δ_h とに分けることができる．なお，これらの間には，

$$\delta^2 = \delta_d^2 + \delta_a^2, \quad \delta_a^2 = \delta_p^2 + \delta_h^2$$

の関係がある．一般に，著しく大きい δ を示すものは δ_a，特に δ_h の寄与が大きいと考えてよい．

　⑤**分子容**…液体の 1mol の体積のことで，分子寸法の尺度としてしばしば用

いられる．

　さて，液体の物性と木材に対する膨潤能の関連について，研究の初期段階では，木材の膨潤と液体の誘電率や双極子モーメントなど，液体の極性との関連が議論されたが，その後，これらの物性と膨潤との関連の妥当性は低いと考えられるに至った．

　Nayerら[7]は，水および27種の有機液体（主にアミン類）中でのsugar mapleの膨潤量と液体のプロトン受容力が良好な正の相関を示すこと見出し，液体の水素結合をする能力が木材を膨潤させる能力に強く関与していることを示した．また，この相関から例外的に低膨潤側に外れる液体は，かさばった分子構造を持つ液体であることから，有機液体の分子構造に基づく立体障害は木材の膨潤に負に作用すると示唆している．同様の結果は，41種の有機液体によるwhite pineおよびSitka spruceの膨潤においても認められている．

　さらに，Robertson[8]は，水および83種の有機液体中での紙の強度低下（繊維間の水素結合の切断に起因），膨潤度の尺度としてのタリウムエチレートのアクセシビリティと，液体のC.E.D.との関係を検討し，供試液体が3つのグループに分かれて異なった関係曲線に適合することを認めた．すなわち，第1グループには分子容100cm^3/mol以下でプロトン受容性のみの液体が属し，これらはC.E.D.の増加に伴って最も著しい強度低下およびアクセシビリティの増大を示す．第2グループには分子容100cm^3/mol以下で，プロトン受容性・供与性を合わせ持つ自己会合性のある液体が含まれる．これらの液体もC.E.D.の増加に伴って強度低下およびアクセシビリティの増大を示すが，その程度は第1のグループほど著しくはない．第3グループには水素結合能を持たない液体および分子容100cm^3/mol以上の液体が属し，これらはC.E.D.が増加してもアクセシビリティは増大せず，強度低下も小さい．

　類似の結果は，水および11種の有機液体中での木材（ヒノキ，ブナ，トチノキ）の膨潤率と液体の物性との間でも認められている（図2-30）[9]．すなわち，膨潤率（水による膨潤を100とした比膨潤率）と溶解度パラメータ（SP）は，Robertsonの分類の第1および第2グループに対応して，プロトン受容性液体

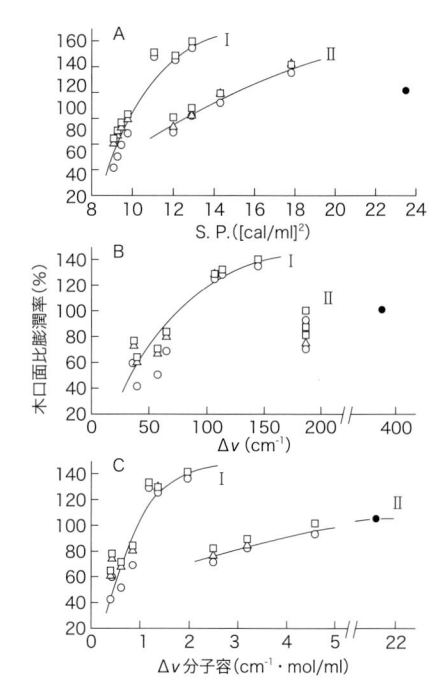

図2-30 ヒノキ(○),ブナ(△),トチノキ(□)の木口面膨潤率と溶解度パラメータ(S.P.),プロトン受容力($\Delta\nu$)および$\Delta\nu$/分子容の関係

I:プロトン受容性のみの液体,II:プロトン受容性・供与性を合わせ持つ液体.(石丸優ら,1988)

(I)とプロトン受・供性液体(II)とに分かれてそれぞれ正の相関を示す(A).同程度のSPでは,プロトン受容性液体は受・供性液体よりも木材を大きく膨潤させる.しかし,SPは液体分子の水素結合による相互作用以外に,分散力や双極子間の相互作用の影響を含んでいるため,木材に対する水素結合能の直接的な尺度とはならない.そこで,水素結合能とより直接的な関係のあるプロトン受容力との関係(B)を見ると,IIグループのアルコール類は,分子寸法によって膨潤率が異なるにもかかわらずプロトン受容力はすべて等しいため,膨潤率との相関は認められなくなる.この理由は,プロトン受容力が液体の分子寸法の影響を受けないのに対して,木材の膨潤の場合には液体の分子寸法の影響を強く受けるためと考えられる.一方,凝集エネルギー密度は$1cm^3$の液体を蒸発させるに要するエネルギーであるから,その平方根であるSPには分子寸法の影響が含まれており,このためにSPと膨潤率は高い相関を示すと考

えられる.そこで,プロトン受容力にも分子寸法の効果を含ませるためプロトン受容力を分子容で除した値と膨潤率の関係(C)を見ると,Iグループ,Ⅱグループともに相関性は向上する.この結果から,分子寸法とプロトン受容力が同程度であれば,プロトン受容性・供与性を合わせ持つ液体はプロトン受容性液体よりもわずかにしか木材を膨潤させないといえる.すなわち,木材の膨潤のためには,液体分子は木材構成成分分子間の水素結合を切断し,そこに置換吸着するために水素結合能を持つ必要があるが,吸着点に近づくためには,バルクの液体中での自己会合状態からの離脱の容易さもきわめて重要と考えられる[9].

さて,木材の膨潤には液体の分子寸法が強く関与することが明らかであるが,その理由を,分子寸法が大きな液体は細胞壁内の微細な空隙に進入が困難なためと考えることには疑問が残る.これに関して,分子内に水素結合可能な官能基を複数持つ有機液体による木材(ヒノキ,ブナ)の膨潤について,図2-31に示すような結果が得られている[4].すなわち,鎖長にかかわらず分子内に2個の官能基を持つジオール類やセロソルブ類では,木材の膨潤量は分子容の増加に伴って低下するが,鎖長の増大に伴ってエーテル性の酸素原子の数が増えるグリコール類では,分子容の増加に伴う膨潤量の低下傾向は見られない.このことは,分子内に水素結合可能な官能基を多く持つほど木材の膨潤に有利であることを示している.さらに,従来,分子容100ml/mol以上の液体は木材やパルプを膨潤することができないとされていたが,この場合,分子容172ml/molのテトラエチレングリコールでさえ飽水以上に木材を膨潤

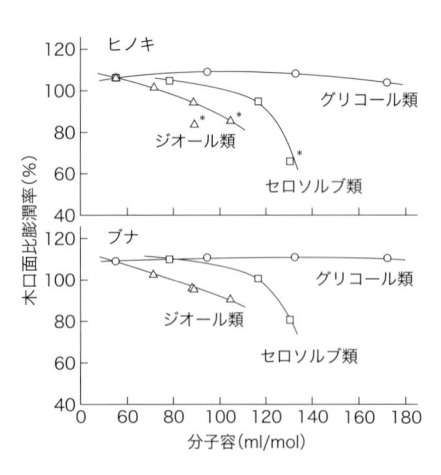

図2-31 複数官能基を持つ有機液体による膨潤と分子容の関係
(石丸 優ら,1988)

している．この結果は，水素結合可能な官能基の数が多いことに起因することは明らかであり，木材の膨潤に対する液体の分子寸法の影響が，木材細胞壁内の微細な空隙への侵入の寸法的な可否だけによって決まるのではなく，吸着点の新生のための水素結合の切断に必要なエネルギーと，液体分子の吸着のエネルギーとの大小関係にも依存することを示している．

(3) 木材に対する有機液体の吸着性と膨潤性

液体による木材の膨潤は，木材構成成分分子内あるいは分子間で相互に水素結合を形成している水酸基などの吸着点に，まず液体分子が単分子層で吸着し，さらに，隣接する木材構成成分分子間の水素結合が切断されて生じた新たな吸着点に次々と液体分子が吸着するとともに，多分子層吸着も生じて，細胞壁が広がることによって起こると考えられる．したがって，各種液体による木材の膨潤は，液体の木材への吸着性と密接な関連があると考えられる．

このことに関して，さまざまな水素結合性を持つ有機液体について，膨潤後溶媒置換によって膨潤状態を保った木材，すなわち，遊離の膨潤性吸着点（膨潤によって細胞壁中に形成される吸着点）を持った木材と乾燥木材（吸着のために木材構成成分中の水素結合の切断を必要とする）への非極性溶媒の溶液からの吸着性と膨潤性との関連が熱力学的に検討されている[10, 11]．

得られた吸着の標準自由エネルギー変化（ΔF^0：吸着前の状態から吸着後の状態に至る自由エネルギーの変化，この低下量が大きいほど平衡時の吸着モル数が多いと見なせる）についての結果の一例を図 2-32 に示す．

まず，膨潤木材への吸着では，プロトン受容性・供与性を合わせ持つメタノールおよびプロパノールは，プロトン受容性しか持たないアセトンや酢酸エチルよりも ΔF の低下量は小さい．また，標準エンタルピー変化についても，メタノール，プロパノールよりアセトンの方が高い値を示す．これらの結果は，受容性および供与性を合わせ持ち，自己会合性を有する液体は，純液体状態での凝集力から離脱して吸着することがエネルギー的に困難であることに起因すると考えられ，これらの液体は同程度の水素結合能を持つプロトン受容性液体よ

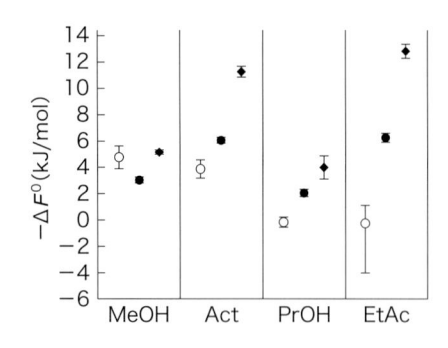

図2-32 乾燥木材と膨潤木材への各種有機液体の吸着の自由エネルギー変化 ΔF^0
○：乾燥木材への吸着（溶媒：ベンゼン），●：膨潤木材への吸着（溶媒：ベンゼン），◆：膨潤木材への吸着（溶媒：シクロヘキサン）．MeOH：メタノール，Act：アセトン，PrOH：プロパノール，EtAc：酢酸エチル．エラーバーは95％信頼区間を表す．（森里 恵ら，1997）

りも膨潤能が低いという前述の実験事実の原因をエネルギーの面から解明したものといえる．

　一方，乾燥木材への吸着では，吸着の標準自由エネルギー変化と膨潤性がほぼ対応しているとともに，分子寸法の大きいプロパノール，酢酸エチルの自由エネルギー変化はメタノール，アセトンよりかなり小さくなっている．これらの結果は，分子寸法が大きいほど，1分子の吸着に際してより多くの木材構成成分分子間の水素結合の切断が必要なことに起因すると解釈できる．

　ところで，メタノールに注目すると，吸着の自由エネルギー変化はベンゼンを溶媒とする膨潤木材の系よりも，乾燥木材の系で大きな値を示している．この結果は，少なくとも比較的低吸着量の領域では，吸着点の新生（乾燥木材）には溶媒（ベンゼン）脱着（膨潤木材）より少ないエネルギーしか必要としないこと，すなわち，分子寸法の小さなメタノールは乾燥木材に対して，木材構成成分中の水素結合の切断にあまりエネルギーを必要とせず吸着できること，さらにいえば，乾燥木材にはわずかながら空の空隙や，切断にわずかなエネルギーしか必要としないルーズな水素結合を形成している部分が存在することを示すものと考えられる．

（4）液体による木材の膨潤機構

　以上のことから，液体による木材の膨潤機構は以下のように考えられる．まず，水素結合能力のない液体は木材を膨潤することはできないことから，膨潤

は木材構成成分中で相互に水素結合している水酸基などの吸着点(膨潤性吸着点)に液体分子が置換吸着することによって生じることは明らかである.この吸着の程度は,木材細胞壁中の吸着点への液体分子の吸着によって生じる吸着エネルギーと,膨潤性吸着点相互の水素結合の切断と分子鎖の変形に要するエネルギー,および液体分子の凝集状態からの離脱に必要なエネルギーの兼合いによって決定される.このように考えれば,分子寸法が大きい液体は膨潤能が低いとの従来の結果は,1分子の吸着に際して吸着点相互の水素結合の切断と分子鎖の変形により多くのエネルギーを必要とするためであり,また,分子寸法が大きくても分子内に水素結合可能な複数の官能基を持つ液体が木材を高度に膨潤できるのは,複数の官能基で吸着するため1分子当たりの発生吸着熱が高いためと解釈できる.さらに,同程度のプロトン受容性を持つ液体では,プロトン受容性のみを持つ液体はプロトン受容性と供与性を合わせ持つ液体よりも木材を高度に膨潤するという結果も,後者は自己会合性を持つことに起因して,液体の凝集状態からの離脱により多くのエネルギーを必要とするためと説明できる.

なお,木材の膨潤は,細胞壁内での単分子層吸着の容易さだけで決まるわけではなく,多分子層の吸着が加わって実際の膨潤が起こる.したがって,膨潤機構のより完全な説明には,多分子層吸着についてもエネルギー的な検討が必要であるが,現時点では詳細な検討例は見られない.

(5) 混合液体による木材の膨潤

以上のように,単独液体による木材の膨潤機構はかなり明らかとなってきた.一方,ある種の2成分混合液体中で,木材が各単独液体中におけるよりも著しく膨潤するという興味ある現象が古くから知られている.例えば,膨潤能の低い液体に少量の水を加えると,木材の膨潤量が著しく増加することは古くから知られており,また,溶媒置換中に木材の膨潤率が最大値をとる現象などから,液体の混合が木材の膨潤に対して相乗効果を持つことが推測されていた.

混合液体による木材の膨潤について酒井ら[12, 13]は，混合液各成分の活量および木材に対する吸着性の面から混合液体による木材の膨潤を検討し，図2-33に示すような結果を得た．

ここで，活量（activity）について簡単に説明しよう．活量は混合物中のあらゆる相互作用の影響を含む濃度としての意味を持ち，混合によって純液体状態より分子間相互作用が弱まるときには，活量は理想溶液挙動から正の逸脱を，強まるときは負の逸脱を示し，分子間の相互作用がほとんど変化しないときにはほぼ理想挙動に従う．

図2-33によれば，活量が理想挙動から正の逸脱を示す水・アセトン系では，膨潤挙動も上に凸な曲線を示し，アセトンのモル分率0.1付近で膨潤率が最大となる．これに対して，活量が理想挙動から負の逸脱を示すアセトン・クロロホルム系では，膨潤挙動は下に凸な曲線となり，最小値をとる．さらに，活量がほぼ理想溶液挙動に従うアセトン・メチルエチルケトン系では，膨潤率は純アセトンから純メチルエチルケトン中での膨潤率へと，ほぼ直線的に低下している．同様の結果は，検討した他の混合液についても成り立ち，活量の増減と

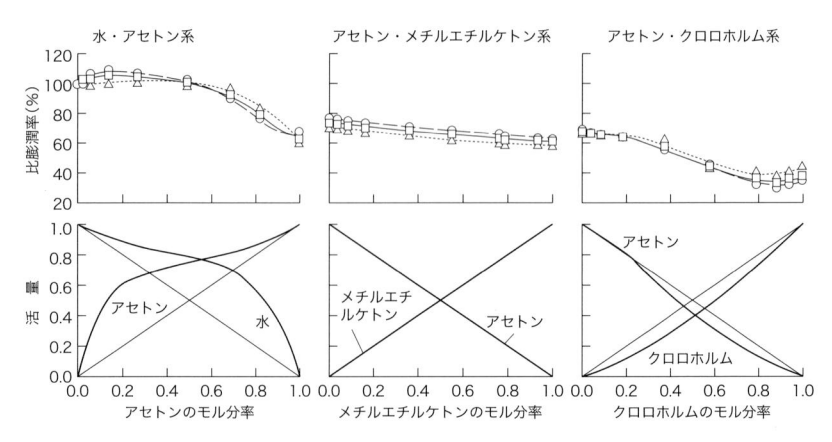

図2-33 2成分混合液体の混合組成によるヒノキの膨潤率(上)と活量(下)の変化
○：接線方向比膨潤率，△：半径方向比膨潤率，□：木口面比膨潤率，下図中の細い直線は理想混合物中の挙動を示す．（酒井温子ら，1989）

膨潤率の増減は細部にわたって良好な対応を示している.

ところで，木材は多成分物質であるため，混合液各成分がそれぞれ木材の別の成分に主に吸着し，その成分を他方より高度に膨潤させるならば，混合液体のある組成で木材が各純液体よりも大きく膨潤するという現象は容易に説明できる. しかし, 膨潤率がある組成で最小となる現象は説明できない.

一方，木材の膨潤は基本的に，細胞壁内の膨潤性吸着点への液体分子の吸着によって生じることから，混合液各成分の木材に対する吸着性は，混合液体による木材の膨潤を考える際に重要な意味を持つ. 2成分 (a, b) 系の吸着理論によれば，成分 a の複合吸着量（モル表面過剰）N_a は，表面が均質で，両成分の吸着占有面積が等しく，吸着分子間の相互作用がない場合には次式に従う.

$$N_a = \frac{mx_a x_b}{K_{ab}a_a + a_b}(K_{ab}\gamma_a - \gamma_b) \tag{2-89}$$

ただし，m：全吸着モル数，x：モル分率，a：活量，$\gamma (=a/x)$：活量係数，K_{ab}：Langmuir の吸着理論の吸着定数であり，成分 a が成分 b と置換吸着する反応の平衡定数でもある. なお，$N_a = -N_b$ が成り立つ.

この式によれば，N_a の正負は K_{ab} と γ_b/γ_a の大小関係によって決まる. 理想溶液の場合，活量係数は組成によらず常に 1 であるから $K_{ab}>1$，すなわち，成分 a の吸着媒に対する親和性が成分 b よりも高いときには全組成域にわたって正，逆に $K_{ab}<1$ のときには負となり，吸着量が正負両領域にまたがることはない. ところが，理想挙動からの逸脱が大きい混合系では，γ_b/γ_a の値は2オーダー以上変化することもある. したがって, K_{ab} が γ_b/γ_a の変域内の値を持っていると, γ_b/γ_a の値より大きい領域では複合吸着量は正の，小さい領域では負の値を示し，正負両領域にまたがりうる.

以上のような解釈に基づいて，混合液体各成分の木材への吸着性が検討され，図 2-34 に示すような結果が得られている. すなわち，水・アセトン系の例で見られるように，活量が理想挙動から正に逸脱し，膨潤挙動が上に凸な挙動を示した系では，混合液各成分がそれぞれの低濃度域において正吸着を示し，逆にアセトン・クロロホルム系のように活量が負に逸脱し，膨潤挙動が下に凸な

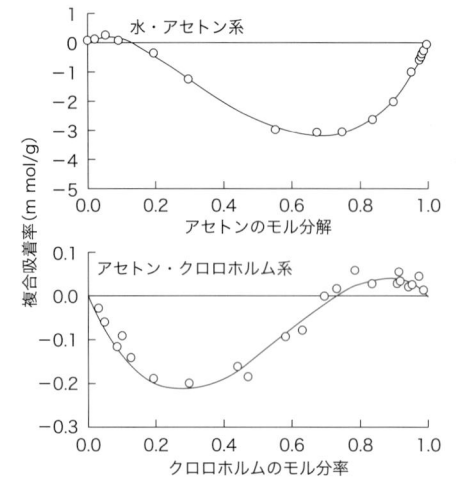

図2-34 2成分混合液体中の各成分の木材(ヒノキ)への複合吸着等温線

正の値はアセトン(上図)およびクロロホルム(下図)の正吸着を，負の値は水(上図)およびアセトン(下図)の正吸着を示す．(酒井温子ら，1992)

挙動を示した系では，各成分の吸着量がそれぞれの低濃度域において負吸着を示す．また，活量がほぼ理想挙動に従う系では，膨潤率は全組成領域にわたってほぼ直線的に変化するとともに，一方の成分の正吸着が認められる．このように，混合液各成分の吸着挙動と膨潤挙動は，活量の理想溶液挙動からの逸脱を考慮した2成分系の吸着理論によって矛盾なく説明できる．

以上のことから，混合液体による木材の膨潤は主に混合液の非理想性，つまり混合液各成分の活量の理想挙動からの逸脱に支配されるといえる．

(6) 溶媒置換過程および液体蒸発過程における木材の収縮

木材を膨潤能の高い液体（膨潤剤）で膨潤し，高い膨潤状態を保ったまま膨潤剤を木材との親和性の低い液体に置換する溶媒置換の検討は，木材に各種の薬剤処理を有効に行うためにも，また細胞壁中の空隙構造の検討などの基礎研究の分野でも重要な意味を有している．

Stamm[14]は，木材中の水を水よりも膨潤能の低い極性液体に置換する際にはほとんど収縮は起こらないが，極性液体から非極性液体への置換の際には，かなりの収縮が生じることを認め，この際の収縮は，木材細胞壁中の空隙表面

で木材と直接結合している被置換液体（極性液体）が置換液体（非極性液体）と置き換わることなく除かれるため（以後，不完全置換と呼ぶ）と考えた．また，Bodig[15]は，Douglas-fir の生材から各種の水溶性溶媒への置換過程と，エタノールに置換したものについては，その後の非極性液体への置換過程での寸法変化を調べ，置換液体（置換後に存在する液体）の溶解度パラメータと置換後の寸法の間に一部の例外を除いて正の相関を認めた．さらに沢辺[16]は，メタノールで膨潤した木材を非極性液体に溶媒置換する際の収縮挙動を検討し，置換液体と被置換液体の相溶性が置換過程の収縮の主な影響因子であると結論づけるとともに，置換時の温度が高いほど著しい収縮が生じることを認めている．

一方，石丸ら[17]は，置換過程における収縮と置換・非置換溶媒の木材に対する吸着性の関連を検討した．まず，置換・非置換溶媒の吸着性を示した図2-35 によれば，検討された中間溶媒の木材に対する吸着性は，ベンゼン溶液からの吸着量から判断して，メタノール＞エタノール＞アセトンであり，最終溶媒の吸着性は，エタノールおよびアセトンがベンゼン溶液よりシクロヘキサン溶液からの方が高い吸着量を示していることから，ベンゼン＞シクロヘキサンであるといえる．一方，図 2-36 により置換過程の収縮を見ると，水を膨潤剤とした場合には，中間溶媒への置換過程ではほとんど収縮は見られないが，

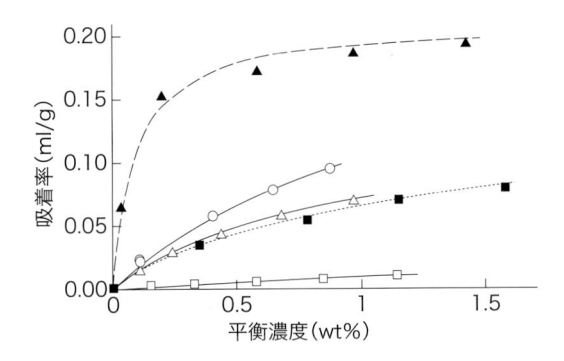

図2-35 木材への最終溶媒の溶液からの中間溶媒の吸着等温線
○：ベンゼン溶液からのメタノールの吸着，△：ベンゼン溶液からのエタノールの吸着，□：ベンゼン溶液からのアセトンの吸着，■：シクロヘキサン溶液からのエタノールの吸着，▲：シクロヘキサン溶液からのアセトンの吸着．（石丸 優ら，1997）

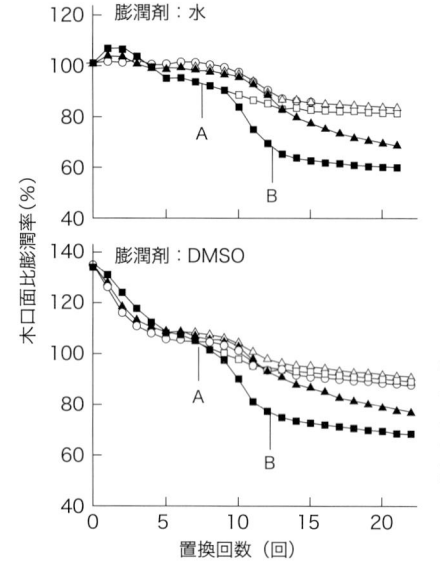

図2-36 溶媒置換過程における木材の膨潤率変化
○：メタノール→ベンゼン，△：エタノール→ベンゼン，□：アセトン→ベンゼン，■：エタノール→シクロヘキサン，▲：アセトン→シクロヘキサン．A：最終溶媒への置換開始，B：純最終溶媒への置換開始．(石丸 優ら，1997)

ジメチルスルホキシドを膨潤剤とした場合にはかなりの収縮が見られる．ただし，中間溶媒への置換過程の収縮は，中間溶媒の種類によって大差はない．しかし，最終溶媒への置換過程では，ベンゼンよりもシクロヘキサンを最終溶媒とした場合の方が著しく収縮する．この結果と吸着性の結果とを考え合わせると，置換過程の木材の収縮には中間溶媒よりも最終溶媒の性質が大きな影響を与え，置換過程の木材の収縮には最終溶媒の木材に対する吸着性が高いほど置換過程の収縮は小さく抑えられるといえる．

なお，置換過程の収縮は従来不完全置換説によって説明されてきたが，置換後に細胞壁中に存在する非極性溶媒の脱着によっても生じることが明らかとなった．また，図2-37に示すように，置換過程の温度が高くなると収縮量が増すが，この収縮量の増加は，主に最終溶媒の脱着によることも確かめられている[18]．さらに，細胞壁に残存する中間溶媒の量を調べた結果（図2-38）によると，中間溶媒から最終溶媒への置換の容易さは中間溶媒と最終溶媒の組合せによって大きく異なり，中間溶媒としてアルコール類のようなプロトン受容

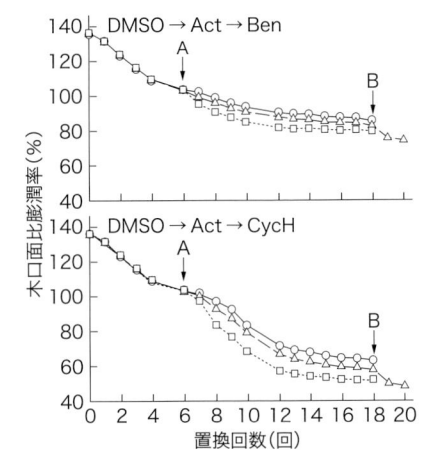

図2-37 溶媒置換過程の膨潤率変化に及ぼす温度の影響

○：20℃，△：30℃，□：50℃．DMSO：ジメチルスルホキシド（膨潤剤），Act：アセトン（中間溶媒），Ben：ベンゼン（最終溶媒），CycH：シクロヘキサン（最終溶媒）．A：30℃からプロットで示した温度に変化，B：30℃から50℃に変化（それまで30℃であったもの）．（石丸 優ら，1997）

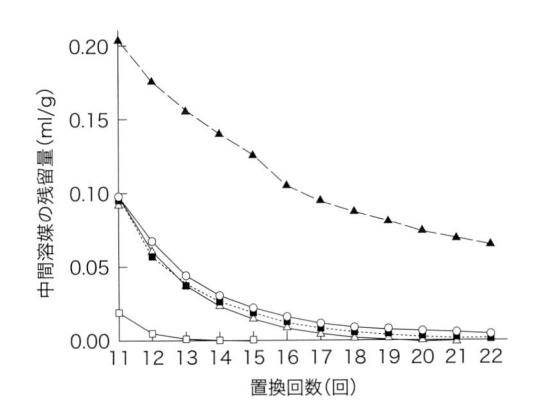

図2-38 最終溶媒への置換過程における細胞壁中の中間溶媒の残留量
○：メタノール→ベンゼン，△：エタノール→ベンゼン，□：アセトン→ベンゼン，▲：エタノール→シクロヘキサン，■：アセトン→シクロヘキサン．（石丸 優ら，1997）

性と供性を合わせ持つ液体を用い，最終溶媒として水素結合能を持たない液体を用いると，完全な置換にはきわめて多くの液体交換を必要とする[17]．

以上の結果から，溶媒置換後も木材に高い膨潤状態を保たせるためには，最終溶媒としてベンゼンなどのある程度の水素結合能を持つ液体を使用することが大きな意味を持つ．しかし，高い膨潤状態の維持を犠牲にしても，最終的に

水素結合を持たない液体への置換が必要な場合には，プロトン受容性，供与性を合わせ持つ液体を中間溶媒として用いるべきではなく，また，置換過程の温度はあまり高くない方が望ましい．

なお，置換・被置換液体の交換の際に急激な濃度変化を与えると，浸透圧効果により著しい不完全置換が起こり，置換過程の収縮が大きくなるので，溶媒置換では，置換溶媒の濃度を順次増加させる方法をとらなければならない．

一方，膨潤した細胞壁から液体を除いても，膨潤状態を保つことができれば，さまざまな薬剤処理や膨潤機構の解明にも役立つため，凍結乾燥や臨界点乾燥などの方法が試みられているが，いずれも全乾状態近くまで収縮することから，膨潤状態を保って細胞壁から液体を取り除くことはきわめて困難といえる．

3）水 分 応 力

水分応力は，木材の吸湿，吸水による膨潤，および放湿，乾燥による収縮を外力によって拘束したとき木材内部に生じる応力と定義され，前者を膨潤応力（熱力学的表現では膨潤圧），後者を収縮応力と呼ぶ．これと対比して木材乾燥の際に木材自身の内部拘束から生じる応力，すなわち木材が乾燥される過程で水分傾斜や組織構造の収縮差に基づき生じる応力を乾燥応力として区別する．ここで，水分応力や乾燥応力は，前述の木材の正常な収縮率や膨潤率と異なり，異常な収縮，膨潤を生じ，ドライングセットや加圧収縮，さらには落ち込みなどを引き起こすので，その発生程度，機構などを知る必要がある．

（1）収縮応力と膨潤応力

収縮および膨潤応力の発生機構は，未だ定説をみないが，収縮応力については，Lawniczakら[1)]が吸着水の離脱に伴う木材構成要素相互間を引き付ける力と述べているように，木材実質中の非晶領域に存在する親水性の吸着点から水分子が離脱することによって活性化した吸着点間に，水素結合が新たに形成され，鎖状分子がお互いに接近しようとする過程で，ひずみが拘束されているため，それに相当する力が発生する，この応力をいう．また，膨潤応力は，水

分子が吸着する際に木材実質を構成する高分子鎖を押し広げようとする力，すなわち木材実質と水分子の結合強さと密接に関係した応力である．これらの応力は，木材が粘弾性体であるために，その発生過程で応力緩和や応力によるクリープ変形を同時に引き起こし，実測して真の値を得ることはきわめて難しい．熱力学的には，膨潤応力（膨潤圧）は膨潤の際の自由エネルギーの変化に基づくものであり，相対蒸気圧を p/p_0 としたとき，膨潤応力（膨潤圧）σ_s は，次式で表される．

$$\sigma_s = (-RT/Mv) \ln (p/p_0) \tag{2-90}$$

ここで，R：気体定数，T：絶対温度，M：膨潤剤の分子量，v：膨潤剤の比容積．

(2-90)式を用い，膨潤剤として水を用いた場合の値は，例えば，温度20℃で相対湿度30％から100％における膨潤応力は162.9Mpaとなる．しかし，実測された最大値は樹種や測定条件によって異なるが，およそ1～8MPaの値であり，かなり小さい．また，1軸拘束や2軸拘束して求めた最大膨潤応力の値を用い，膨潤応力と密度の関係から密度1.5g/cm³に外挿して求められた実質の膨潤応力は，1軸拘束で約20MPa，2軸拘束で約80MPa程度である．これは木材の場合には，中空細胞の集合体で膨潤応力によって細胞が内こう側へ変形することや，発生した応力の緩和を伴うためである．しかしながら，収縮応力や膨潤応力は，木質材料や熱圧締木材の寸法回復，乾燥時の木材の損傷の発生と深く関わるため，きわめて重要である．図2-39[2]は1軸拘束下の膨潤応力経過を，また図2-40[3]は1軸および2軸拘束による最大膨潤応力の年輪傾角による変化の様子を示したものである．

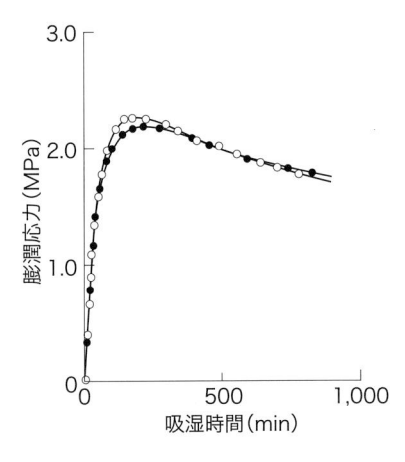

図2-39 1軸拘束による膨潤応力の測定例
ヒノキ（初期含水率4％）．○：接線方向，●：半径方向．（金川 靖，1974）

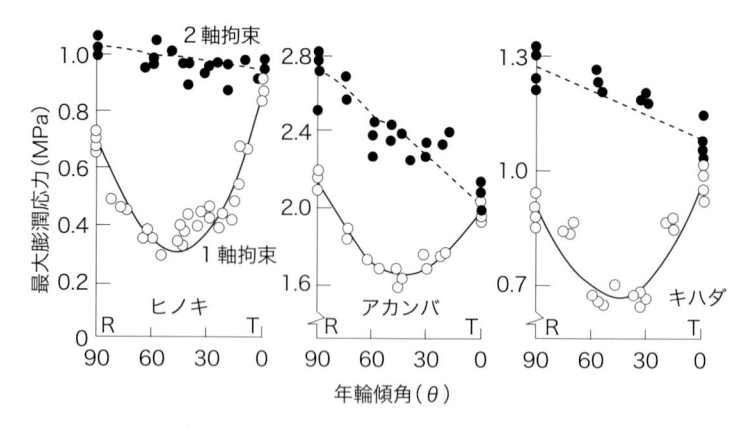

図2-40 膨潤応力に及ぼす年輪傾斜角および側面拘束の影響
(三城昭義,1975)

(2) 乾燥応力

　木材は乾燥すると収縮するが,この収縮が何らかの原因により内部拘束されると応力が発生する.この応力を乾燥応力という.Schniewind[4]は,乾燥応力を木材のミクロからマクロの組織構造に関連させて,3つのオーダに区分した.すなわち,①単一細胞に発生する一次応力(壁層構造に基づく応力),②組織や細胞集合体相互間に発生する二次応力(例えば,垂直組織と放射組織,早材と晩材の間に発生する応力),③木材ブロックの部分相互間に発生する三次応力(表層と内層の含水率の差に起因する収縮差によって生じる応力)である.このような原因によって発生する乾燥応力は,木材内の位置によって異なるだけでなく,乾燥の進行に伴って変化する.

　木材を一定乾燥条件下で乾燥すると,材表面から水分が蒸発するとともに材内部から表面に向かって水分の移動,拡散が行われる.この際,材表面と内部で水分傾斜が生じる.含水率が材の内外層いずれも繊維飽和点以上の場合には,材の収縮を伴わないため乾燥応力の発生は生じないが,乾燥初期において材表面が繊維飽和点以下となり,内部が繊維飽和点以上の含水率状態では材表面は収縮しようとするが,材内部はなお自由水分域で収縮を伴わないため材表面

は自由に収縮することができず,そのために材表面に引張応力が,内部にその反力として圧縮応力が生じる.順次乾燥が進行して材の内外がいずれも繊維飽和点以下に達し,材表面が乾燥条件に平衡した含水率まで乾燥した状態になると材表面に寸法変化は起こらないが,なお完全に乾燥していない内部で引き続き乾燥が進行し,収縮しようとする状態になる.その結果,材内部が収縮しようとしても外部はその寸法を保持しようとするために,材内部は自由に収縮することができず,材内部に引張応力が,外部に反力として圧縮応力が生じ,乾燥の前期と後期では応力の逆転が生じる.図2-41[5]はスライス法によって求めた乾燥中の木材内,外層のひずみ経過である.以上のように木材の乾燥過程には,乾燥による水分の離脱によって自由に収縮することができない状態がしばしば引き起こされ,結果として材内部に引張応力や圧縮応力が生じる.乾燥過程におけるこれらの応力は,刻一刻時間とともに変化し,しかも乾燥中長時間わたって作用するため,発生した応力下で,応力緩和と同時に応力によるクリープ変形が生じる.クリープ変形によって生じた一種の塑性変形をドライングセットという.このセットは,乾燥初期の表層に発生する引張応力によって表層に引張セットを発生し,それが乾燥後期に内部に発生する引張応力の発生

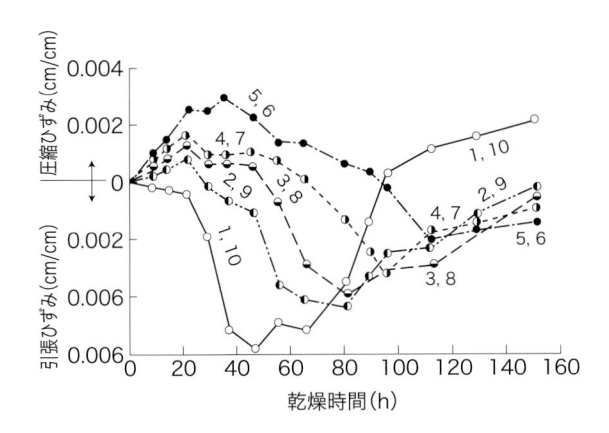

図2-41 乾燥中におけるひずみの経時的変化
1,10:表面層,5,6:中心層.ブナ材木板目木取り,厚さ:3.7cm,幅:7.0cm,乾燥条件:60℃,60%.(福山萬治郎,1962)

程度などにも影響を及ぼす．

（3）ドライングセット

乾燥応力下で乾燥が進行すると，木材は可塑性を増し，非常に大きな変形を生じる．この残留変形をドライングセットという．セットには圧縮応力によって生じたコンプレッションセット（圧縮セット）と，引張応力によって生じたテンションセット（引張セット）がある．

木材乾燥の際に生じるセットは古く Tieman によって見出され，フィブリル内のミセルの再配列によるものと想定し，引張セットは材の最大収縮率を限度とするが，圧縮セットはそれ以上にもなること，セット材は新しい寸法を基準としてセットが発生していない材と同様に膨潤および収縮し，単なる水中浸漬では回復できず，逆方向の力をかけるか，煮沸によって初めて回復するとした．しかしその後，乾燥応力や乾燥過程における木材のクリープ，応力緩和などの粘弾性的性質の検討によって，セットの基本的性格もかなり詳細に明らかにされ，セットは基本的に乾燥状態を保持する限り寸法回復しないが，再び水分，あるいは吸水後に熱を作用させるとそのほとんどを回復するなどのことが明らかにされている．セットの発生と回復の機構については，第3章2.3)「ドライングセット」で詳述する．

（4）加　圧　収　縮

乾燥木材の繊維直角方向の膨潤を完全に阻止した状態で吸湿または吸水させ，再び最初の含水率まで乾燥すると阻止方向の寸法は最初の寸法より小さくなり，この操作を繰り返し行うとますます収縮する．これを加圧収縮という．この現象は，外部拘束によって木材の膨潤が細胞内こうに向かって生じるほか，拘束によって生じた膨潤応力（圧縮応力）が，続く乾燥の過程でセットを引き起こし，著しく大きな変形を生じ，しかもひずみの固定がもたらされるため起こる．繰返しの膨潤拘束，続く乾燥は内こうがほぼ完全に消失する程度まで達成でき，約20回の繰返しによる拘束方向の縮小率は接線方向で約62.8％，半

第2章 水 と 木 材

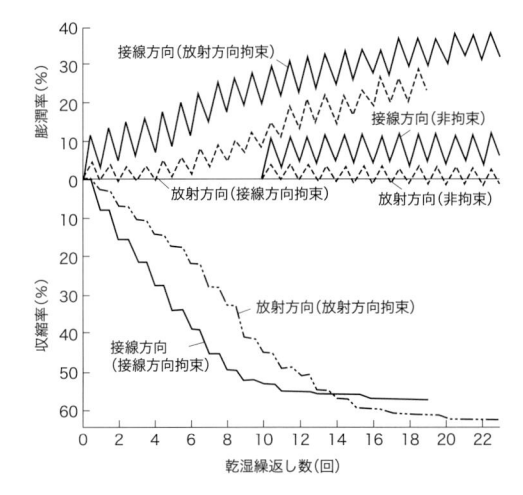

図2-42 乾湿繰返しによる拘束および非拘束試験体の膨潤・収縮経過
樹種：オウシュウブナ．(Perkitny, T., 1938)

径方向で約57%にも達する．拘束しない方向では，繰返しによって段階的に寸法を増大する（図2-42)[6]．

(5) 落ち込み

落ち込みは，ある種の木材が乾燥されたときに現れる異常収縮現象で，生材特に飽水状態に近い高含水率材が，高温で乾燥された場合に発生しやすく，その原因については，細胞壁の微細な壁孔壁小孔部で内こう中の自由水が蒸発する際に強い引張力が発生し，それが細胞内こうに伝達され，熱と水分によって可塑性を帯びた細胞壁が内こう中に引き込まれたために生じたものと考えられている．

これまで収縮応力の検討は，繊維飽和点以下を対象として検討が加えられていたが，金川ら[7]は落ち込みを引き起こすに必要な応力に着目し，繊維飽和点以上の含水率からの収縮応力の測定を試み，典型的な落ち込みを生じる際の収縮応力は，含水率35%付近に大きく明確なピークを示すこと，この応力はあらかじめ煮沸した材では大きくなり，細胞内こう中の気泡が影響しており，結果として壁孔壁小孔での張力説が有力であることを立証している．また，落ち込みは主に柔細胞で生じやすく，その配列様式によって落ち込みを引き起こ

すに要する収縮応力の程度が異なることなどを認めた．これに対して小林[8]は，繊維飽和点に調整した米スギ材を乾燥しても落ち込みの生じることを認め，液体の張力説のみでは説明できないとして，水分傾斜に基づく乾燥応力説によって落ち込みの原因を説明している．

引 用 文 献

1. 1) 木材と水分吸着～3) 吸 着 機 構

1) 蕪木自輔：林試報, 46, 37-70, 1950.
2) Stamm, A. J. and Harris, E. E.：Chemical processing of wood, New York, N.Y., Chem Publ Co. Inc., p.113-138, 1953.
3) 高分子学会（編）：高分子物性（Ⅲ）高分子実験学講座 5, 共立出版, p.240-260, 1958.
4) 上平 恒, 逢坂 昭：生体系の水, 講談社, p.5-29, 1997.
5) 上平 恒：水の分子工学, 講談社, p.46-77, 2000.
6) 上平 恒：水とは何か, 講談社, p.34-94, 1999.
7) 慶伊富長：吸着, 共立出版, p.42, 1976.
8) 近藤精一, 石川達雄, 安部郁夫：吸着の科学, 丸善, p.31-97, 1991.
9) 鈴木 勲：吸着の科学と応用, 講談社, p.19-38, 2003.
10) Langmuir, I：J. Amer. Chem. Soc. 40, 1361-1403, 1918.
11) Brunauer, S. et al.：J. Amer. Chem. Soc., 60, 309-319, 1938.
12) Hailwood, A. J. and Horrobin, S.：Trans. Farad. Soc., 42B, 84-92, 1946.
13) Barrer, R. M. et al.：J. Polym. Sci., 27, 177-184, 1958.
14) Mechaels, A. S. et al.：J. Appl. Phys., 34, 1-12, 1963.
15) 横山 操ら：木材学会誌, 46, 173-180, 2000.
16) Zimm, B. H. and Lundberg, J. L.：J. Chem. Phys., 21, 934-935, 1956.
17) Carrington, H.：Aeron. J., 26, 462-468, 1922.
18) Kollmann, Fand Krech, H.：Holz als Roh- und Werkstoff18, 41-54, 1960.
19) James, W. L.：F. P. J., 11, No.9：383-388, 1961.
20) Norimoto, M. and Yamada, T.：Wood Research, No.38, 32-38, 1966.
21) Nakano, T.：Holzforschung, 57, 213-218, 2003.
22) MacBain, J. W.：J. Amer. Chem. Soc., 57, 699-705, 1935.
23) 則元 京ら：材料, 22, 937-942, 1973.
24) 則元 京, 山田 正：木材学会誌, 21, 151-156, 1975.

25) 則元 京, 山田 正：木材学会誌, 23, 99-106, 1977.
26) 超 広傑ら：木材学会誌, 36, 257-263, 1990.

1. 4) 拡　　　散

1) Bramhall, G.：Wood Science, 12, 14-21, 1979.
2) 古山安之・金川 靖：木材学会誌, 40（3）, 252-257, 1994.
3) Nakao, T., Kohara, M.：Holz als Roh Werkst, 62, 56-58, 2004.

2. 1) 収縮率と膨潤率，2) 水溶液および非水液体による膨潤および収縮

1) Stamm, A. J. and Loughborough, W.：J. Phys. Chem., 39（1）, 121-132, 1935.
2) 石丸 優ら：木材学会誌, 37（3）, 187-193, 1991.
3) U. S. Dept. Agr. For. Prod. Lab.：Wood Handbook, pp.3-10, 1974.
4) 石丸 優, 丸田隆之：木材学会誌, 42（3）, 234-242, 1996.
5) 足立有弘ら：木材学会誌, 35（8）, 689-695, 1989.
6) Ishimaru,Y. and Iida, I.：J. Wood Sci., 47, 178-184, 2001.
7) Nayer, A. N. and Hossfeld, R. L.：J. Am. Chem. Soc., 71（Aug.）, 2852-2885, 1949
8) Robertson, A. A.：Pulp and Paper Mag. Can., 65（Apr.）, T-171-178, 1964
9) 石丸 優, 足立有弘：木材学会誌, 34（3）, 200-206, 1988.
10) 森里 恵ら：木材学会誌, 43（12）, 986-992, 1997.
11) Morisato, K. et al.：Holzforschung, 56（1）, 91-97, 2002.
12) 酒井温子, 石丸 優：木材学会誌, 35（6）, 465-472, 1989.
13) 酒井温子, 石丸 優：木材学会誌, 38（2）, 137-143, 1992.
14) Stamm, A. J.："Wood and Cellulose Science", Ronald Press Co., New York, 1964, pp.262
15) Bodig, J.：Holzhorshung, 22, 69-77, 1968.
16) 沢辺 攻：木材学会誌, 24（2）, 315-340, 1978.
17) 石丸 優ら：木材学会誌, 43（5）, 408 - 416, 1997.
18) 石丸 優, 安永正男：木材学会誌, 43（5）, 399 - 407, 1997.

2. 3) 水　分　応　力

1) Lawniczak, M., Raczkowski, J.：Rev. Bois et Forele des Tropiqdes, 82,53, 1962.
2) 金川 靖：木材学会誌, 20, 63-70, 1974.
3) 三城昭義：木材学会誌, 21, 62-69, 1975.
4) Schniewind, A. P.：Holzforschung, 14,161-169, 1960.
5) 福山萬治郎：京都府立大学学術報告・農学, No.14, 92-102, 1962.
6) Perkinity, T.：Holz als Roh- und Werkstoff, 1, 449-456, 1938.
7) 金川 靖, 服部芳明：木材学会誌, 25, 184-192, 1979.

8）小林好紀：木材学会誌, 32, 12-18, 1986.

第3章 力と木材

1. 弾　性

1）応力とひずみ

　この項では，応力とひずみの定義，応力-ひずみ図の特徴および基本的な弾性定数の定義について述べる．

（1）応力とひずみの定義

　物体に外力が作用すると，物体内部にこれに抵抗する内力が生じる．図3-1のように物体内に任意の点Oを通る面 dA に作用する内力を dP とするとき，単位面積当たりの力を応力 p と呼ぶ．このとき，dA は応力が一様になるような十分に小さな領域を考える．

$$p = \frac{dP}{dA} \qquad (3\text{-}1)$$

　さらに，この応力は面に垂直な成分と面に平行な成分に分けることができ，前者を垂直応力（normal stress）σ，後者をせん断応力（shear stress）τ と呼ぶ．応力の単位は，N/m^2 または Pa を用いる．

　最も簡単な場合は，図3-2のような一軸応力またはせん断応力が作用する場合である．外力が作用すると，何らかの変形が起こる．元の長さに対する変形の比をひずみ（strain）と呼

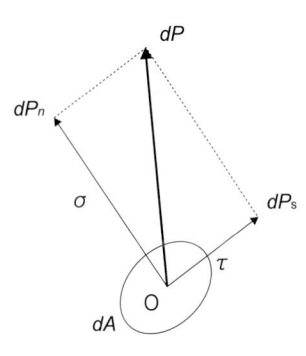

図3-1　応力の定義

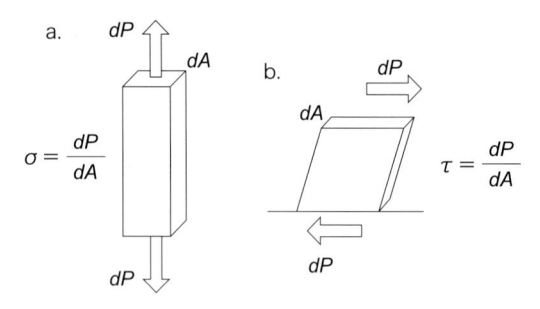

図3-2 垂直応力(a)とせん断応力(b)

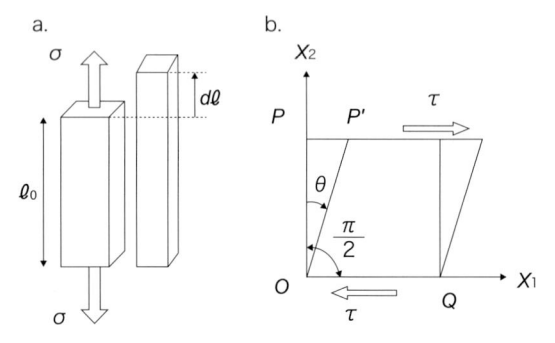

図3-3 垂直ひずみ(a)とせん断ひずみ(b)

ぶ．長さ ℓ_0 の棒が長さの方向に力を受けて，その長さが $d\ell$ だけ変化したとき，ℓ_0 に対する $d\ell$ の比を垂直ひずみ（normal strain）ε という．圧縮力に対しては圧縮ひずみ（compressive strain），引張力に対しては引張ひずみ（tensile strain）と呼ぶ．

$$\varepsilon = \frac{d\ell}{\ell_0} \tag{3-2}$$

せん断応力に対する変形では，物体の角度の変化が現われる．図3-3b のようにせん断応力 τ によって P 点が P' 点に移動すると角 POQ は θ だけ変化する．この角度変化をせん断ひずみ γ（shearing strain）と呼ぶ．

$$\gamma = \theta \approx \tan\theta = \frac{\overline{PP'}}{\overline{OP}} \tag{3-3}$$

(2) 応力 - ひずみ図

外力に対する物体の変形の特徴を表すのに，図 3-4 のような応力 - ひずみ図（stress-strain diagram）を用いる．木材は繊維方向の圧縮や曲げの負荷に対して図 3-4 のように，原点 O からほぼ直線的に応力が増加し，それに続く曲線部分 PEM が現れる．M は破壊点である．直線域の上限 P における応力 σ_P を比例限度（proportional limit）または比例限度応力，ひずみ ε_P を比例限ひずみと呼ぶ．国産材の場合，圧縮や曲げの応力に対して比例限度は強さの 2/3 程度とされている．比例限度を超えた上方に弾性限度（elastic limit）E がある．弾性限度以下の応力に対しては，外力を取り除くと物体のひずみは完全に回復する．このような性質を弾性（elasticity）と呼ぶ．

弾性限界を超えると応力 - ひずみ曲線は勾配が減少し，応力に対してひずみが大きく増加する．この領域では，外力を取り除いたとき，もはやひずみは完全に回復することはなく，一部のひずみは残留する．このひずみを永久ひずみ（permanent strain）または塑性ひずみ（plastic strain）と呼ぶ．

さらに応力が増加すると，最後に M 点で破壊する．最大応力 σ_M を，物体の強さ（strength），破壊応力（breaking stress）と呼ぶ．破壊応力に対応するひずみを破壊ひずみ ε_M と呼ぶ．

(3) 弾 性 定 数

弾性領域における物体の力学的特性は，応力 - ひずみ図の初期勾配を利用して弾性定数として定義する．

応力-ひずみ図の直線域では，次のフックの法則が成り立つ．

$$\sigma = E\varepsilon \quad (3\text{-}4)$$

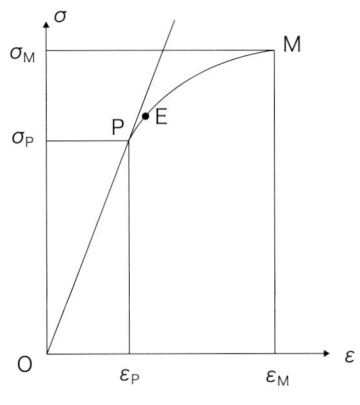

図3-4 応力－ひずみ図

この比例係数 E を弾性率（modulus of elasticity），ヤング係数（Young's modulus）などと呼ぶ．したがって，弾性率は単位ひずみを生じるために必要な応力を意味し，物体の変形の起こりにくさを表している．フックの法則をひずみで記述するとき，弾性率 E の逆数 α をコンプライアンス（compliance）と呼ぶ．

$$\varepsilon = \frac{1}{E}\sigma = \alpha\sigma \tag{3-5}$$

コンプライアンスは，物体の変形のしやすさを表す．

せん断応力 τ とせん断ひずみ γ の関係においても同様な定義がなされる．

$$\tau = G\gamma, \quad \gamma = \frac{1}{G}\tau \tag{3-6}$$

ここで，G：せん断弾性係数（shear modulus），G の逆数はせん断コンプライアンスと呼ぶ．

また，物体の体積変化に関しても応力‐ひずみの関係を用い，体積弾性係数 K（bulk modulus）が定義される．

$$p = K\varepsilon_V, \quad \varepsilon_V = \frac{dV}{V} \tag{3-7}$$

ここで，p：直方体の各面に作用する垂直応力，ε_V：体積ひずみ（volumetric strain）で変形前の体積 V に対する体積変化 dV の比である．

もう1つの弾性定数としてひずみに関する定数，ポアソン比 ν（Poisson's ratio）がある．物体に垂直応力が作用すると，垂直ひずみ ε とそれに直交する方向に横ひずみ ε' が生じる．応力方向の垂直ひずみに対する横ひずみの比はポアソン比として定義される．ポアソン比の逆数 m をポアソン数（Poisson's number）と呼ぶ．

$$\nu = -\frac{\varepsilon'}{\varepsilon}, \quad m = \frac{1}{\nu} \tag{3-8}$$

ポアソン比の定義における負の符号は，垂直応力の方向に引っ張る（伸びる）と物体はその直交方向に縮むことを意味する．

物体のすべての方向に力学的性質が等しいものを等方性体（isotropic body）

と呼ぶ．等方性体では，弾性定数 E, G, K, ν の間には次の関係があり，2つの任意の弾性定数からほかの弾性定数を計算することができる．

$$G = \frac{E}{2(1+\nu)},\ K = \frac{E}{3(1-2\nu)},\ \nu = \frac{E}{2G} - 1 \tag{3-9}$$

2）直交異方性弾性理論[1-4]

　この項では，直交異方性弾性理論の基礎と弾性定数について述べる．まず，応力テンソルとひずみテンソルについて述べる．次に，弾性体の変形に関する一般化フック則をテンソルを用いて記述し，弾性スティフネスおよび弾性コンプライアンスを定義する．次に，任意の方向の弾性定数を展開するために必要な座標軸変換について述べ，最後に，そのほかの重要な弾性定数についても述べる．

　木材は方向によって力学的性質が異なる．樹幹の年輪構造からも推察できるように木材の力学的性質は円柱対称性を示すが，近似的には直交する3軸，繊維方向，半径方向および接線方向を主軸とする直交異方性体（orthotropic body）として扱われることが多い．直交異方性弾性体の力学を記述する場合，たくさんの力学的成分や定数を用いる必要がある．そこで，テンソル表示を使

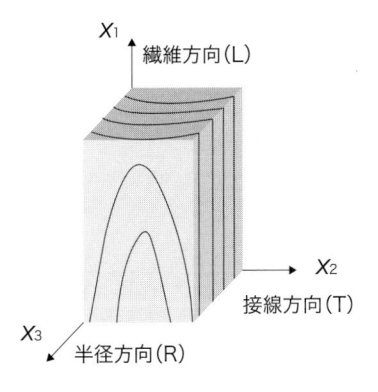

図3-5 木材における直交座標系の定義

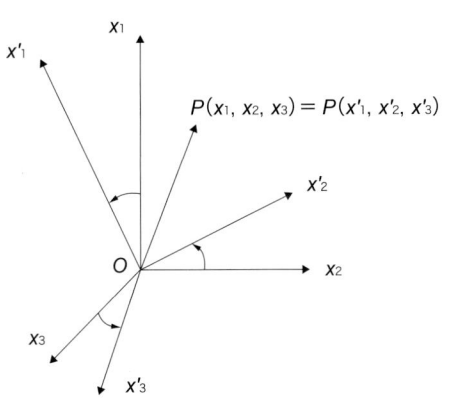

図3-6 直交座標軸の回転

うと便利である．なお，木材の3主軸と直交座標系の軸の対応は任意に選ぶことができるが，以下では図3-5のような座標系を用いる．

(1) 直交座標系におけるテンソル表記

今，図3-6の直交座標系 Ox_1, Ox_2, Ox_3 でP点 (x_1, x_2, x_3) を考える．次に，もう1つの直交座標系 Ox'_1, Ox'_2, Ox'_3 を考えると，新しい座標系におけるP点の座標 (x'_1, x'_2, x'_3) は次式で記述できる．

$$\begin{aligned}x_1' &= a_{11}x_1 + a_{12}x_2 + a_{13}x_3 \\ x_2' &= a_{21}x_1 + a_{22}x_2 + a_{23}x_3 \\ x_3' &= a_{31}x_1 + a_{32}x_2 + a_{33}x_3\end{aligned} \quad (3\text{-}10)$$

ここで，$a_{11} = \cos x'_1 Ox_1$, $a_{12} = \cos x'_1 Ox_2$, $a_{13} = \cos x'_1 Ox_3 \cdots$ であり，a_{11}, a_{12}, $a_{13} \cdots$：座標軸の方向余弦と呼ぶ．

(3-10)式は，添字に関する和の実行を記述する次式となる．

$$x'_i = \sum_{j=1}^{3} a_{ij}x_j \quad (i = 1, 2, 3) \qquad (3\text{-}11)$$

(3-11)式はベクトルを表す1階のテンソル（tensor）である．また，以下に述べる応力やひずみは，2つの添字で定義されるテンソルで，2階のテンソルである．さらに，2階のテンソル同士は，4つの添字を持つ4階のテンソルで関係付けられる．次に述べる応力テンソルとひずみテンソルを関係付ける弾性定数は，4階のテンソルである．

(2) 応力とひずみ

応力とひずみのテンソルの表記には，歴史的にいろいろな記号が用いられている．ここでは，Hearmon（Hearmon, R. F. S., 1961）に従って，応力テンソル（stress tensor），ひずみテンソル（strain tensor）を，それぞれ T_{ij}, S_{kl} とする．

a．応　　　力

今，垂直応力を T_{ii}，せん断応力を T_{ij} $(i \neq j)$ と定義する．応力には，要素

に作用する回転モーメントのつりあい条件から，次の対称性がある．

$$T_{ij} = T_{ji} \tag{3-12}$$

すなわち，せん断応力は対称性を有する．したがって，直交異方性体の独立な応力テンソル成分の数は，6個となる．応力テンソル成分の2つの添字は，それぞれ第1添字iは力の方向，第2添字jは力が作用する面を表す．また，面の表記は，力の作用面に垂直な方向の軸の番号を用いる．例えば，T_{12}はx_1方向に作用する力で，作用面はx_2軸に垂直な面，すなわち$x_1 x_3$面で，せん断応力を意味する．

応力テンソルの座標変換式は，次式となる．

$$T'_{ij} = \sum_{k=1}^{3} \sum_{l=1}^{3} a_{ik} a_{jl} T_{kl} \quad (i,j=1,2,3) \tag{3-13}$$

具体的に2階のテンソルT'_{12}を展開すると次式となる．

$$\begin{aligned}T'_{12} = \sum_{k=1}^{3} \sum_{l=1}^{3} a_{1k} a_{2l} T_{kl} &= a_{11}a_{21}T_{11} + a_{11}a_{22}T_{12} + a_{11}a_{23}T_{13} + a_{12}a_{21}T_{21} + \\ &\quad a_{12}a_{22}T_{22} + a_{12}a_{23}T_{23} + a_{13}a_{21}T_{31} + a_{13}a_{22}T_{32} + a_{13}a_{23}T_{33}\end{aligned} \tag{3-14}$$

b．ひずみ

ひずみも応力と同様にテンソル表記する．ひずみを定義するには，連続関数のテーラー展開や偏微分などの数学的な準備が必要であり，結果のみ述べる．

今，直交座標系Ox_1，Ox_2，Ox_3でP点(x_1, x_2, x_3)が$(x_1+u_1, x_2+u_2, x_3+u_3)$に変位すると，ひずみが微小であるときひずみテンソルの成分と変位ベクトルの成分u_iとの関係は次式で示される．

$$\begin{aligned}&S_{11} = \frac{\partial u_1}{\partial x_1}, \quad S_{22} = \frac{\partial u_2}{\partial x_2}, \quad S_{33} = \frac{\partial u_3}{\partial x_3}, \quad S_{12} = \frac{1}{2}\left(\frac{\partial u_2}{\partial x_1} + \frac{\partial u_1}{\partial x_2}\right) = S_{21}, \\ &S_{23} = \frac{1}{2}\left(\frac{\partial u_3}{\partial x_2} + \frac{\partial u_2}{\partial x_3}\right) = S_{32}, \quad S_{31} = \frac{1}{2}\left(\frac{\partial u_1}{\partial x_3} + \frac{\partial u_3}{\partial x_1}\right) = S_{13}\end{aligned} \tag{3-15}$$

ここで，S_{11}, S_{22}, S_{33}：垂直ひずみ，S_{12}, S_{23}, S_{31}：せん断ひずみである．

したがって，ひずみに関しても次のテンソルの対称性が存在する．

$$S_{ij} = S_{ji} \tag{3-16}$$

また，ひずみテンソルに関する座標変換は次式で示される．

$$S'_{ij} = \sum_{k=1}^{3} \sum_{l=1}^{3} a_{ik} a_{jl} S_{kl} \quad (i, j = 1, 2, 3) \tag{3-17}$$

(2) 一般化フック則

弾性体の変形に関する有名なフックの法則がある．これを応力テンソル T_{ij} およびひずみテンソル S_{kl} を用いると，次式のように記述される．

$$T_{ij} = \sum_{k=1}^{3} \sum_{l=1}^{3} c_{ijkl} S_{kl} \quad (i, j = 1, 2, 3) \tag{3-18}$$

応力とひずみを入れかえると，次式のようにも記述できる．

$$S_{ij} = \sum_{k=1}^{3} \sum_{l=1}^{3} s_{ijkl} T_{kl} \quad (i, j = 1, 2, 3) \tag{3-19}$$

ここで，c_{ijkl}：弾性スティフネス（elastic stiffness），s_{ijkl}：弾性コンプライアンス（elastic compliance）と呼ぶ．

また，熱力学的な要件から，c_{ijkl} と s_{ijkl} には次の対称性が存在する．

$$c_{ijkl} = c_{klij}, \quad s_{ijkl} = s_{klij} \tag{3-20}$$

その結果，最も一般的な場合において独立な弾性定数は21個となる．さらに，直交異方性体（斜方晶系）では，弾性定数に関する対称性の要件が付加され，独立した弾性定数は9個となる．

弾性学の発展の過程で，応力やひずみ，弾性定数の定義の仕方に2つの系統がある．1つは，数理弾性学の発展から生まれた応力テンソルとひずみテンソルおよび弾性コンプライアンスと弾性スティフネスを用いる系統である．もう一つは，応力と工学ひずみおよび工学弾性定数（ヤング係数，せん断弾性係数など）を用いる系統である．

テンソル表記では，添字に1，2および3のみを使用する．工学定数系では，添字を1〜6まで使用し，また応力成分に σ および τ，ひずみ成分に ε および γ を用いる表記もある．テンソル表記と工学定数系表記との間には，次の規則がある．

第3章 力と木材

添　字	$11 \to 1,\ 22 \to 2,\ 33 \to 3,\ 23 = 32 \to 4,\ 13 = 31 \to 5,\ 12 = 21 \to 6$
応　力	$T_{11} = T_1,\ T_{22} = T_2,\ T_{33} = T_3,\ T_{23} = T_4,\ T_{13} = T_5,\ T_{12} = T_6$
ひずみ	$S_{11} = S_1,\ S_{22} = S_2,\ S_{33} = S_3,\ 2S_{23} = S_4,\ 2S_{13} = S_5,\ 2S_{12} = S_6$

最も一般的な弾性体における一般化フック則（generalized Hooke's law）は，工学ひずみ S_q（q = 1, 2, 3, 4, 5, 6）を用いると次式で記述できる．

$$\begin{bmatrix} T_1 \\ T_2 \\ T_3 \\ T_4 \\ T_5 \\ T_6 \end{bmatrix} = \begin{bmatrix} c_{11} & c_{12} & c_{13} & c_{14} & c_{15} & c_{16} \\ c_{12} & c_{22} & c_{23} & c_{24} & c_{25} & c_{26} \\ c_{13} & c_{23} & c_{33} & c_{34} & c_{35} & c_{36} \\ c_{14} & c_{24} & c_{34} & c_{44} & c_{45} & c_{46} \\ c_{15} & c_{25} & c_{35} & c_{45} & c_{55} & c_{56} \\ c_{16} & c_{26} & c_{36} & c_{46} & c_{56} & c_{66} \end{bmatrix} \begin{bmatrix} S_1 \\ S_2 \\ S_3 \\ S_4 \\ S_5 \\ S_6 \end{bmatrix} \tag{3-21}$$

$$\begin{bmatrix} S_1 \\ S_2 \\ S_3 \\ S_4 \\ S_5 \\ S_6 \end{bmatrix} = \begin{bmatrix} s_{11} & s_{12} & s_{13} & s_{14} & s_{15} & s_{16} \\ s_{12} & s_{22} & s_{23} & s_{24} & s_{25} & s_{26} \\ s_{13} & s_{23} & s_{33} & s_{34} & s_{35} & s_{36} \\ s_{14} & s_{24} & s_{34} & s_{44} & s_{45} & s_{46} \\ s_{15} & s_{25} & s_{35} & s_{45} & s_{55} & s_{56} \\ s_{16} & s_{26} & s_{36} & s_{46} & s_{56} & s_{66} \end{bmatrix} \begin{bmatrix} T_1 \\ T_2 \\ T_3 \\ T_4 \\ T_5 \\ T_6 \end{bmatrix} \tag{3-22}$$

独立な弾性定数は21個である．ここで，弾性スティフネスおよび弾性コンプライアンスには，次の関係がある．

$$\left\{\begin{aligned} c_{ijkl} &= c_{qr} \quad (q,\ r = 1,\ 2,\ 3,\ 4,\ 5,\ 6) \\ s_{ijkl} &= s_{qr} \quad (q,\ r = 1,\ 2,\ 3) \\ 2s_{ijkl} &= s_{qr} \quad (q = 1,\ 2,\ 3,\ r = 4,\ 5,\ 6) \\ 4s_{ijkl} &= s_{qr} \quad (q,\ r = 4,\ 5,\ 6) \end{aligned}\right\} \tag{3-23}$$

さらに，直交異方性の弾性主軸（x_1, x_2, x_3）と木材の3主軸（L, T, R）を一致させた場合の一般化フック則は，単純化された次式となる．

$$\begin{bmatrix} T_1(\sigma_L) \\ T_2(\sigma_T) \\ T_3(\sigma_R) \\ T_4(\sigma_{TR}) \\ T_5(\sigma_{LR}) \\ T_6(\sigma_{LT}) \end{bmatrix} = \begin{bmatrix} c_{11} & c_{12} & c_{13} & 0 & 0 & 0 \\ c_{12} & c_{22} & c_{23} & 0 & 0 & 0 \\ c_{13} & c_{23} & c_{33} & 0 & 0 & 0 \\ 0 & 0 & 0 & c_{44} & 0 & 0 \\ 0 & 0 & 0 & 0 & c_{55} & 0 \\ 0 & 0 & 0 & 0 & 0 & c_{66} \end{bmatrix} \begin{bmatrix} S_1(\varepsilon_L) \\ S_2(\varepsilon_T) \\ S_3(\varepsilon_R) \\ S_4(\varepsilon_{TR}) \\ S_5(\varepsilon_{LR}) \\ S_6(\varepsilon_{LT}) \end{bmatrix} \tag{3-24}$$

$$\begin{bmatrix} S_1(\varepsilon_L) \\ S_2(\varepsilon_T) \\ S_3(\varepsilon_R) \\ S_4(\varepsilon_{TR}) \\ S_5(\varepsilon_{LR}) \\ S_6(\varepsilon_{LT}) \end{bmatrix} = \begin{bmatrix} s_{11} & s_{12} & s_{13} & 0 & 0 & 0 \\ s_{12} & s_{22} & s_{23} & 0 & 0 & 0 \\ s_{13} & s_{23} & s_{33} & 0 & 0 & 0 \\ 0 & 0 & 0 & s_{44} & 0 & 0 \\ 0 & 0 & 0 & 0 & s_{55} & 0 \\ 0 & 0 & 0 & 0 & 0 & s_{66} \end{bmatrix} \begin{bmatrix} T_1(\sigma_L) \\ T_2(\sigma_T) \\ T_3(\sigma_R) \\ T_4(\sigma_{TR}) \\ T_5(\sigma_{LR}) \\ T_6(\sigma_{LT}) \end{bmatrix} \qquad (3\text{-}25)$$

独立な弾性定数は次の9個である.

$s_{11}(c_{11}),\ s_{12}(c_{12}),\ s_{13}(c_{13}),\ s_{22}(c_{22}),\ s_{23}(c_{23}),\ s_{33}(c_{33}),\ s_{44}(c_{44}),\ s_{55}(c_{55}),\ s_{66}(c_{66})$

(3) 弾性コンプライアンス,弾性スティフネスと工学弾性定数との関係

主要な弾性コンプライアンスと工学弾性定数との関係をまとめて示すと次式となる.

$$s_{11} = \frac{1}{E_1} = \frac{1}{E_L},\ s_{22} = \frac{1}{E_2} = \frac{1}{E_T},\ s_{33} = \frac{1}{E_3} = \frac{1}{E_R},$$

$$s_{12} = -\frac{\nu_{12}}{E_1} = -\frac{\nu_{21}}{E_2} = -\frac{\nu_{LT}}{E_L} = -\frac{\nu_{TL}}{E_T},\ s_{23} = -\frac{\nu_{23}}{E_2} = -\frac{\nu_{32}}{E_3} = -\frac{\nu_{TR}}{E_T} = -\frac{\nu_{RT}}{E_R},$$

$$s_{31} = -\frac{\nu_{31}}{E_3} = -\frac{\nu_{13}}{E_1} = -\frac{\nu_{RL}}{E_R} = -\frac{\nu_{LR}}{E_L}, \qquad (3\text{-}26)$$

$$s_{44} = \frac{1}{G_4} = \frac{1}{G_{RT}},\ s_{55} = \frac{1}{G_5} = \frac{1}{G_{LR}},\ s_{66} = \frac{1}{G_6} = \frac{1}{G_{LT}}$$

弾性コンプライアンスと弾性スティフネスは,行列式(determinant)を用いて相互変換することができる.

(3-21)式の弾性スティフネスを要素とする行列式をΔc,(3-22)式の弾性コンプライアンスを要素とする行列式をΔsとすると,$\Delta c \Delta s = 1$の関係がある.したがって,弾性コンプライアンスの成分s_{qr}および弾性スティフネスの成分c_{qr}は,それぞれ次式で計算される.

$$s_{qr} = \Delta c_{qr}/\Delta c,\ c_{qr} = \Delta s_{qr}/\Delta s \qquad (3\text{-}27)$$

ここで,Δc_{qr},Δs_{qr}:それぞれc_{qr},s_{qr}に関する小行列式である.

木材を直交異方性体(斜方晶系)と考えた場合について,(3-27)式の関係

を c_{11}, c_{66} の展開に適用すると次式が得られる．

$$c_{11} = \begin{bmatrix} s_{22} & s_{23} \\ s_{23} & s_{33} \end{bmatrix} \bigg/ \begin{bmatrix} s_{11} & s_{12} & s_{13} \\ s_{12} & s_{22} & s_{23} \\ s_{13} & s_{23} & s_{33} \end{bmatrix} \quad (3\text{-}28)$$

$$c_{66} = 1/s_{66} \quad (3\text{-}29)$$

弾性スティフネスは，せん断スティフネス（c_{44}, c_{55}, c_{66}）を除いて複雑な式となる．弾性コンプライアンスおよび弾性スティフネスと実用的な工学弾性定数（ヤング係数やせん断弾性係数）の関係を調べるとき，特に弾性スティフネスと工学弾性定数の関係には注意する必要がある．

今，応力を弾性スティフネスによって一般化フック則を展開する．

$$T_1 = c_{11}S_1 + c_{12}S_2 + c_{13}S_3 + c_{14}S_4 + c_{15}S_5 + c_{16}S_6 \quad (3\text{-}30)$$

弾性スティフネス c_{11} の力学的内容は，x_1 軸方向のひずみ成分 S_1 のみが存在し，ほかのひずみ成分が生じないように変形を拘束したときの応力成分とひずみ成分の比である．したがって，c_{11} とヤング係数 E_1 は一致しない．

一般にフックの法則というと $\sigma = E\varepsilon$ のように，応力をひずみ成分で展開する表現法に慣れている．しかし，種々の応用問題を考えるとき，ひずみを応力成分で表現する式を用いる（弾性コンプライアンスを用いる）と便利なことに気付く．それは，次のような理由による．①実験では応力を刺激にすることが多いので，実験条件と一致しやすい．②変形の形で記述できるので，変形の等置や加算則が適用しやすく，合板や集成材などの層構成を持つ材料の力学解析に便利である．③弾性コンプライアンスの決定が容易である．

(4) 弾性定数に関する座標軸変換

弾性スティフネスと弾性コンプライアンスは4階のテンソルで表記される．これらの座標軸変換式は，添字に関する和の実行を簡略化して表現すると次式となる．

$$c'_{ijkl} = a_{im}a_{jn}a_{ko}a_{lp}c_{mnop} \quad (3\text{-}31)$$

$$s'_{ijkl} = a_{im}a_{jn}a_{ko}a_{lp}s_{mnop} \quad (3\text{-}32)$$

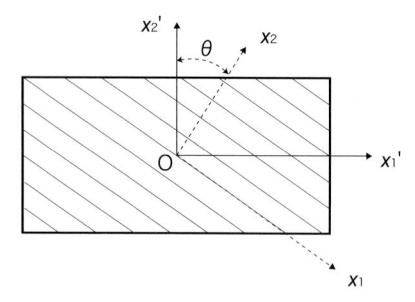

図3-7 直交異方性体の弾性主軸の回転

前述の応力とひずみに関する対称性および熱力学的要件から，(3-31)式および(3-32)式は，最も一般的な弾性体でそれぞれ21個の弾性定数を含む21本の方程式で記述される．

次に，図3-7のように，直交異方性体で1つの弾性主軸（x_3軸：紙面に垂直）の周りに関する回転を考える．すなわち，x_1-x_2面内でx_3軸のまわりにx_1軸からx_2軸の方向に角度θだけ座標軸を回転させる．変換に必要な方向余弦は次のようになる．

$$a_{11} = m, \ a_{12} = n, \ a_{21} = -n,$$
$$a_{22} = m, \ a_{33} = 1 \quad (3\text{-}33)$$
$$a_{13} = a_{23} = a_{31} = a_{32} = 0$$

ここで，$m = \cos\theta$，$n = \sin\theta$である．

この方向余弦に関する条件と直交異方性体の独立した9個の弾性定数を表3-1に代入して具体的に展開式が得られる．ここでは，ヤング係数とせん断弾

表3-1 直交異方性体の弾性定数に関するx_3軸の周りの座標変換表

	$s_{11}\ (c_{11})$	$s_{12}\ (c_{12})$	$s_{22}\ (c_{22})$	$s_{66}\ (4c_{66})$
$s'_{11}\ (c'_{11})$	m^4	$2m^2n^2$	n^4	m^2n^2
$s'_{12}\ (c'_{12})$	m^2n^2	m^4+n^4	m^2n^2	$-m^2n^2$
$s'_{16}\ (2c'_{16})$	$-2m^3n$	$2(m^3n - mn^3)$	$2mn^3$	$m^3n - mn^3$
$s'_{22}\ (c'_{22})$	n^4	$2m^2n^2$	m^4	m^2n^2
$s'_{26}\ (2c'_{26})$	$-2mn^3$	$2(mn^3 - m^3n)$	$2m^3n$	$mn^3 - m^3n$
$s'_{66}\ (4c'_{66})$	$4m^2n^2$	$-8m^2n^2$	$4m^2n^2$	$(m^2-n^2)^2$

	$s_{13}\ (c_{13})$	$s_{23}\ (c_{23})$
$s'_{13}\ (c'_{13})$	m^2	n^2
$s'_{23}\ (c'_{23})$	n^2	m^2
$s'_{36}\ (2c'_{36})$	$-2mn$	$2mn$

	$s_{44}\ (c_{44})$	$s_{55}\ (c_{55})$
$s'_{44}\ (c'_{44})$	m^2	n^2
$s'_{45}\ (c'_{45})$	mn	$-mn$
$s'_{55}\ (c'_{55})$	n^2	m^2

$s'_{33}\ (c'_{33}) = s_{33}\ (c_{33})$
$m = \cos\theta$, $n = \sin\theta$ （θ：x_1，x_2軸間の角度である） （Hearmon, R.F.S., 1961から作成）

性係数に関する繊維傾斜の依存性の式として利用される弾性コンプライアンス s'_{11} と s'_{66} について展開してみる.

$$s'_{11} = m^4 s_{11} + 2m^2 n^2 s_{12} + n^4 s_{22} + m^2 n^2 s_{66} \tag{3-34}$$

$$\begin{aligned} s'_{66} &= 4m^2 n^2 s_{11} - 8m^2 n^2 s_{12} + 4m^2 n^2 s_{22} + (m^2 - n^2)^2 s_{66} \\ &= 4m^2 n^2 (s_{11} + s_{22} - 2s_{12}) + (m^2 - n^2)^2 s_{66} \end{aligned} \tag{3-35}$$

また,直交異方性体でも材料軸と弾性主軸がすべて一致しない場合には,最も一般的な弾性体の完全な座標軸変換を行う必要がある.この場合は,例えば,Masonの座標軸変換表を用いることができる[3].

(5) そのほかの重要な弾性定数

a. 弾性板定数

厚さに対して十分広い材料が平面応力状態(面に垂直方向の応力成分が0となる)にあると考えると,二次元問題として扱うことができる.木材のL,T方向を x_1, x_2 軸に一致させると,一般化フック則は簡単な次式となる.

$$\left. \begin{aligned} \sigma_L &= \frac{E_L}{\mu} \varepsilon_L + \frac{\nu_{TL} E_L}{\mu} \varepsilon_T \\ \sigma_T &= \frac{\nu_{TL} E_L}{\mu} \varepsilon_L + \frac{E_T}{\mu} \varepsilon_T \\ \tau_{LT} &= G_{LT} \gamma_{LT} \\ \mu &= 1 - \nu_{TL} \nu_{LT} \end{aligned} \right\} \tag{3-36}$$

(3-36)式におけるひずみの係数は弾性板定数(plate modulus of elasticity)と呼ばれる.また,等方性体では,$E/(1-\nu^2)$ となる.板定数は μ の分だけ棒状材料のヤング係数に比べて大きくなり,棒より変形しにくい.ローラーなどによる円筒曲げ,平板の力学的利用の場合に関係する.μ の値は,日本産針葉樹・広葉樹11樹種の平均値でLT面,LR面,RT面で,それぞれ0.984,0.984,0.753である[5].

b. 層状構造を持つ材料の圧縮ヤング係数と曲げヤング係数

合板や集成材のように層構造を持つ材料のヤング係数は,圧縮や引張といっ

た軸応力と曲げ応力のもとでは異なる．軸応力に対するヤング係数は，各層の厚さとヤング係数の積に関する複合則から導かれる．一方，曲げヤング係数は，各層のヤング係数と中立軸に関する断面2次モーメントの積（曲げ剛性）に関する複合則から導かれる．

$$E_A = \frac{\sum_{i=1}^{N} E_i t_i}{\sum_{i=1}^{N} t_i} \tag{3-37}$$

$$E_B = \frac{\sum_{i=1}^{N} E_i I_i}{\sum_{i=1}^{N} I_i} \tag{3-38}$$

曲げでは，中立軸から遠い表層のヤング係数の寄与が大きい．木材も年輪構造や樹木成長に起因する材質変動を考えると層構造を持つ材料と見なすことができる．したがって，不均一構造の大きさと材料の大きさが拮抗するような状態になるとき，例えば実大製材などのように中心部と外縁部でヤング係数が異なる場合では，圧縮（引張）ヤング係数と曲げヤング係数は異なった値を示すことがある．

3）木 材 の 弾 性

(1) 木材の弾性定数

表3-2[5, 6]に種々の木材の弾性定数を示す．木材のヤング係数は，$E_L \gg E_R > E_T$の関係があり，強い異方性を示す．ヤング係数の異方性をE_Lを基準にすると，およそ$E_L : E_R : E_T = 1 : 0.1 : 0.05$である．

せん断弾性係数は，$G_{LR} > G_{LT} \gg G_{RT}$の関係がある．広葉樹の$G_{RT}$は，針葉樹に比べて大きい．

ポアソン比は，$\mu_{RT} > \mu_{LT} > \mu_{LR}$の関係がある．

ヤング係数とせん断弾性係数の比E/Gの値は，実用的には構造設計における梁などのたわみ計算に及ぼすせん断変形の評価や木材の音響周波数特性の評

表3-2 種々の木材の弾性定数

樹種		密度 (g/cm³)	含水率 (%)	ヤング係数 (GPa)			せん断弾性係数 (GPa)			ポアソン比		
				E_L	E_R	E_T	G_{LT}	G_{LR}	G_{RT^*}	μ_{LT}	μ_{LR}	μ_{RT}
針葉樹	スギ	0.33	14.9	8.7	0.62	0.26	0.46	0.65	0.015	0.580	0.405	0.901
	トドマツ	0.35	15.0	10.3	1.01	0.33	0.36	0.53	0.018	0.566	0.378	0.884
	エゾマツ	0.39	14.7	10.9	0.84	0.47	0.46	0.52	0.017	0.570	0.385	0.638
	アカマツ	0.46	14.2	9.9	1.20	0.62	0.57	0.84	0.046	0.628	0.415	0.671
	ダグラスファー	0.45〜0.51	11〜13	15.7	1.06	0.78	0.88	0.88	0.088	0.450	0.290	0.390
	オウシュウアカマツ	0.55	10.0	16.3	1.10	0.57	0.68	1.16	0.066	0.510	0.420	0.680
広葉樹	ブナ	0.62	15.3	13.3	1.02	0.53	0.85	1.12	0.21	0.525	0.419	0.661
	アピトン	0.66	15.4	21.5	1.20	0.48	0.76	0.78	0.23	0.546	0.405	0.906
	マカバ	0.71	15.4	15.7	1.08	0.84	0.92	—	—	0.567	0.512	0.735
	イチイガシ	0.84	14.3	16.6	2.00	1.01	0.98	1.63	0.43	0.543	0.357	0.682
	ヤチダモ	0.59	14.6	12.7	1.19	0.65	1.13	—	—	0.511	0.388	0.650
	ミズナラ	0.65	15.4	10.7	1.24	0.51	0.79	1.02	0.15	0.497	0.370	0.592
	ケヤキ	0.71	14.4	11.0	2.19	1.41	0.84	1.24	0.43	0.576	0.406	0.603
	イエローポプラ	0.38	11.0	9.7	0.89	0.41	0.67	0.73	0.11	0.39	0.32	0.7
	ライトレッドメランチ	0.51	15.5	11.5	0.97	0.41	0.26	0.46	0.16	0.6	0.38	0.85
	クルイン	0.76	16.0	21.9	1.61	0.77	0.94	0.97	0.43	0.65	0.42	0.83

G_{RT^*}：G_{RT}-G_{TR} の平均値. (山井良三郎, 1959；林業試験場, 1982から作成)

表3-3 ヤング係数とせん断弾性係数の比

樹種		密度 (g/cm³)	E_L/G_{LT}	E_T/G_{LT}	E_L/G_{LR}	E_R/G_{LR}	E_R/G_{RT}	E_T/G_{RT}
針葉樹	スギ	0.33	19.1	0.56	13.4	0.96	42.3	17.7
	トドマツ	0.35	28.4	0.91	19.3	1.90	57.5	18.7
	エゾマツ	0.39	23.8	1.03	20.9	1.61	50.3	28.2
	アカマツ	0.46	17.5	1.10	11.8	1.42	26.3	13.7
広葉樹	ブナ	0.62	15.7	0.63	11.9	0.91	4.84	2.51
	アピトン	0.66	28.4	0.63	27.5	1.53	5.15	2.07
	マカバ	0.71	17.0	—	—	—	—	—
	イチイガシ	0.84	17.0	1.03	10.2	1.23	4.71	2.38
	ヤチダモ	0.59	11.3	—	—	—	—	—
	ミズナラ	0.65	13.7	0.65	10.5	1.21	7.98	3.33
	ケヤキ	0.71	13.1	1.69	8.90	1.77	5.03	3.25

圧縮試験に基づく. (山井良三郎, 1959)

価指標などに利用される．表3-3[5)] に示すように，E_L/G_{LT} と E_L/G_{LR} は針葉樹で 20〜15，広葉樹で 15〜10 である．また，針葉樹の E_R/G_{RT} と E_T/G_{RT} は，広葉樹のそれらに比べて著しく大きい．また，近似的に $G_{LT} \approx 1.1 E_T$, $G_{LR} \approx 0.72 E_R$ となっている．

(2) 木材の弾性定数に影響する各種要因

木材の弾性定数に影響する要因は多い．この項では主たる要因として，樹木の成長に起因する要因（密度，木材構造，樹木成長）と物理的環境要因（含水率，温度・熱，繊維傾斜）の影響について述べる．

a. 密　　　度

木材は細胞壁と空隙からなる中空セル構造を持っているので，密度の影響を強く受ける．木材の弾性率と密度の関係を定量化するため，細胞壁実質と空隙の複合構造を考えた種々の複合則が検討されており，ヤング係数 E に関しては次の指数関数式または対数式による複合則が当てはまることが知られている．

$$E = \theta^n E_s \tag{3-39}$$

$$\log E = n\log \theta + \log E_s \tag{3-40}$$

ここで，θ：木材実質率，E_s：細胞壁実質のヤング係数，n：形状に関する係数である．また，木材実質率は一般に密度 d に置き換えて考えられる．

繊維方向のヤング係数に関しては，ほぼ $n = 1$ が与えられている．

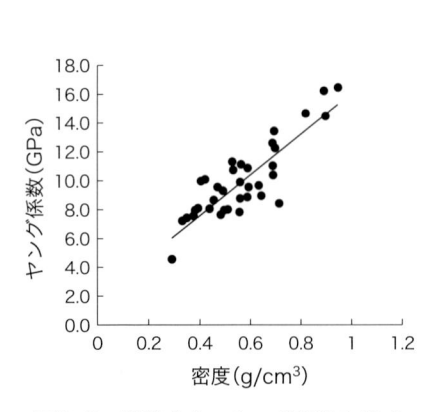

図3-8 繊維方向のヤング係数と密度の関係
日本産針葉樹・広葉樹35種類の気乾材の曲げ試験による．（中井　孝ら，1982から作成）

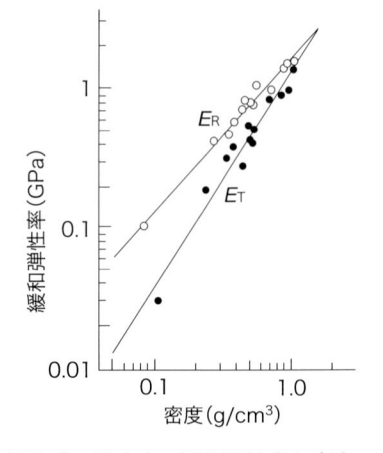

図3-9 横方向の緩和弾性率と密度の関係
E_T：接線方向，E_R：半径方向．（大釜敏正ら，1971）

$$E = \theta E_s \propto dE_s \tag{3-41}$$

実験式を基礎にした次の表記もよく用いられる．

$$E = a(d - b) = ad' \quad a, b：定数 \tag{3-42}$$

日本産針葉樹・広葉樹（35 樹種）では，図 3-8[7]に示す結果が報告されており，実験式として次式が導かれる[7]．

$$曲げヤング係数：E_b = 13.77d + 2.09 \quad \text{GPa} \tag{3-43}$$

$$圧縮ヤング係数：E_c = 13.25d + 3.97 \quad \text{GPa} \tag{3-44}$$

$$引張ヤング係数：E_t = 12.23d + 3.65 \quad \text{GPa} \tag{3-45}$$

木材の横方向の弾性率に及ぼす構造的要因は，繊維方向のそれに比べて複雑で，細胞の形状や配列，放射組織の量やマクロな年輪構造などに依存する．

(3-40)式の複合則では，図 3-9[8]に示すように形状係数 n は半径方向でほぼ 1.1，接線方向で 1.5 となる．E_s の推定値は，2.6〜2.8GPa となる．2 つの弾性率-密度曲線の交点の密度は約 1.6g/cm^3 となり，細胞壁の真密度に近い値が得られている[8]．

体積弾性係数と密度の関係を図 3-10[5]に示す．密度が大きくなると，木材は圧縮されにくくなる．広葉樹は針葉樹に比べてばらつきが大きいが，針葉樹に比べて横方向の細胞構造の差異が大きいことが要因として考えられる[5]．

b．含 水 率

木材の弾性定数は他の物理的性質と同様に水分の影響を大きく受ける．図 3-11[9]に木材（ヒノキ）の繊維方向および半径方向のヤング係数に及ぼす含水率の影響を示す．繊維飽和点以上の自由水が存在する領域では，ヤング係数はほぼ一定である．結合水の領域になると含水率の低下につれて，ヤング係数はほぼ直線的に増大する．含水

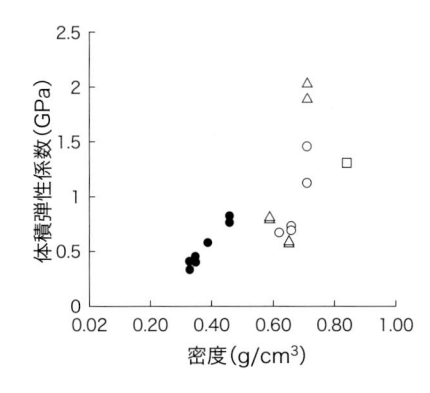

図3-10 木材の体積弾性係数と密度の関係
●：針葉樹，○：広葉樹散孔材，△：広葉樹環孔材，□：広葉樹放射孔材．（山井良三郎，1959 から作成）

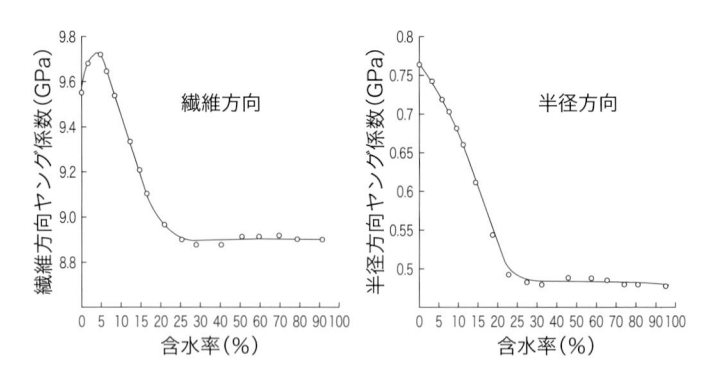

図3-11 ヤング係数に及ぼす含水率の影響
ヒノキ材，縦共振法．(梶田　茂ら，1961)

率がほぼ 10％以下になると非線形性が現れ，繊維方向のヤング係数には含水率 4 〜 5％でピークが認められる．半径方向のヤング係数にはピークは現れない[9]．含水率 10 〜 20％付近の直線域における含水率 1％当たりのヤング係数の変化は，繊維方向で約 1 〜 2（％/％）程度が知られている．

c．温　度　と　熱

　温度の上昇は，熱膨張とともに木材を構成する分子の熱運動を活発にし，ヤング係数を低下させる効果がある．繊維方向の縦圧縮ヤング係数では，$-60℃ \leq \theta \leq 60℃$ の温度範囲（気乾木材）で次の実験式がえられている（図3-12）[10]．

$$\text{アッシュ} \quad E_c = -0.0227\theta + 9.98 \quad \text{GPa} \tag{3-46}$$

$$\text{スプルース} \quad E_c = -0.0206\theta + 13.51 \quad \text{GPa} \tag{3-47}$$

　曲げヤング係数の実験式として図3-13[11]などの結果に基づき，温度 θ と密度 d を考慮した次の実験式（$-180℃ \leq \theta \leq 20℃$，含水率約 4％）が得られている[11]．

$$E_{b,\theta} = (16.57 - 0.0265\theta)d^{0.88} \quad \text{GPa} \tag{3-48}$$

　いずれの実験式でも，繊維方向のヤング係数に及ぼす温度係数は，$-0.02 \sim -0.03$ GPa/K である．この温度効果は，含水率が増加すると著しく大きくなることが知られている．

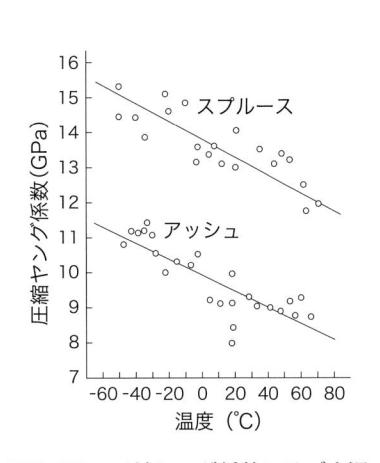

図3-12 圧縮ヤング係数に及ぼす温度の影響
（佐野益太郎, 1961）

図3-13 曲げヤング係数に及ぼす温度の影響
（都築一雄ら, 1976）

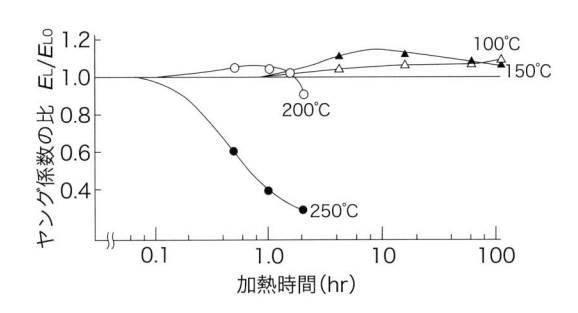

図3-14 100℃以上の熱処理時間と繊維方向ヤング係数の変化
（平井信之ら, 1972）

木材は適度な熱履歴を受けるとセルロース分子の局所的な配列の安定化によりヤング係数が増加することが知られている（図3-14）[12]．250℃以上の熱履歴では加熱初期から熱劣化が著しく，ヤング係数の増加は見られない．

d．繊維傾斜と節

弾性定数の繊維傾斜角依存性は，座標軸変換式を利用すると得られる．ここでは，実用上重要なヤング係数やせん断弾性係数の繊維傾斜依存性の式を誘導

するため,(3-34)式および(3-35)式で得られた s'_{11} および s'_{66} に工学弾性定数を代入する.

$$s'_{11} = \frac{1}{E_L'} = \frac{1}{E_L}\cos^4\theta + \left(\frac{1}{G_{LT}} - 2\frac{\nu_{LT}}{E_L}\right)\cos^2\theta\sin^2\theta + \frac{1}{E_T}\sin^4\theta \quad (3\text{-}49)$$

$$s'_{66} = \frac{1}{G_{LT}'} = \left(\frac{1}{E_L} + \frac{1}{E_T} + 2\frac{\nu_{LT}}{E_L}\right)\sin^2 2\theta + \frac{1}{G_{LT}}\cos^2 2\theta \quad (3\text{-}50)$$

図 3-15[13]にヤング係数の繊維傾斜角依存性の実験値と計算値の比較を示す.両者はよく一致している[13].図 3-16 に,せん断弾性係数とヤング係数の繊維傾斜,または年輪傾斜の依存性をスギ材について表 3-2 の弾性定数から計算した結果を示す.

さらに,(3-49)式で $\theta = 45°$ として式を展開し,せん断弾性係数の式を得る.

$$\frac{1}{G_{LT}} = \frac{4}{E_{LT,\,45}} - \left(\frac{1}{E_L} + \frac{1}{E_T} - 2\frac{\nu_{LT}}{E_L}\right) \quad (3\text{-}51)$$

この式から,せん断弾性係数は,3 方向のヤング係数(E_L, E_T, $E_{LT,\,45}$)とポアソン比(ν_{LT})から求めることができる.引張試験や曲げ試験のみから,

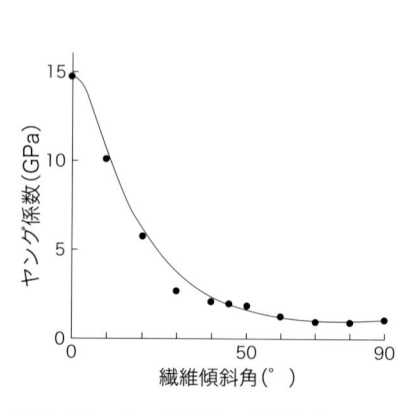

図3-15 ヤング係数の繊維傾斜依存性
●:実験値,――:計算値.スプルース材 LR 面,全乾状態,4mmHg.(石原 浄ら,1978)

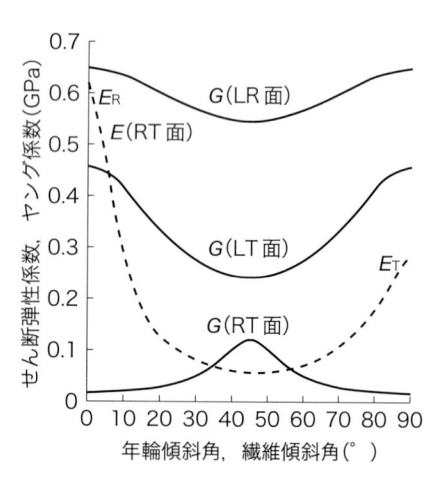

図3-16 せん断弾性係数の繊維(年輪)傾斜角依存性
表 3-2 の弾性定数(スギ)を用いた計算値.

せん断弾性係数を求める方法として知られている．また，この式において，ポアソン比 ν_{LT}, $\nu_{LR} \approx 0.5$ と仮定し，$E_{LT, 45} \approx 2.2E_T$, $E_{LR, 45} \approx 1.7E_R$[5] を代入すると，概略 $G_{LT} \approx 1.2 E_T$, $G_{LR} \approx 0.7E_R$ の関係が得られる．

節は，その周辺で繊維の迂回による局所的な繊維傾斜が生じた構造と考えられるので，ヤング係数の低下をもたらす．図3-17[14] は，曲げ応力下にある有節の木材のヤング係数の低減を有限要素法によって計算した結果である

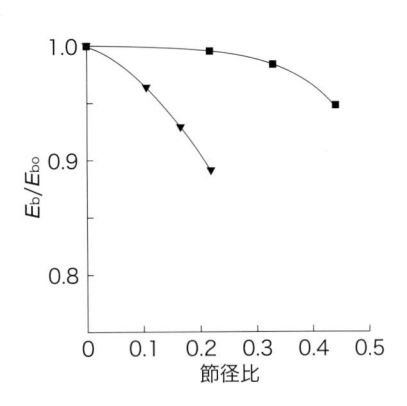

図3-17 曲げヤング係数に及ぼす節径比の影響

■：中央の節, ▼：外縁の節．（増田 稔ら, 1994）

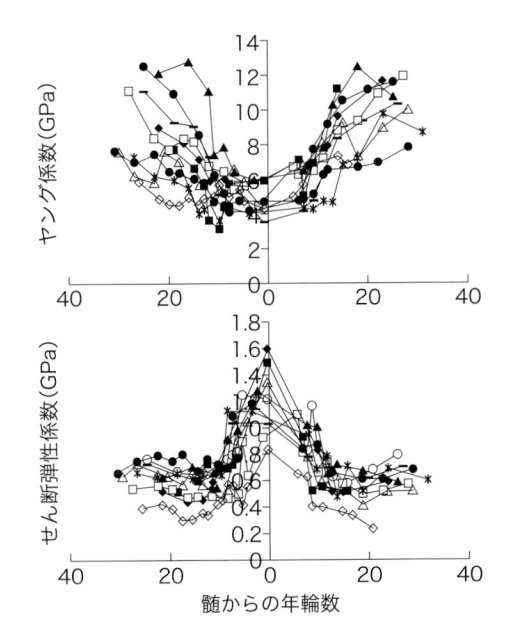

図3-18 スギ樹幹内の半径方向におけるヤング係数とせん断弾性係数の分布
（祖父江信夫ら, 2003）

[14)]. 節径比の増加につれてヤング係数は低下し，中央の節に比べ外縁の節の方が影響は大きい．

e．樹木の成長と木材構造

スギ樹幹の半径方向におけるヤング係数とせん断弾性係数の分布を図3-18[15)]に示す．ヤング係数は未成熟材では小さく，成熟材に向けて大きくなる．一方，せん断弾性係数は，これとは逆の分布を示す[15)]．この変動には，樹幹の成長に伴うミクロフィブリル傾角の変化が深く関係している．図

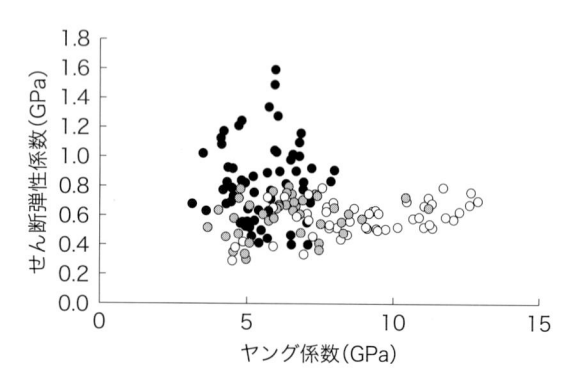

図3-19 スギ樹幹内の異なる部位におけるヤング係数とせん断弾性係数
●：10年輪内，◐：移行部，○：辺材．（祖父江信夫ら，2003）

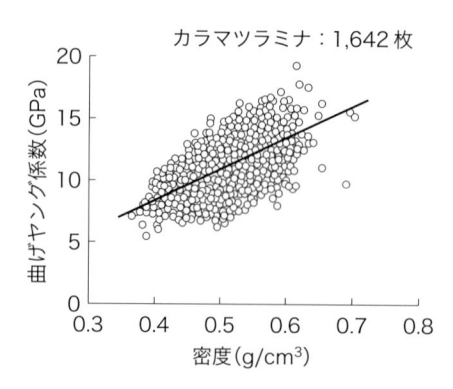

図3-20 構造用集成材ラミナの曲げヤング係数と密度の関係
カラマツ人工乾燥材．（橋爪丈夫ら，1997）

3-19[15)]に，スギ樹幹内の異なる部位におけるヤング係数とせん断弾性係数の関係を示す．図では，辺材部，10年輪までの樹心部，その間の移行部に分けて両者の関係を示している．樹心部ではヤング係数は小さい範囲に偏り，せん断弾性係数は広く分布している．一方，辺材部ではヤング係数は広い範囲に分布し，せん断弾性係数は小さく狭い範囲に偏っ

ている．樹幹内における弾性定数の分布は成長との関係が深い．

また，産業レベルにおける構造用集成材のラミナでは，材質の異なる丸太からの採取，樹幹内の採取位置の違い，節などの欠陥，製材時の繊維傾斜などの要因が重畳するため，曲げヤング係数を大量に計測すると，図3-20[16]のようにおよそ密度に比例する傾向が見られるが，分散はかなり大きいことがわかる[16]．

2. 粘 弾 性

1) 線型粘弾性理論

木材に外部刺激（stress）として荷重あるいは変形を与えると，応答（response）として，変形あるいは応力を生じる．このとき，外部刺激を一定に保つと応答は時間とともに減少する．また，周期的刺激に対して位相の遅れを生じる．これは，木材が弾性（elasticity）とともに粘性（viscosity）を有していることによると考えられる．粘弾性（viscoelastisity）を有した材料の力学挙動の解析には，線型粘弾性理論（linear viscoelastic theory）が用いられる．この理論は，線型が保証される微小な変位あるいは応力の範囲内での力学挙動を取り扱う．

粘弾性理論は力学特性が粘性と弾性からなるとして解析する．応力 σ とひずみ ε との関係がHookeの法則に従うとき，その係数 E を弾性率（elastic modulus）という．応力とひずみ速度との関係がNewtonの粘性流動則に従うとき，その係数 η を粘性率という．

$$\sigma = E\varepsilon \quad (\text{Hookeの法則}) \qquad (3\text{-}52)$$

$$\sigma = \eta \frac{d\varepsilon}{dt} \quad (\text{Newtonの粘性流動則}) \qquad (3\text{-}53)$$

粘弾性理論は上記の2つの特性の寄与を考慮して体系づけられたものである．

線型粘弾性理論の諸式は，弾性をスプリング，粘性をダッシュポットに対応

させ，これを組み合わせた力学モデルを用いて導出できる．より一般的には，因果律（causality）とBoltzmannの重畳原理（Boltzmann superposition principle）に基礎を置く刺激応答理論（excitation-response theory）に基づいて導出される[1]．さらに，粘弾性は粘性項を含む不可逆過程（irreversible process）であり，熱力学的観点から基礎づけることが可能である[2-4]．

木材に対する線型粘弾性理論の適用の可否が，まず検討されなければならない．これに関して，山田，竹村，梶田[5,6]はLeadermanの方法を用いてブナ気乾材に関して曲げの場合について，Boltzmannの重畳原理が成立することを検討し，木材への線型粘弾性理論の適用可能性を明らかにした．複雑な成分構成と高次構造を有する木材において，線型粘弾性理論が適用可能であることには微小変形という条件が大きく寄与している．この条件により，高次構造の形態変化などが無視できるからである．変形量が比較的大きい条件下での適用には十分注意する必要がある．また，無定形高分子では時間温度換算則が成立し，幅広いタイムスケールでの検討が統一的に可能であるが，木材ではその適用は無条件ではない[7]．

(1) 力学モデルによる記述

緩和現象(relaxation phenomenon)を粘性と弾性とで記述できると仮定して，それぞれをダッシュポットとスプリングで表し，力学緩和（mechanical relaxation）をこれらを利用して記述することを試みる．ここでは，単一の特性時間（緩和時間，遅延時間：後述）の場合について考える．以下においては，一定ひずみあるいは応力の下で測定して得られる静的粘弾性（static viscoelasticity）と，動的なひずみあるいは応力の下で測定して得られる動的粘弾性（dynamic viscoelasticity）について述べる．静的粘弾性には，応力緩和とクリープとがある．

a. 応 力 緩 和

応力緩和は，一定のひずみ（strain）εが与えられたとき応力（stress）σが減少していく現象である．この現象を力学モデルを用いて定性的に表現する

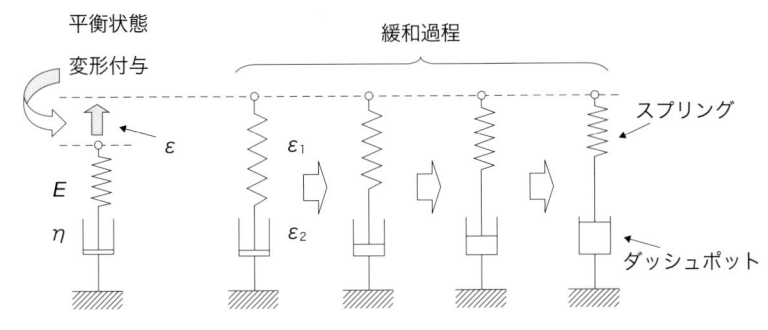

図3-21 一定変形下での応力の変化過程

と図 3-21 のようである．スプリングとダッシュポットを直列に結合した力学モデルを Maxwell モデルという．瞬間的に与えられたエネルギーをスプリングが貯蔵し，その後ダッシュポットの変形により緩和する様子を示している．ダッシュポットは，時間的ひずみに直ちに応答できない．

前図の現象を定式化する．時間 $t = 0$ において ε なるひずみが作用し，σ_0 なる応力が生じるとする．スプリングとダッシュポットのひずみをそれぞれ ε_1 と ε_2 とする．このとき，両者に作用する応力が同じ σ であることを考慮すると，下式が成立する．

$$\sigma = E\varepsilon_1 \tag{3-54}$$

$$\sigma = \eta \frac{d\varepsilon_2}{dt} \tag{3-55}$$

$$\varepsilon = \varepsilon_1 + \varepsilon_2 \tag{3-56}$$

(3-56)式を t で微分すると，

$$\frac{d\varepsilon}{dt} = \frac{d\varepsilon_1}{dt} + \frac{d\varepsilon_2}{dt} = 0 \quad (\because \varepsilon = \text{一定}) \tag{3-57}$$

(3-54)式から得られる $d\varepsilon_1/dt = (1/E)d\sigma/dt$ と (3-55)式から得られる $d\varepsilon_2/dt = \sigma/\eta$ を (3-57)式に代入すると，

$$\frac{1}{E}\frac{d\sigma}{dt} + \frac{\sigma}{\eta} = 0 \tag{3-58}$$

この微分方程式を解くと，応力は時間の関数として次式のように得られる．

$$\sigma(t) = \sigma_0 \exp\left(-\frac{t}{\tau}\right) \tag{3-59}$$

ここで，応力σ_0：初期ひずみεを与えたときの応力，$\tau = \eta/E$である．τを緩和時間（relaxation time）という．

τはη/Eとして定義される量であるが，時間のディメンジョン（単位）を有している．$t = 0$のときの弾性率をE_0（$= \sigma_0/\varepsilon$）とすると，(3-59)式から次式を得る．$E(t)$を緩和弾性率（relaxation modulus）という．

$$E(t) = E_0 \exp\left(-\frac{t}{\tau}\right) \tag{3-60}$$

(3-59)式において$t = \tau$とすると，応力$\sigma(\tau) = \sigma_0/e$を得る．すなわち，緩和時間$\tau$は応力が初期ひずみ$\varepsilon$を与えたときの応力$\sigma_0$が$1/e$になるまでの時間である．この時間はその材料固有の緩和特性を表す物理量である．

b. クリープ

クリープ（creep）は，一定応力が与えられたとき，ひずみが時間とともに増大する現象である．この現象はスプリングとダッシュポットを並列に結合したVoigtモデルで記述される．

今，一定応力σが付与されひずみεが生じたVoigtモデルを考える．このとき，Voigtモデルではスプリングとダシュポットはともにεのひずみ量となる．

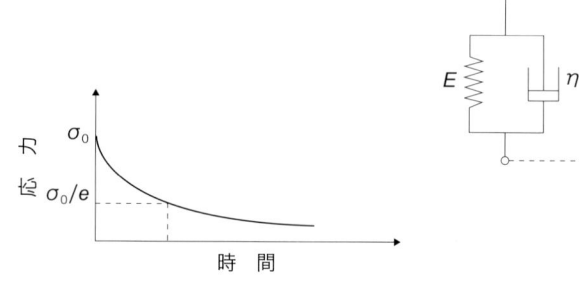

図3-22 Maxwellモデルによる応力緩和

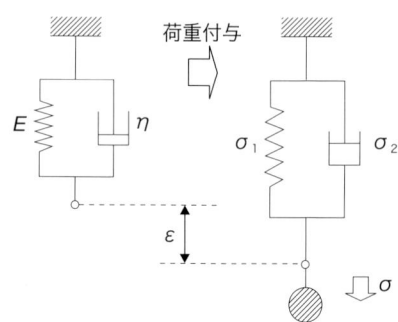

図3-23 Voigtモデルによるクリープ

それぞれにかかる応力をσ_1, σ_2とすると,次式が成立する.

$$\sigma_1 = E\varepsilon \quad (3\text{-}61)$$

$$\sigma_2 = \eta\frac{d\varepsilon}{dt} \quad (3\text{-}62)$$

$$\sigma = \sigma_1 + \sigma_2 \quad (3\text{-}63)$$

(3-61)式〜(3-63)式から,$\sigma = E\varepsilon + \eta(d\varepsilon/dt)$であるから,

$$\eta\frac{d\varepsilon}{dt} = -E\left(\varepsilon - \frac{\sigma}{E}\right) \quad (3\text{-}64)$$

これを解き,$t=0$のとき$\varepsilon=0$であること,さらに$t\to\infty$のとき$\varepsilon_\infty = \sigma/E$と書くと,(3-64)式から次式を得る.

$$\varepsilon(t) = \varepsilon_\infty\left[1 - \exp\left(-\frac{t}{\lambda}\right)\right] \quad (3\text{-}65)$$

ここで,$J(t) = \varepsilon(t)/\sigma$としてクリープコンプライアンス(creep compliance)を定義し,$t\to\infty$のときの$J(t)$をJ_∞と書くと,

$$J(t) = J_\infty\left[1 - \exp\left(-\frac{t}{\lambda}\right)\right] \quad (3\text{-}66)$$

ここで,$\lambda = \eta/E$である.λを遅延時間(retardation time)という.遅延時間λは$J(t)$が$J[1-\exp(-1)]$に等しくなるまでの時間である.λは,緩和時間τと同様に,クリープ特性を表す特性時間である.

c. 動的粘弾性

ⅰ)力学的インピーダンス 力学モデルを用いて動的挙動を定式化するには,複素表現で得られる力学的インピーダンス(mechanical impedance, 後述)を用いると容易である.そこで,周期的な正弦的応力(sinusoidal stress)が作用し周期的ひずみの応答について複素平面上で考える.

粘弾性体の場合には,正弦応力**σ**を与えたとき,応答であるひずみ**ε**は同じ正弦ひずみであるが位相が遅れる(**太字**表示の物理量は複素平面上のベクトルで表される物理量を表す).この位相の遅れをδとする.オイラーの表現を用いて,**σ**および**ε**の虚数部(imaginary part)がそれぞれ応力とひずみを表す

とすれば，次式のように表現できる．

$$\boldsymbol{\sigma} = \sigma_0 e^{i\omega t} = \sigma_0 (\cos\omega t + i\sin\omega t) \tag{3-67}$$

$$\boldsymbol{\varepsilon} = \varepsilon_0 e^{i(\omega t - \delta)} = \varepsilon_0 [\cos(\omega t - \delta) + i\sin(\omega t - \delta)] \tag{3-68}$$

ここで，$\boldsymbol{\varepsilon}$ の時間微分を $\dot{\boldsymbol{\varepsilon}}$ と書くと，

$$\dot{\boldsymbol{\varepsilon}} = \omega \varepsilon_0 \left[\cos\left(\omega t - \delta + \frac{\pi}{2}\right) + i\sin\left(\omega t - \delta + \frac{\pi}{2}\right)\right]$$

$$= \omega \varepsilon_0 e^{i(\omega t - \delta + \pi/2)} = e^{i(\pi/2)} \cdot \omega \cdot \varepsilon_0 e^{i(\omega t - \delta)} = i\omega \boldsymbol{\varepsilon} \tag{3-69}$$

すなわち，$\boldsymbol{\varepsilon}$ と $\dot{\boldsymbol{\varepsilon}}$ とは直角である．

今，複素平面上で $\boldsymbol{\sigma}$ なる応力（角速度 ω）が作用し，位相が δ 遅れた $\boldsymbol{\varepsilon}$ なる動的ひずみの応答があったとする．このとき，複素平面上の応力とひずみとの関係は図 3-24 のように表される．なお，応力は複素平面上の任意の 2 つの成分に分けることが可能であるので，応力 $\boldsymbol{\sigma}$ をひずみ $\boldsymbol{\varepsilon}$ とひずみ速度 $\dot{\boldsymbol{\varepsilon}}$ との方向に分解し，下記の量を定義する．

$$\boldsymbol{\sigma} = [\text{ひずみと同位相成分} \boldsymbol{\sigma}'] + [\text{ひずみと直角方向成分} \boldsymbol{\sigma}'']$$

$$= E_1 \boldsymbol{\varepsilon} + \eta_1 \dot{\boldsymbol{\varepsilon}} = (E_1 + i\omega \eta_1) \boldsymbol{\varepsilon} \tag{3-70}$$

$$= (E_1/i\omega) \dot{\boldsymbol{\varepsilon}} + \eta_1 \dot{\boldsymbol{\varepsilon}} = (\eta_1 + E_1/i\omega) \dot{\boldsymbol{\varepsilon}} \tag{3-71}$$

上式から，応力とひずみとを結び付ける量 $(E_1 + i\omega \eta_1)$ あるいはひずみ速度と結び付く $(\eta_1 + E_1/i\omega)$ が力学特性を表す量となることがわかる．そこで，

$$\boldsymbol{Z} \equiv \eta_1 + \frac{E_1}{i\omega} \tag{3-72}$$

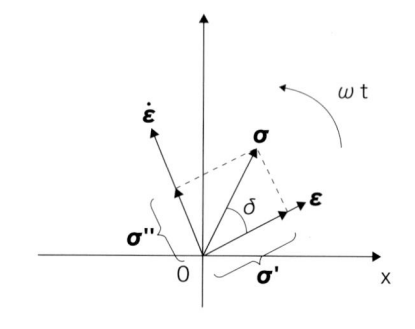

図3-24 複素平面状での動的ひずみに対する応力の応答
$\boldsymbol{\sigma}$：応力，$\boldsymbol{\varepsilon}$：ひずみ，$\dot{\boldsymbol{\varepsilon}}$：ひずみ速度，$\boldsymbol{\sigma}'$：応力の $\boldsymbol{\varepsilon}$ 方向成分，$\boldsymbol{\sigma}''$：応力の $\dot{\boldsymbol{\varepsilon}}$ 方向成分，δ：ひずみに対する応力の位相の遅れ．

とおくと，

$$\boldsymbol{\sigma} = \boldsymbol{Z}\dot{\boldsymbol{\varepsilon}} \quad (3\text{-}73)$$

を得る．ここで，$\boldsymbol{Z}$ を力学的インピーダンスと定義する．インピーダンスとは「妨げる」の意味であり，「抵抗」である．電気回路理論との対応で，$\boldsymbol{Z}$ はこのように定義された．ここで，$E_1 \equiv \omega \eta_2$ として，

$$\boldsymbol{Z} \equiv \eta_1 + \frac{E_1}{i\omega} = \eta_1 - i\eta_2 \equiv \boldsymbol{\eta} \quad (3\text{-}74)$$

と表し，これを動的粘性率（dynamic viscosity）を定義すると，下式を得る．

$$\boldsymbol{\sigma} = \boldsymbol{\eta}\dot{\boldsymbol{\varepsilon}} \quad (3\text{-}75)$$

この式は複素数表現した Newton 粘性式である．$\boldsymbol{Z}$ は粘性の内容を持つ．
(3-70)式において $E_2 \equiv \omega \eta_1$ と定義すれば，$\boldsymbol{E} = E_1 + iE_2$ が定義される．このとき，

$$\boldsymbol{\sigma} = \boldsymbol{E}\boldsymbol{\varepsilon} \quad (3\text{-}76)$$

の関係が成立する．この式は複素数表現した Hooke の式である．$\boldsymbol{E}$ は複素弾性率と呼ばれる量である．同様に，$\boldsymbol{E}$ の逆数として動的コンプライアンス $\boldsymbol{J}$ も定義できる．なお，ここでは複素弾性率を複素平面上のベクトルとして取り扱っており $\boldsymbol{E}$ として表現しているが，一般には複素弾性率は E^* と表される．

　以上のインピーダンスの定義にふまえて，力学モデル要素（スプリングとダッシュポット）のインピーダンスを考える．弾性要素であるスプリングでは，応力とひずみには位相の遅れがないから弾性率はスカラーとなり，(3-76)式は $\boldsymbol{\sigma} = E\boldsymbol{\varepsilon}$ と表される．ここで $\boldsymbol{\sigma} = \boldsymbol{Z}\dot{\boldsymbol{\varepsilon}}$ および $\dot{\boldsymbol{\varepsilon}} = i\omega \boldsymbol{\varepsilon}$ の関係を考慮すると，$E = i\omega \boldsymbol{Z}$ を得る．すなわち，スプリングの力学的インピーダンスは，

$$\boldsymbol{Z} = \frac{E}{i\omega} \quad (3\text{-}77)$$

で表される．他方，粘性要素であるダッシュポットの力学的インピーダンスは，(3-72)式の定義から，粘性のみとして

$$\boldsymbol{Z} = \eta \quad (3\text{-}78)$$

で与えられる．

ii）力学モデルによる動的挙動　力学的インピーダンスと力学モデルを用いて動的挙動を定式化するとき，全体の力学的インピーダンス **Z** を計算する規則が必要である．力学的インピーダンスの計算は，結合様式によって下記の規則に従う．直列結合では下式に従い，

$$\frac{1}{\mathbf{Z}} = \frac{1}{\mathbf{Z}_1} + \frac{1}{\mathbf{Z}_2} \tag{3-79}$$

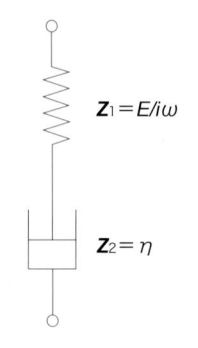

図3-25 Maxwellモデルの力学要素のインピーダンス

並列結合では下式に従う．

$$\mathbf{Z} = \mathbf{Z}_1 + \mathbf{Z}_2 \tag{3-80}$$

この計算方法は複合則と同じである．2個以上の場合も同じ手順である．

動的測定の多くは動的ひずみを与え応答として応力を測定する．これまでの議論にふまえて，Maxwellモデル（図3-25）に周期的なひずみが与えられたときの応答を考える．単一緩和時間を有する場合である．

スプリングとダッシュポットの力学的インピーダンスは前述の通りであるから，先に述べた計算方法に従うならば，直列結合であるから，

$$1/\mathbf{Z} = 1/\mathbf{Z}_1 + 1/\mathbf{Z}_2$$
$$= 1/(E/i\omega) + 1/\eta$$
$$= i\omega/E + 1/\eta \tag{3-81}$$

したがって，

$$\mathbf{Z} = \frac{1}{(i\omega/E) + 1/\eta} = \frac{1}{(E + i\omega\eta)/E\eta} = \frac{E\eta}{(E + i\omega\eta)}$$

$$= \frac{\eta}{1+(\omega\tau)^2} - i\frac{(E/\omega)(\omega\tau)^2}{1+(\omega\tau)^2} \quad (\tau = \eta/E) \tag{3-82}$$

先に定義したように $\mathbf{Z} \equiv \boldsymbol{\eta} \equiv \eta_1 + E_1/i\omega = \eta_1 - i\eta_2$ であるから，$\eta_1 = \eta/(1+(\omega\tau)^2)$ および $E_1/i\omega = -iE_1/\omega = -i(E/\omega)(\omega\tau)^2/(1+(\omega\tau)^2)$ である．さらに，$E_2 \equiv \omega\eta_1$ を考慮すると，得られたMaxwellモデルの力学的インピーダンスから下式を得る．

$$\left\{\begin{array}{l} \eta_1 = \dfrac{\eta}{1+(\omega\tau)^2} \hfill (3\text{-}83) \\[2mm] E_1 = \dfrac{E(\omega\tau)^2}{1+(\omega\tau)^2} \hfill (3\text{-}84) \\[2mm] E_2 = \dfrac{E\omega\tau}{1+(\omega\tau)^2} \quad (\because\ E_2 = \omega\eta_1) \hfill (3\text{-}85) \end{array}\right.$$

η_1, E_1, E_2 は, それぞれ, 動的粘性係数 (dynamic viscosity), 貯蔵弾性率 (dynamic elastic modulus), 損失弾性率 (dynamic loss modulus) という. また, $E = |\boldsymbol{E}|$ である. E_1 と E_2 との比を損失正接 (loss tangent) といい $\tan\delta = E_2/E_1$ で示される. $\tan\delta$ は力学的エネルギーが熱エネルギーとして失われる程度の尺度である. その値が大きいほど熱エネルギーとしての損失が大きい.

以上のa.〜c.の議論では, 力学モデルを用いて静的あるいは動的粘弾性現象を定式化した. しかし, 導入された力学モデルのスプリングやダッシュポットを用いる必然性はない. その意味で力学モデルを用いた議論は任意性があり厳密ではない. 以下に述べる刺激応答理論に基づく議論は, いくつかの仮定の下で議論されるが, より厳密である. この議論の結果と力学モデルの結果の一致が力学モデルを用いた議論の妥当性を保証している.

(2) 刺激応答理論に基づく記述
a. 応答関数

今, 系において下記のことを仮定する. ①因果律 (causality): 結果は与えられた刺激のあとに生じる. ②線型性 (linearity): X_1, X_2 の刺激が与えられたとき Y_1, Y_2 の応答が生じるとき, $(X_1 + X_2)$ の刺激に対しては $(Y_1 + Y_2)$ の応答が生じる. すべての刺激および応答の関係は, これらの仮定のもとに一般性を持って議論できる.

今, $t' \sim (t' + \Delta t')$ の時間 $\Delta t'$ の間に与えられた刺激 $\Delta X(t')$ に対して生じた応答 ΔY を考える. このとき, 線型性から両者の関係は下記のように書ける.

$$\Delta Y(t) = C(t - t')\Delta X(t') \hfill (3\text{-}86)$$

ここで，C は $(t-t')$ のみの関数である．これを応答関数（response function）という．ここで，Boltzmann の重畳原理を仮定すると，任意の刺激 $X(t')$ に対する応答 $Y(t)$ は次式で記述することができる．

$$Y(t) = \int_{-\infty}^{t} C(t-t') \frac{dX(t')}{dt'} dt' \tag{3-87}$$

部分積分すると，

$$Y(t) = C(0)X(t) - \int_{-\infty}^{t} \frac{dC(t-t')}{dt'} X(t') dt' \tag{3-88}$$

積分の下限値は，因果律から $t < t'$ のとき $C(t-t') = 0$ を考慮した．刺激を与えた時刻 t' より以前の時刻 t では応答は生じず，そのとき $C = 0$ である．ここで，$dC(t-t')/dt'$ は以前に受けた刺激の影響がどの程度残存しているかを示す正の関数，すなわち単調減少関数である．

前記の議論は，系に対して t 以前のそれぞれの時刻 t' において刺激 $X(t')$（例えば応力あるいはひずみ）が与えられたとき，その後の時刻 t での応答 $Y(t)$（ひずみあるいは応力）は，t 以前のそれぞれの時刻 t' における刺激に対する応答の重ね合せとして記述できることを意味する．刺激の影響は互いに独立である．このとき，系の特性は応答関数 $C(t)$ で特徴付けられる．すなわち，系の特性を知ることは $C(t)$ を導出することに帰着する．これについて，以下 b. と c. において見ていく．

b．静的刺激と応答関数

$t = 0$ において刺激 $X(t)$ として一定ひずみ ε_0 が与えられたとき，応答 $Y(t)$ である応力 $\sigma(t)$ を考える．これは応力緩和である．このとき，(3-88)式において

$$X(t) = \varepsilon_0 \quad (\varepsilon = \varepsilon_0 \ (t \geq 0), \ \varepsilon = 0 \ (t < 0)) \tag{3-89}$$

とすると，応答 $\sigma(t)$ は下式で与えられる．

$$\sigma(t) = \left\{ C(0) - \int_{-\infty}^{t} \frac{dC(t-t')}{dt'} dt' \right\} \varepsilon_0$$

$$= E(t)\varepsilon_0 \tag{3-90}$$

(3-90)式において，$E(t)$ は時間とともに変化する弾性率を表しており，拡張されたHookeの弾性率である．$E(t)$ は緩和弾性率であり，(3-90)式からわかるように次式で与えられる．

$$E(t) = C(0) - \int_{-\infty}^{t} \frac{dC(t-t')}{dt'} dt' \tag{3-91}$$

ここで，十分急激にひずみを与えたときを考える．(3-91)式の第二項の積分区間の上限は0であるから，第二項は0となり，$E(0) = C(0)$ である．この変形直後の弾性率 $E(0)$ を瞬間弾性率という．第二項の $dC(t-t')/dt'$ は正の単調減少関数であり，時間 t ともに増大するから，$E(t)$ は時間とともに単調減少する．

力学モデルによる導出では，最も単純な力学モデルであるダッシュポットとスプリングを組み合わせた直列モデル（Maxwellモデル）用いて緩和弾性率を導出できる．このとき，$E(t)$ は次式で与えられる．

$$E(t) = E(0)\exp[-t/\tau] \tag{3-92}$$

先の議論と同じく，この関数は単調減少関数である．一定ひずみのもとでの緩和挙動は，$E(t)(=C(t))$ で特徴付けられる．他方，クリープの場合も同様の手順で，(3-88)式から次式を得る．

$$\varepsilon(t) = \left\{ D(0) - \int_{-\infty}^{t} \frac{dD(t-t')}{dt} dt' \right\} \sigma_0 = J(t)\sigma_0 \tag{3-93}$$

$D(t)$ は $C(t)$ と同様に定義した異なる応答関数である．$J(t)$ はクリープコンプライアンスである．ダッシュポットとスプリングを組み合わせた並列モデル（Voigtモデル）は $J(t)$ を次式で与える．

$$J(t) = J(\infty)[1 - \exp(-t/\lambda)] \tag{3-94}$$

λ は遅延時間といい，クリープ挙動を特徴付ける．

c．動的刺激と応答関数

次式で記述される周期的に変化する刺激を考える．

$$X(t) = X_0 \cos(i\omega) = \mathcal{R}\, X_0 \exp[i\omega t] \quad (\omega：周波数) \tag{3-95}$$

ここで，$\mathcal{R}$：実部をとる意味の記号である．

線形を考慮すると，これに対する応答は次式で表される．

$$Y(t) = \mathcal{R}\, C^* X(t) = \mathcal{R}\, (C_1 + iC_2) X_0 \exp[i\omega t] \tag{3-96}$$

ここで，*：複素数（complex number）を表す．

すなわち，$X(t) = X_0 \exp[i\omega t]$ なる刺激に対する応答 $Y(t) = Y_0^* \exp[i\omega t]$ の導出において，その実数部（real part）が物理的意味を有する．

今，

$$Y(t) = C^*(i\omega) X(t) \tag{3-97}$$

とおく．ここで，(3-96)式から

$$C^*(i\omega) = \frac{Y_0^*}{X_0} \tag{3-98}$$

である．以上の議論にふまえ，(3-87)式を考慮すると，次式を得る．

$$Y_0^* \exp[i\omega t] = \int_{-\infty}^{t} C(t-t') X_0 i\omega \exp[i\omega t'] dt'$$

$$= (X_0^* \exp[i\omega t]) i\omega \int_{0}^{\infty} C(\tau) \exp[-i\omega \tau] d\tau \quad (t-t' = \tau) \tag{3-100}$$

(3-96)式と(3-100)式から，次式を得る．

$$C^*(i\omega) = C_1 + iC_2 = i\omega \int_{-\infty}^{t} C(t) \exp[-i\omega t] dt \tag{3-101}$$

すなわち，先の応答関数の議論において，$X(t)$ を周期的ひずみ $Y(t)$ を周期的応力と見ることによって $C^*(i\omega)$ を得る．(3-101)式は，動的挙動を特徴付

ける $C^*(i\omega)$ が応答関数 $C(t)$ によって決定されることを意味している.

刺激としてひずみ $\varepsilon = \varepsilon_0 \exp[i\omega t]$, 応答としての応力が $\sigma(t) = \sigma_0^* \exp[i\omega t]$ であるとき,力学モデル Maxwell モデルを考える.このとき,応答振幅 σ_0^* は一般に複素数である.よく知られているように,このモデルでは $d\sigma/dt = E \cdot d\varepsilon/dt - \sigma$ が成立するから,これにひずみと応力を代入すると次式を得る.

$$\frac{\sigma_0^*}{\varepsilon_0} = E^*(i\omega) = \frac{i\omega\tau}{1+i\omega\tau}E = \frac{\omega^2\tau^2}{1+\omega^2\tau^2}E + i\frac{\omega\tau}{1+\omega^2\tau^2}E \quad (3\text{-}102)$$

この結果は,当然であるが(3-84)式と(3-85)式に一致する.なお,$E^*(i\omega) = C^*(i\omega)$ である.

(3) 力学緩和と熱力学

a. 緩和過程の熱力学的記述

前記の議論を熱力学的観点から考える.対象とする系(例えば木材試片)の外部条件を一定にして十分長い時間経過すると,系は外部条件と釣り合った状態になる.これを熱平衡状態(thermal equilibrium)という.この系を平衡状態からわずかに離れた状態にもっていき放置すると,系は再び平衡状態に近付いていく.これを緩和という.熱平衡にある系は,外部から規定された条件によってその状態を外部変数で記述できる.しかし,平衡からずれている系は,それに加えて内部状態を記述する内部変数が必要である.例えば秩序度などである.静的あるいは動的な粘弾性挙動は,力学的な平衡状態からわずかに離れた非平衡状態(nonequilibrium)にある系が力学的平衡状態へ移行する現象,すなわち緩和現象の1つである.

先に刺激と応答の関係において応答関数を決定することで,系の特性を知ることができることを示した.このとき,刺激に対する応答が内部の状態が反映されたものと考えると,刺激と応答との関係は内部の状態 ξ に関する知見を与える(図3-26).

熱平衡状態では,外部と平衡状態にあるのだから ξ は外部変数のみで決定される値 ξ_0 をとる.他方,非平衡状態では ξ は ξ_0 と異なる値を有する.そし

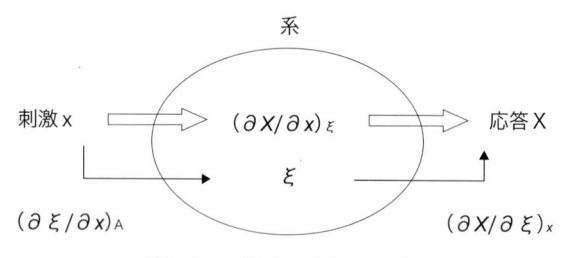

図3-26 刺激,応答と秩序度

て,時間とともに平衡値 ξ_0 に近付く.今,内部変数 ξ が1つ,外部変数が温度 T,応力 X の2つである単純な系の緩和過程を考える.一般的物質はさまざまな緩和過程を有するが,ここではただ1つの緩和過程を考えることにする.このとき,次式が成立すると考えてよいであろう.

$$\frac{d\xi}{dt} = -\frac{\xi - \xi_0}{\tau} \tag{3-103}$$

これを解くと下式を得る.

$$\xi - \xi_0 = (\xi - \xi_1)\exp\left[-\frac{t}{\tau}\right] \tag{3-104}$$

ξ_1 は $t=0$ での ξ である.すなわち,緩和過程は指数関数的である.

単位体積の系において,力学仕事のみを考えると系の自由エネルギーは

$$G = U - TS - Xx$$

ここで,G:自由エネルギー,U:内部エネルギー,S:エントロピー,X:応力,x:ひずみである.

と記述できる.ここで,弾性的微小仕事 Xdx を考えると,$U = TS + Xx$ であり,$dU = TdS + SdT + Xdx + xdX$ であることを考慮すると,$dG = -SdT - xdX$ を得る.しかし,不可逆過程(irreversible process)である緩和過程では,さらに内部変数の変化 $d\xi$ を考慮する必要がある.したがって,

$$dG = -SdT - xdX - Ad\xi \tag{3-105}$$

前式において A は親和力(affinity)である.熱平衡条件は $A \equiv -(dG/d\xi)_{T,X} = 0$ で与えられる.すなわち,A は平衡に引き戻そうとする復元力の意味を有

する.

今, ξ が ξ_0 に近付く速さが親和力に比例すると仮定し, $d\xi/dt = LA$ (L:定数) と書くことにする. さらに, A を ξ_0 の近傍で考えると, $A = (\partial A/\partial \xi)(\xi - \xi_0) = \phi(\xi - \xi_0)$ であるから, 次式を得る.

$$\frac{d\xi}{dt} = L\phi(\xi - \xi_0) \quad (\phi > 0) \tag{3-106}$$

ここで, ϕ：平衡に引き戻すバネ定数と見なせる定数である.

ここで, (3-103)式との比較から,

$$\tau = -\frac{1}{L\phi} \tag{3-107}$$

式は, ϕ の値が小さいほど緩和時間 τ が長くなることを示している. すなわち, 緩和時間が長いということは, 平衡に戻りにくいことを示している.

b．静的粘弾性の熱力学

以上の熱力学的議論にふまえて, 静的緩和過程を考える. 温度一定のもとでひずみが与えられたとき, (3-105)式は次式となる.

$$dG = -xdX - Ad\xi \tag{3-108}$$

応力 X はひずみ x と内部変数 ξ との関数であるから, 次式のように書くことができる.

$$\delta X = \left(\frac{\partial X}{\partial \xi}\right)_x \delta\xi + \left(\frac{\partial X}{\partial x}\right)_\xi \delta x \tag{3-109}$$

ここで, δ：変分の意である.

今, 一定ひずみ $\hat{x}$ を $t = 0$ で与えた場合を考える. 応力緩和である. (3-109)式において, 変分 δX を $\delta X = X - X_0$ のように書くことにすると,

$$(X - X_0) = \left(\frac{\partial X}{\partial \xi}\right)_x (\xi - \xi_0) + \left(\frac{\partial X}{\partial x}\right)_\xi (\hat{x} - x_0) \tag{3-110}$$

前式の第二項は ξ に関係なくひずみ $\hat{x}$ によって生じる部分であるから時間に対して独立である. したがって, 時間で前式の辺々を微分すると $dX/dt = (\partial X/\partial \xi)_x (d\xi/dt)$ であり, さらに (3-103)式を考慮すると, 次式を得る.

$$\frac{dX}{dt} = \left(\frac{\partial X}{\partial \xi}\right)_x \left(-\frac{1}{\tau}\right)(\xi - \xi_0) \tag{3-111}$$

$t \to \infty$ で $X = 0$ であることを考慮してこれを解くと，$X(t) = X_1 \exp[-t/\tau]$：ただし，$X_1 = (\partial X/\partial \xi)_x (\xi_1 - \xi_0)$．さらに，$X(t) = E(t)\hat{x}$ として時間変化する緩和弾性率 $E(t)$ を定義すると，

$$E(t) = E_1 \exp[-t/\tau] \tag{3-112}$$

ここで，$E_1 = (X_1/\hat{x})(\partial X/\partial \xi)_x (\xi_1 - \xi_0)$ である．前式は応力緩和を表す式である．

クリープの場合も同様に考えることができる．$t = 0$ で一定応力を与えたときのひずみの変化を考える．(3-79)式において，$X \to x$，$\tau \to \lambda$ とすると次式を得る．

$$\frac{dx}{dt} = \left(\frac{\partial x}{\partial \xi}\right)_X \left(-\frac{1}{\lambda}\right)(\xi - \xi_0) \tag{3-113}$$

クリープでは $t = 0$ のとき $x = 0$ であることを考慮して前式を解くと，$x(t) = x_1[1 - \exp(-t/\lambda)]$ を得る：ただし，$x_1 = (\partial x/\partial \xi)_X (\xi_0 - \xi_1)$．ここで，$x(t) = J(t)\hat{X}$ として時間変化するクリープコンプライアンス $J(t)$ を定義すると，

$$J(t) = J_1[1 - \exp(-t/\lambda)] \tag{3-114}$$

ここで，J_1：$t \to \infty$ でのクリープコンプライアンスである．
(3-114)式はクリープコンプライアンス記述する式である．

前記のように，一定ひずみあるいは応力を与えたときの諸式は熱力学的に導出できる．

c．動的粘弾性の熱力学

系に対して動的ひずみが与えられるときを考える．先の静的場合と同様に，ここでも系は唯一つの緩和時間を有するとする．このとき，ひずみの変化 $\delta x = \hat{x}\exp[i\omega t]$ とする（ここで，$\hat{x}$：ひずみ振幅，ω：角周波数である）．先の議論から，これに対する応答は，$\delta X = \hat{X}\exp[i\omega t]$，$\delta \xi = \hat{\xi}\exp[i\omega t]$ である．

これを (3-109) 式に代入すると，$\hat{X}\exp[i\omega t] = (\partial X/\partial \xi)\hat{\xi}\exp[i\omega t] + (\partial X/\partial x)\hat{x}\exp[i\omega t]$ を得て，したがって次式を得る．

第3章 力と木材

$$E^* = \frac{\hat{X}}{\hat{x}} = \left(\frac{\partial X}{\partial x}\right)_\xi + \left(\frac{\partial X}{\partial \xi}\right)_x \frac{\hat{\xi}}{\hat{x}} \qquad (3\text{-}115)$$

ここで，E^*：複素弾性率である．

(3-115)式において，第一項は ξ に関係なくひずみ x の変化に対応した応力 X の変化に関係する部分である．第二項は，x の変化が ξ の変化を生じ，その結果として ξ の変化が関与した部分である．すなわち，緩和過程に関与するのは第二項である．

他方，外部刺激 x があるとき，親和力 A もまた ξ と x の関数であるから，

$$\delta A = \left(\frac{\partial A}{\partial \xi}\right)_x \delta \xi + \left(\frac{\partial A}{\partial x}\right)_\xi \delta x \qquad (3\text{-}116)$$

$d\xi/dt = LA$ において，ゼロからの変化量であることを考慮して A を δA とした．ここで，(3-107)式と(3-116)式を用いると，次式を得る．

$$\frac{d\xi}{dt} = -\frac{1}{\tau}\left\{\delta \xi - \left(\frac{\partial \xi}{\partial x}\right)_A \delta x\right\} \qquad (3\text{-}117)$$

(3-117)式に $\delta x = \hat{x}\exp[i\omega t]$ と $\delta \xi = \hat{\xi}\exp[i\omega t]$ を代入すると，次式を得る．

$$\frac{\hat{\xi}}{\hat{x}} = \frac{(\partial \xi/\partial x)_A}{1+i\tau} \qquad (3\text{-}118)$$

これを(3-115)式に代入すると，

$$E^* = \frac{\hat{X}}{\hat{x}} = \left(\frac{\partial X}{\partial x}\right)_\xi + \frac{(\partial X/\partial \xi)_x(\partial \xi/\partial x)_A}{1+i\omega \tau} \qquad (3\text{-}119)$$

(3-119)式において，$\omega \to \infty$ と $\omega \to 0$ のときの(3-119)式における E^* の値を考慮すると，$(\partial X/\partial x)_\xi = E_\infty$ であり，$(\partial X/\partial \xi)_x(\partial \xi/\partial x)_A = -\Delta E = E(0) - E(\infty)$ である．したがって，(3-119)式から次式を得る．

$$E^* = E(0) + \Delta E \frac{i\omega \tau}{1+i\omega \tau} \qquad (3\text{-}120)$$

ここで，$E^* = E_1 + iE_2$ と書くことにすると，

$$E_1 = E(0) + \Delta E \frac{\omega^2 \tau^2}{1+\omega^2 \tau^2} \qquad (3\text{-}121)$$

$$E_2 = \Delta E \frac{\omega\tau}{1+\omega^2\tau^2} \tag{3-122}$$

E_1 と E_2 は，それぞれ貯蔵弾性率，損失弾性率である．前記の 2 つの式が動的ひずみを与えたときその挙動を記述する．これは，先の (3-84)式と (3-85)式の結果に一致する．(3-121)式と (3-122)式において，$\omega\tau = 1$ のとき E_1 は急激な減少を示し，E_2 はピークを示す．したがって，τ なる緩和機構が存在するときには，幅広い周波数で測定したとき $\omega\tau = 1$ を満足する周波数でピークを示す．E_2 の周波数分散でのピークはある緩和機構の存在を意味する．

(4) 緩和スペクトル

これまでの議論では単一の緩和（遅延）時間の場合について述べた．しかし，一般的物質においては多数の緩和機構があるからその分布を考えなければならない．木材の場合もまた同様である．

応力緩和において，応力の瞬間的寄与を E_e とすると，緩和弾性率は $E(t) = E_e + E_1 \exp[-t/\tau]$ と書ける．さらに，緩和時間の分布を考慮し緩和スペクトル（relaxation spectrum）を $H(\ln\tau)$ と書くことにすると，次式が導かれる．$H(\ln\tau)$ は，先の議論の応答関数に対応する．

$$E(t) = E_e + \int_{-\infty}^{\infty} H(\ln\tau)\exp[-t/\tau]d\ln\tau \tag{3-123}$$

同様に，瞬間コンプライアンス J_e とすると，遅延時間の分布を考慮した遅延スペクトル（retardation spectrum）$L(\ln\lambda)$ を用いて，次式を得る．

$$J(t) = J_e + \int_{-\infty}^{\infty} L(\ln\lambda)[1-\exp(-t/\lambda)]d\ln\lambda \tag{3-124}$$

動的弾性率の場合にも全く同様に次式を得る．

$$E_1(t) = E(0) + \int_{-\infty}^{\infty} H(\ln \tau) \frac{\omega^2 \tau^2}{1 + \omega^2 \tau^2} d\ln \tau \qquad (3\text{-}125)$$

$$E_2(t) = \int_{-\infty}^{\infty} H(\ln \tau) \frac{\omega \tau}{1 + \omega^2 \tau^2} d\ln \tau \qquad (3\text{-}126)$$

これら静的あるいは動的粘弾性における諸式の導出は，有限数の緩和（遅延）過程を無限個のそれに拡張することで得られる．

実験値から緩和（遅延）スペクトルを得ることは困難である．そこで，近似法を用いる．Schwarzl-Staverman, Leaderman らによって提唱された方法に従えば，それぞれ下記のような近似式が得られる．次式には添字0と1の場合を示した（添字は近似の次数を表す）．大きくなるほど近似の精度は高いが，測定精度との関係で多くの場合，下の近似式が用いられる．

$$H_1(\ln \tau) \approx \left. \frac{dE(t)}{d\ln t} \right|_{t=\tau} \qquad (3\text{-}127)$$

$$L_1(\ln \lambda) \approx \left. \frac{dJ(t)}{d\ln t} \right|_{t=\lambda} \qquad (3\text{-}128)$$

$$H_1(\ln \tau) \approx \left. \frac{dE_1(\omega)}{d\ln \omega} \right|_{\omega=1/\tau} \qquad (3\text{-}129)$$

$$H_0(\ln \tau) \approx \left. \frac{2}{\pi} E_2(\omega) \right|_{\omega=1/\tau} \qquad (3\text{-}130)$$

これらの式を用いて，実験値から緩和（遅延）スペクトルを得ることができる．

(5) 木材の粘弾性特性の評価

前記の議論からわかるように，物質の粘弾性特性を明らかにすることは緩和（遅延）時間に関する知見を得ることに帰着する．換言すれば，特性関数あるいは緩和（遅延）スペクトルを明らかにすることである．緩和スペクトルを得るには幅広いタイムスケールでの弾性率，あるいはコンプライアンスを得る必要がある．無定形の高分子材料では時間温度換算則が成立するから，異なる温

度で測定した結果を時間軸にシフトして重ね合わせることで,幅広いタイムスケールのデータを得ることが可能である(この曲線をマスターカーブという).しかし,木材はセルロース,ヘミセルロース,リグニンからなる複合系であり,さらにセルロースの約半分が結晶構造であるため,線型粘弾性理論の直接的適用には注意を要する.なぜなら,結晶性高分子では一般にはマスターカーブを得ることはできないし,複合系においてもマスターカーブが得られるという理論的保証はないからである[7].

　木材の場合には,緩和特性の温度依存性や含水率依存性をそれぞれの温度あるいは含水率ごとの緩和(クリープ)曲線から緩和(遅延)スペクトルを算出し,ピークが発現するときピークの緩和(遅延)時間を当該の温度や含水率での緩和(遅延)時間と見なして議論する.あるいは,一定時間経過後の緩和弾性率あるいはクリープコンプライアンスを比較し,緩和(あるいはクリープ)挙動の温度依存性や含水率依存性を検討することが一般的である.

　動的挙動は,先の議論から明らかなように,周波数依存性で議論されるべきである.しかし,実験的に幅広い周波数範囲にわたって周波数分散を求めることは技術的に困難であり,多くの場合,実験がより容易な温度分散が測定される.時間と温度には線型ではないが対応関係がある.温度の増大は,緩和時間の減少すなわち周波数の増大に対応する.(3-85)式あるいは(3-122)式から明らかなように,動的弾性率において損失弾性率は$\omega\tau=1$においてピークを有する.このとき,緩和時間τを有する緩和過程が存在することを示している.このωに対応する温度でも同様に緩和が生じる.したがって,温度分散においてピークが発現することは,その温度においてある緩和過程が存在することを意味する.すなわち,線型粘弾性理論が適用可能の場合には温度分散のピークはある緩和過程に対応する.したがって,温度分散に基づいた動的緩和挙動が議論可能となる.

2) 木材のさまざまな緩和現象

　木材の力学緩和に関する報告は,国内外を問わず非常に多い.下記には木材

の粘弾性挙動のうち，木材に特徴的な緩和現象を紹介する．過去の研究に関して，試料，測定条件，測定方法，そして結果を整理したものとして山田らが取りまとめた「木材研究・資料」がある[8-13]．木材の粘弾性測定の具体的事例についてはこれらを参照されたい．なお，化学処理木材に関する粘弾性挙動にも興味深いものがあるが割愛する[14-17]．

事例を紹介する前に粘弾性諸量の単位について見ておく．現在採用されているのはSI単位である．弾性率：Pa，クリープライアンス：Pa^{-1}，そして粘性率：Pa s である．弾性率測定において，試片寸法をmmそして荷重をNの単位で測定することが多い．このとき，弾性率の単位はMPa（$= 10^6$Pa）であり，コンプライアンスはこの逆数となる．$Pa = N/m^2 = 10^{-6} N/mm^2$ だからである．文献では kgf/cm^2, dyn/cm^2 などの単位を多く見かけるが，これら文献の単位とSI単位との換算は以下の通りである．

$1 (kgf/cm^2) = 0.09807 (MPa) \sim 0.1 (MPa)$

$1 (dyn/cm^2) = 0.1 (Pa)$

$1 (poise) = 1 (g/cm \cdot s) = 1 (dyn \cdot s/cm^2) = 0.1 (Pa\ s)$

(1) 水分依存性

木材の緩和挙動は，温度よりもむしろ水分の影響を顕著に受ける．その挙動は，材内に存在する水分子の存在形態に依存すると推察されている．図3-27[18] は，シトカスプルースに関する弾性率の含水率依存性である．弾性率は全体としては含水率の増大に伴って漸減傾向にあるが，詳細に見ると，10%以下の含水率領域に最大値が認められる．

同様の現象は緩和過程においても認められる．図3-28[19] はタモ材のクリープにおける300min後のコンプライアンス$J(t)$の含水率依存性を示したものである．$J(t)$はおよそ5%までわずかに低下し，その後直線的に増大する．コンプライアンスが弾性率の逆数であることを考慮すると，クリープのような緩和過程においても同様の含水率依存性が認められることがわかる．静的弾性率のような長い緩和時間が鋭敏に反映される測定だけでなく，図3-29[20] に示す

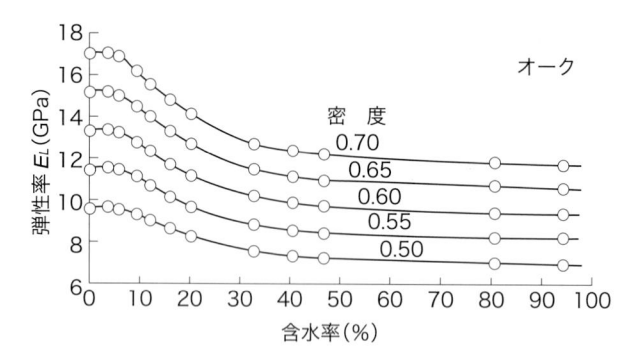

図3-27 弾性率の含水率依存性
(Kollman, F. and Krech, H., 1960)

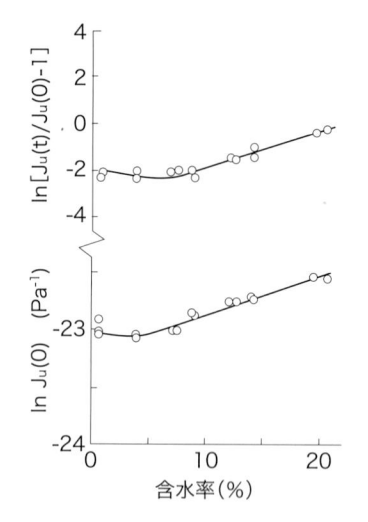

図3-28 タモ材の300min後のクリープコンプライアンス J の含水率依存性
○：300min. (Nakano, T., 1999)

ように，動的測定においても同様の現象が認められる．

　この緩和挙動に関する含水率依存性の特異性は，木材実質の分子鎖の熱力学的状態が含水率5％付近を境に変化することを示唆している．この含水率依存性には水素結合の形成が関与していると定性的に指摘されている．これは，吸着水の緩和挙動の含水率依存性についての誘電緩和測定によってなされた．

　含水率5～10％までの吸着水は主として水和水であり，木材成分の親水性基であるOH基と水素結合を形成する．このとき，複数の吸着サイトと水素結合することで架橋を形成することが，吸着水の活性化エネルギーおよびエントロピーの値から支持された[21,22]．架橋形成が，含水率の増大に伴う弾性率増大（コンプライアンスが減少）の要因である．5％付近以上の含水率では，水和水は一定値となり溶解水が主な吸着水となる．溶解水は，すでに吸着している水和

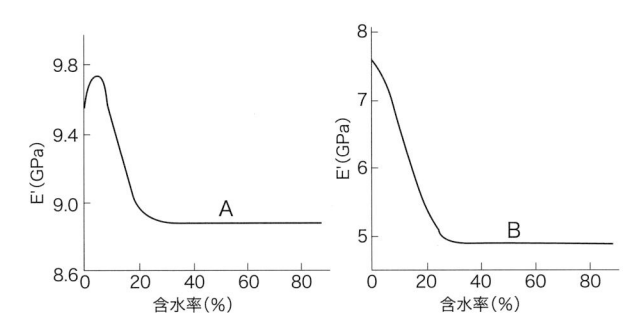

図3-29 動的弾性率と含水率の関係
ヒノキ材，A：繊維方向，B：放射方向．(梶田　茂ら，1961)

水にさらに吸着し，クラスタを形成する．その結果，水和水は木材の吸着サイト間を介在するのではなく，吸着サイトおよび溶解水と結合し，水和水によって吸着サイト間に形成されていた架橋が破壊される．加えて，形成されるクラスタの容積の増大に伴い，木材実質間の自由体積もまた増大し，分子鎖の相互作用が低下するので，含水率の増大に伴い弾性率が低下（コンプライアンスが増大）する．木材の特徴的な含水率依存性の発現機構は，前記のように考えられている．

(2) 水分変化過程のクリープ

水分非定常状態下での特徴的クリープ（あるいは緩和）をメカノソープティブクリープ（あるいは応力緩和）という．放湿あるいは吸湿過程での緩和挙動は，含水率が一定の状態に比べて著しいことが知られている．この現象はArmstrong and Christensen[23]の論文でよく知られており，その定義と特長についてはGrossmann[24]が詳細に取りまとめている．この現象は建築の分野では実用的にも重要な課題でもあり，近年，大断面部材のメカノソープティブの検討が行われている[25, 26]．メカノソープティブクリープと応力緩和を総称して，メカノソープティブ効果という．

吸放湿に伴って著しいクリープ変形が生じる現象の発現機構は未だ未解明であり，その発現因子が木材実質にあるのか木材の高次構造にあるのか，あるい

は両者にあるのかについても明らかではない.

　この現象に関する代表的なアプローチには3つの概略がある. 第1は, Eyringの空孔理論[27]に基づくものであり[28-30], 第2は木材の高次構造をふまえたものである[31-33]. さらに, この現象を記述するに留め, その発現機構にまで立ち入らない立場からの検討もなされている[34,35]. いずれの考え方も測定された現象を記述可能であるが, その妥当性は今後を待たねばならない. 以下において, これまで提案された議論のうち, 竹村およびBoydの考え方を紹介する.

　竹村[28,29]は, 放湿過程の応力緩和とクリープが含水率一定の場合に比べて顕著であるのは, 放湿水分子が占有していた領域に放湿によって空間が一時的に発現し, これが消失し新たな平衡状態に移行するために時間を要するためであると考えた. 換言すれば, 放湿によって一時的に自由体積が形成されるとした. Huntら[36]は, メカノソープティブ効果が高分子材料のガラス転移温度以上への加熱と, それに続く急冷によって生じるPhysical agingに類似したものであるとの観点から考察した. Huntの提案した発現機構は, 竹村の機構と本質的には同じである. 高分子材料のAgingの問題として同様に取り扱うことは, 自由体積の問題として取り扱うことを意味する. 竹村は, Huntに先立つ30年前に, 空孔すなわち自由体積の問題としてこれを取り扱った.

　竹村は, 空孔の生成速度が放湿速度に比例し, 粘性は放湿速度に反比例すると仮定し, 次式を導出した.

$$\eta(t) = 1/[KF(t)] \tag{3-131}$$

ここで, $M(t)$：水分変化であり $F(t) = dM(t)/dt$ である.

　中野[30]は, ①定常状態の自由体積と放湿に伴って生成された自由体積の和が分子鎖の再配置に関わる, ②放湿過程の生成される自由体積は放湿速度に比例する（竹村の仮定）の2つの仮定のもとに, Eyringの空孔理論を用いて竹村の粘性式を拡張した.

$$\eta(t) = \eta_e/[1 + nF(t)] \tag{3-132}$$

ここで, η_e：定常状態の粘度, n：定数である.

力学モデルとして Maxwell モデルを用い粘性式として (3-132)式を用いると,$J(t) = 1/G + t/\eta_e + KM(t)$ を得る (G:スプリングの弾性率,K:定数).この式の第一,二項は,水分一定状態でのクリープを記述する式であるから,次式を得る.

$$J(t) = J^0(t) + KM(t) \tag{3-133}$$

$J^0(t)$ は,メカノソープティブクリープ開始時点の含水率が保持された定常状態でのクリープコンプライアンスである.一般に,メカノソープティブクリープは時間依存性がなく水分にのみ依存するといわれるが,$J^0(t) << KM(t)$ であることが見かけ上時間依存性がないかのように観測される結果を与えていると考えられている.導出された式はこれまで報告された実験事実を記述しており,竹村[28,29]あるいは Leicester[37] が提案した式と等価である.

前記の考え方とは全く異なり,木材の高次構造を考慮したアプローチがある.代表的なものとして椋代ら[31,32]やBoyd[33]の報告がある.両者は見かけ上異なるが,高次構造の変化を基本にしている点で本質的に同じと見なせる.椋代らは,木材細胞二次壁内のS1,S2,S3の3層が水分状態によって結合したり離れたりすることで,負荷を担う領域が変化することがメカノソープティブ効果発現の要因であるとした力学モデルを提案した.他方,Boyd は細胞壁内で層をなすラメラ間の結合状態,すなわちラメラとマトリックス間の結合状態が,水分状態で変化すると考えた.椋代らと Boyd の考え方は,いずれも負荷を担う部分が水分状態で変化する.含水率が減少すると負荷を担う複数の領域が剥離して一方が負荷を担わない,その結果,他方に多くの負荷が与えられることになる.すなわち,単位断面当たりの負荷の増大が生じる.これが,メカノソープティブ効果発現の要因であるとした.この考え方は,メカノソープティブ効果は木材高次構造に基づく木材固有の現象であることを意味している.しかし,このアプローチに関して定量的取扱いに基づく定式化はなされていない.

(3) 急冷処理の影響

近年,飽水木材の緩和挙動が,それに先立つ熱履歴によって特徴的な影響を

受けることが見出された[38-42]．高分子材料においては，加熱後の急冷がその緩和挙動に影響を及ぼすことがよく知られており，physical aging と呼ばれている．physical aging の機構については詳細な解析がなされてきた[43,44]．高分子の physical aging で発現する緩和現象の変化は，急冷による高分子鎖の自由体積の変化に帰着できる．すなわち，加熱し熱運動が活発な状態の高分子が急冷されたとき，平衡状態に比べて自由体積が大きい状態のまま高分子鎖の運動が凍結され，その結果，緩和挙動が変化する．

報告によれば，飽水木材の緩和挙動に及ぼす因子は熱処理温度，温度差，冷却速度である．図 3-30[45] は種々の条件で急冷したエゾマツのクリープの結果である．同じ冷却速度においては，冷却温度差が大きいほど大きな緩和を示しており，急冷の影響は明らかである．飽水木材の熱処理に伴う緩和挙動機構を明らかにすることは，緩和時間と冷却速度，あるいは緩和時間と冷却温度差との諸関係を明らかにすることに帰着する．これに関する議論は緒についた段階である．緩和時間に影響を与える因子を考えると，木材の高次構造と木材実質の2つの寄与が考えられる．以下に，実質の寄与の観点からのアプローチを述べる[45]．

木材実質は高分子鎖からなる．緩和時間は分子鎖の配置の変化に要する時間

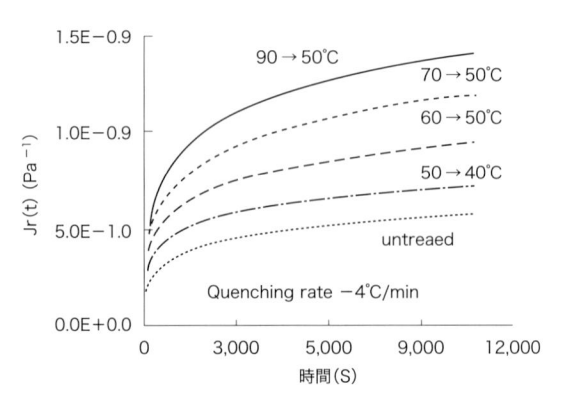

図3-30 急冷によるクリープコンプライアンスの変化
(Nakano, T., 2005)

であり，それは分子鎖が運動可能な空間の大きさに依存する．したがって，急冷処理の問題は自由体積の変化として取り扱うことができる．

Kovacs[43]の等温体積緩和理論によれば，自由体積V_fの変化速度は$dV_f/dt = -(V_f - V_\infty)/\lambda$である（ここで，$V_f$, V_∞, λ：Aging過程の自由体積，冷却後の平衡状態の自由体積，緩和時間）．他方，Struik[44]は，緩和時間に対して$\ln(\lambda_\infty/\lambda) = \gamma(V_f - V_\infty)$を仮定する（ここで，$\lambda_\infty$：平衡状態の緩和時間）．

KovacsとStruikの考え方から，緩和時間についての式を導出できる．自由体積の時間変化を考えると，$dV_f/dt = (dV_f/dt)(dT/dt) = \alpha_f v_c$が成立する（ここで，$V_f$：飽水状態で冷却過程の自由体積，$V_\infty$：飽水で平衡状態の自由体積，$\alpha_f$：自由体積の体積膨潤率，$v_c$：冷却速度）．$\alpha_f$はマクロ的な体積膨張率と同じと見なしてよい定数である．これを考慮して，先に述べたKovacsの式を変形すると，$d\ln(\lambda_\infty/\lambda)/dt = -\gamma \alpha_f v_c$を得る．一定の冷却速度のとき$v_c$は定数だから，この微分方程式の解として次式を得る．

$$\ln(\lambda) = \gamma \alpha_f v_c t + \ln(\lambda_0) \tag{3-134}$$

あるいは，温度変化ΔTが$\Delta T = v_c t$であることを考慮すると，

$$\ln(\lambda) = \gamma \alpha_f \Delta T + \ln(\lambda_0) \tag{3-135}$$

ここで，ΔT：熱処理温度Tと分子鎖の熱運動が凍結される温度T_gとの差の冷却温度差，すなわち$\Delta T = -(T - T_g)$, λ_0は$t = 0$での緩和時間である．

得られた式を異なる温度について比較できる形にしなければならない．λ_0が$t = 0$での緩和時間であり，温度依存性を有することに注意し，式を異なる処理温度や異なる冷却速度で得られたすべての結果を統一的に記述する形に拡張する．拡張において，熱処理による緩和挙動に変化が60℃付近を境に変化したことに注目し，過去の報告を考慮してこの温度を飽水木材中のリグニンのガラス転移温度であるとする．リグニンが無定形高分子鎖であり，架橋間隔は比較的長いことから，異なる温度のλ_0の関係はWLFの式$\ln(a_T) = -[c_1(T - T_g)]/[c_2 + (T - T_g)]$で近似的に関係付けることができる[46]（ここで，c_1, c_2：定数である）．なお，リグニンのガラス転移温度に対するWLF式の適用はIrvine[47]によって試みられている．定数として安定形合成高分子の普遍値c_1

= 17.44 と c_2 = 51.6，基準温度として T_g = 333K（60℃）を用いて，種々の熱処理温度，冷却速度，静置時間に関する結果に対して WLF 式を適用すると，近似的に次式を得る．

$$\ln(\lambda) = (\gamma \, \alpha_f - 0.490)\Delta T + \ln(\lambda_g) \tag{3-136}$$

ここで，λ_g：ガラス転移温度以下における緩和時間である．

式は，333K（60℃）$\leq T \leq$ 373K（100℃）において $\ln(\lambda)$ vs. ΔT が直線関係にあることを示している．

得られた諸式と実験結果との比較はおおむね良好な一致が得られており，熱処理後の冷却速度や静置時間に依存して発現する飽水木材の特徴的緩和挙動は，加熱によってフレキシブルになった高分子鎖が，急冷によって，平衡状態に比べてより大きな自由体積の状態で凍結されることが要因の 1 つであると考えられる．しかし，前記の議論は木材の高次構造との関係が考慮されていない点で不十分であり，木材の高次構造を考慮したさらなる議論が必要である．

3）ドライングセット

(1) 木材の可塑化と変形性能

本来，弾性に富む材料であっても適当な温度や含水率条件のもとで，著しく変形性能を増大することがある．この変形性能の増大を可塑化という．木材は可塑性を示す材料である．一般に，木材の変形性能は含水率や温度の増加で増大する．したがって，100℃前後の温度で，しかも含水率の高い状態で変形性能は極限状態を示すことになる．しかし，木材はさらに含水率が変化しつつあるとき，また温度が変化しつつある状態で負荷を受けると，より以上に変形性能が増す．日本産材の針・広葉樹 18 樹種について曲げ試験体を 20℃気乾，20℃飽水，100℃飽水状態に順次移行させて静的曲げ試験を行ったときの弾性率は，20℃気乾状態における材の値を 1 とすると，飽水 20℃で 0.52，飽水 100℃で 0.09 となり，さらに気乾状態 20℃の破壊ひずみを 1 としたとき，飽水 20℃では針葉樹材 1.33，広葉樹材 1.81，飽水 100℃では両者 4.00 となり，破壊ひずみは顕著に増加する．

木材の極限状態における変形性能を知る目的で，各種の温度，含水率条件で静的曲げ試験による破壊ひずみ，クリープ測定による曲げクリープひずみの経過を求めて比較してみると，図3-31[1]のようになる．図中の1点破線 d, e, f は，繊維直角方向の静的曲げによる破壊ひずみである．また，各プロットは温度50℃一定の加熱乾燥過程（c），ならびにマイクロ波加熱過程における木材の曲げクリープ変形の経過（a, b）である．マイクロ波出力600Wの場合，全クリープたわみは弾性たわみの約30倍にも達する．破壊することなしに達

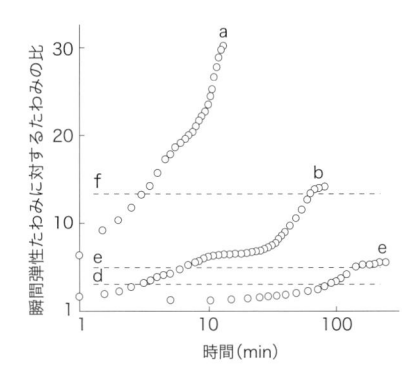

図3-31 ヒノキ材の曲げクリープ曲線（半径方向）
a：マイクロ波照射(600W)，b：同(240W)，c：熱気乾燥(50℃，9%RH)，d, e, f：20℃気乾，20℃飽水，100℃飽水状態の静的曲げ(破壊たわみ/瞬間弾性たわみ).（飯田生穂ら，1981）

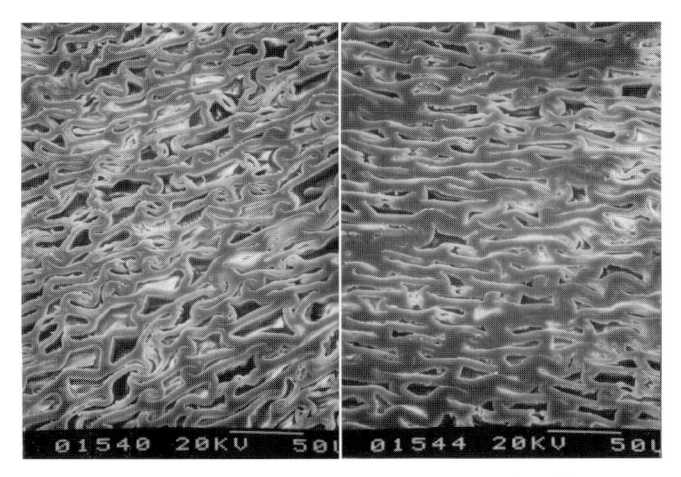

図3-32 ラクウショウ圧縮セット材の細胞形状
圧縮セット量…左：26.9%，右：42.6%．（飯田生穂，1987）

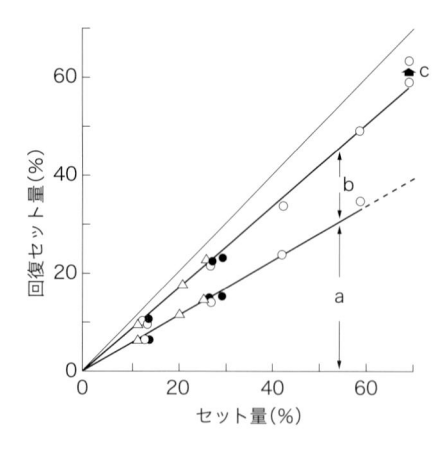

図3-33 発生したセット量と水分および水分・熱処理による回復セット量の関係
○：ラクウショウ材，●：ヤチダモ材，△：ブナ材，a：水分による回復，b：水中で熱処理による回復，c：マイクロ波加熱による回復．(飯田生穂ら，1984)

成できる最大クリープひずみは20.1％である．可塑化の程度は荷重の種類などでも異なり，引張よりも圧縮の場合で大きい．マイクロ波を照射して材温を100℃以上に急上昇した飽水材を横圧縮すると，約69％にも達するひずみを容易に与えることができ，その状態のまま乾燥すると，ほぼ同程度のセットを生じさせることができる．しかもその組織観察によると，細胞および細胞表面に破壊は認められない（図3-32）[2]．このセットは乾燥状態を保持する限り，その変形は回復しないが，再び吸水あるいは吸水後，温度を上昇するとその変形はほぼ完全に回復する（図3-33，図3-34）[3]．

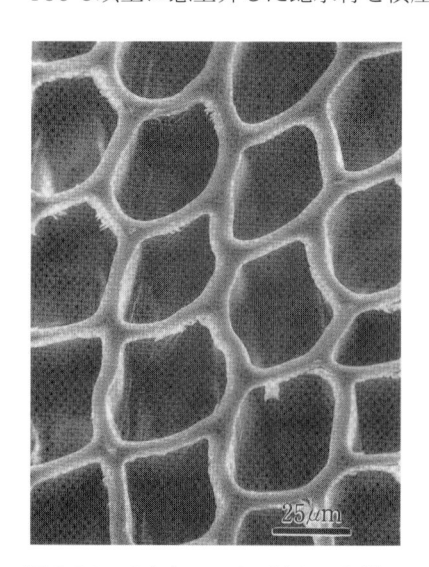

図3-34 ラクウショウ圧縮セット材の水分および熱処理による細胞形状の回復
(飯田生穂ら，1984)

(2) セットの発生と回復の機構

水分と熱作用下で発生するセットの発生と回復の機構は，以下のように考えられる．高含水率状態におけるリグ

ニンの熱軟化温度は 70 〜 116℃, ヘミセルロースのそれは 20 〜 56℃ [4], あるいは 0℃以下 [5] であるので, これらによって構成されているマトリックスはガラス状態からゴム状態へ変化する. このような状態下で木材に外力が加えられると, セルロース結晶からなるミクロフィブリルは, ガラス状態にあるものの相互に変形が可能となるので, 外力に釣り合う状態にまで弾性的に変形する. 温度の低下と水分の離脱によって, ミクロフィブリル間を埋めているリグニンおよびヘミセルロースの分子間に水素結合が形成されてガラス状態に戻ると, ミクロフィブリルは弾性的に変形した状態のまま固定される. すなわち, セットが生じる. 蛇行した細胞やしゅう曲した細胞壁の中には, ミクロフィブリルの弾性変形によって弾性エネルギーが蓄積されている. したがって, マトリックスが再び軟化しない限り, すなわち乾燥状態を保持し続ける限り, セットは回復しない. しかし, 再び水分と熱を与えてマトリックスを軟化させると, ミクロフィブリルの弾性復元力によって, 変形は回復することとなる. 水分のみを与えた場合でも, リグニンおよびヘミセルロースの分子間に形成されていた水素結合が切断されることになり, 凝集力が低下するのでミクロフィブリル弾性変形はある程度回復することになるが, マトリックス成分はゴム状態に至らないため, 水分のみによるセットの回復は制限される. これがセットの発生と回復の機構である [6].

(3) ドライングセットと木材の加工

一般的に, 木材の利用はこれまで強度部材, 構造部材としての利用, 加工を中心に材料特性を評価し, その使用温度, 含水率条件での木材の力学的性質が多く調べられてきた. しかし, 従来から木質材料の加工, 製造工程の中には, ある一定の含水率状態にある材を用い, 100℃を超える温度条件で大変形を与えるような処理法がなされていた. しかし, その知見は十分に明らかでないところが多くあった. 近年になって, マイクロ波加熱による木材の曲げ木加工, 横圧縮大変形の検討が示されて以来, 木材の可塑化と最大変形性能, 変形の一時固定 (ドライングセット), さらには永久固定の方法と機構の解明がなされ

たことにより，従来の木質材料の加工技術の向上に加えて，木材の塑性加工法やセットを活用した新しい加工法が次々と試みられている．マイクロ波加熱による木材の曲げ木加工は，木材組織や細胞構造を破壊することなしに大変形を与え，ドライングセットを引き起こさせたものである．すなわち，2,450MHzのマイクロ波を飽水材に照射するもので，材温が短時間の間に100℃以上に急激に上昇し，水分が常に非平衡状態に保たれ，曲げ加工時に最大応力が作用する材表面部の含水率が内部に比べて常に高いことなどの木材が塑性変形しやすい条件がすべて満足されるので，従来の蒸煮による曲げ木法と比較して，短時間で，しかも小さい曲率半径まで曲げることができる．曲げ変形後に治具に固定して乾燥させ，セットを発生させる．一連の操作により，ドライングセットを活用した加工法である（図3-35）[7]．

また，基本的な原理は同じであるが，木材を横圧縮してセットを発生させる圧密加工がある．これは，木材を加圧圧縮することによって密度を増大させ，強度，弾性率，耐摩耗性などを増大させようとするものである．スギ材の利用において，材表面が柔らかく傷付きやすい欠点を改善する目的で，材の全体圧縮，表面圧縮し，セットによってひずみ固定をはかり，床材などへの利用がは

図 3-35 マイクロ波を用いた木材の曲げ加工
左：ヒノキ間伐材，繊維方向の曲げ（曲率半径/板厚比=2.7），右：カツラ材，繊維直角方向の曲げ（曲率半径/板厚比=1.8）．（則元 京ら，1985）

からされている．材全体あるいは表面の変形固定は，ドライングセットを活かしたものである．そのほかに，直径 12 〜 18 cm 丸太材の表面を 4 面圧縮して四角に成型した成型柱材の生産も試みられた．これは，ドライングセットによって四角を保ち，成型性を保持し，柱にしたものである．しかし，成型材は，セットの水分および熱回復の性格から，その後の吸湿，吸水で寸法回復するため長期にわたる形状の保持に欠点があり，煮沸などによって寸法回復しない永久固定の方法が必要になる．ドライングセット材を永久固定するための条件，方法，機構についてはすでに解明されてきている．

　近年，わが国では，スギやヒノキの柱材を高温乾燥によって短時間に乾燥する方法が検討されている．この乾燥は，乾燥初期に高含水率状態で材温を 100 〜 120℃ として，特に木材細胞壁中のマトリックス成分であるヘミセルロースやリグニンを熱軟化させたあとに一定期間，急激に乾燥することにより，材表面に著しく大きいドライングセットを発生させ，その後の乾燥による乾燥応力の発生，応力による表面割れを軽減し，有効な乾燥柱材を短期間に乾燥するものである．

　そのほか，木材の注入性を改善する目的で，横圧縮大変形を利用した木材の注入性の向上法が検討されている．これは，ドライングセットを直接活用しようとしたものではないが，セットが水分・熱回復性であること，セットの発生と回復の機構が解明されたことに基づいて提案された注入性向上技術である．すなわち，木材は適切な温度，含水率のもとで破壊なしに容易に大変形を与えることができ，そのままの状態では，除荷するとその変形の大部分が回復してしまうが，乾燥するとセットになり，セットを発生した材はその後水分と熱の作用で再び，もとの寸法にまで回復することが明らかとされた．そこで，横圧縮大変形を与えて液体浸透に重要な関わりを持つ通路である仮道管の閉塞壁孔の隔離，破壊を促し，有効通路を拡大するとともに，寸法の復元力を活用して液体の浸透をはかることにより，難浸透材についても浸透性能を大きく拡大できることが示された．実用的には丸棒に 8 面圧縮を施したのち，寸法回復過程に注入をはかり，歩留りの向上と品質の向上を得ている．

4）熱軟化特性

　木材の熱軟化は，木材の乾燥や加工と深く関わる重要な現象であるだけでなく，木材の微細構造を推定するための手法としても重要であるため，古くからさまざまな観点や手法によって多くの研究がなされてきた．特に，木材の熱軟化特性を考えるに当たっては，構成成分の寄与，水分（膨潤剤）の寄与については避けて通れない．また，近年，乾燥や熱などの過去の履歴が，木材の熱軟化特性に大きく影響を及ぼすことが明らかとなってきており，木材物性に及ぼす水分と熱の影響がきわめて重要であることが再認識されつつある．以下に，木材構成成分および木材の熱軟化特性に関して，これまでに得られている知見を項目別に示すことにする．

（1）木材構成成分の熱軟化温度

　木材から単離した粉末状の木材主要構成成分（セルロース，ヘミセルロース，リグニン）をキャピラリーの中に入れたのち，プランジャーを挿入して一定荷重をかけ，その降下量を読みとったあと，その温度微分値を求め，それが極大を示す温度を熱軟化温度とする場合が多い．この測定方法や定義のもとで得られている熱軟化温度は，全乾状態の場合，セルロースが231～253℃，ヘミセルロースが167～217℃，リグニンが134～235℃とされている[1]．軟化温度に幅があるのは，各構成成分の単離方法の違いや，種類の違いに基づくと考えられている．

　一方，水分を含む状態では，非結晶性物質は水によって可塑化されるため，その程度に応じて，すなわち含水率の増加

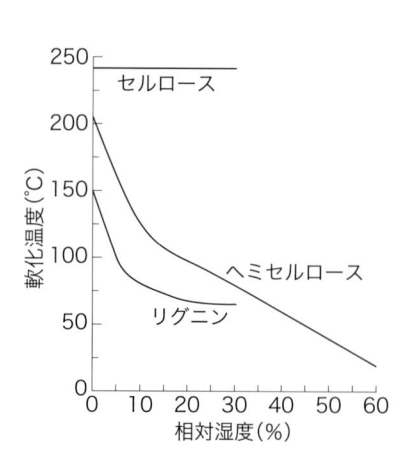

図3-36　木材構成成分の熱軟化温度
（高村憲男，1968）

に伴って，軟化温度は低下する．図3-36は，さまざまな含水率状態にある木材主要構成成分に関して，プランジャーの降下量の温度微分値から求めた熱軟化温度と含水率の関係[2]を，図3-37は，ガラスフィルターでヘミセルロース粉末およびミルドウッドリグニン粉末を担持し，飽水状態にしてマイナスの温度域で動的粘弾性を測定した結果[3]を示している．含水率の増加に対して，軟化温度は，セルロースではほとんど変化しないが，ヘミセルロースやリグニンなど非結晶性物質では，水分によって分子鎖間が可塑化され，熱軟化温度が低下する．ヘミセルロースでは，わずかな含水率増加に対して軟化温度は急激に低下し，含水率60%程度になると室温付近で，飽水状態になると－50℃付近で軟化するようになる．同様の傾向は，非結晶性セルロースなど，非結晶性多糖類に認められている[3]．リグニンでは，含水率増加に対して軟化温度は急激に低下するが，その後の低下はほとんど見られず，70℃付近で横這いとなり，マイナスの温度域ではほとんど軟化しない．なお，リグニン粉末をセルロース紙で担持して飽水状態で動的粘弾性測定を行った結果では，70〜90℃付近で弾性率低下が極大を示し[4]，水分による可塑化の効果では，単離したリグニンの軟化温度は，この温度域までしか低下しない．ヘミセルロース，リグニンがこれらの温度域で軟化する機構としては，見かけの活性化エネルギー値（ヘミ

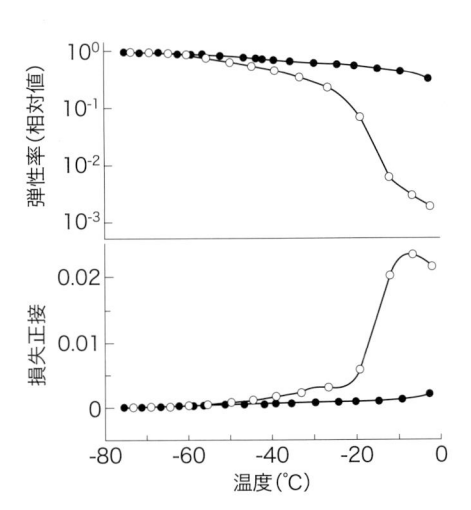

図3-37 木材構成成分(飽水状態)の動的粘弾性
○：ヘミセルロース，●：リグニン．非共振強制引張振動法，ガラスフィルターで担持して測定，1Hz．(Furuta, Y. et al., 2001)

セルロース：230 ～ 550kJ/mol，リグニン：400 ～ 500kJ/mol）などから総合的に判断して，ミクロブラウン運動に基づくと考えられている．

(2) 木材の熱軟化特性

木材を構成する主要成分であるセルロース，ヘミセルロース，リグニンの熱軟化温度については前項で述べた．一方で，これら構成成分は，木材中では相互に結合し，相互作用を有し，それらが複雑な層構造をなす状態で存在しているため，単離した成分の熱軟化特性がそのまま反映されるわけではない．しかしながら，単離した成分それぞれの熱軟化特性を把握し，理解したうえで，木材の熱軟化特性を理解することはきわめて重要である．以下に，木材の熱軟化特性について，動的粘弾性測定の結果を例に示すことにする．全乾状態および飽湿・飽水状態における木材の熱軟化特性の傾向を，図 3-38 に概略図で示す．

全乾状態では，−120℃付近で一級水酸基由来の緩和[5]を示し，その後きわだった変化はないが，150℃付近から急激に軟化し始め，そのピークは200℃以上にある．高温域の熱軟化の機構に関しては，力学緩和Iの出現する温度域などから，主として非結晶領域構成成分のミクロブラウン運動に基づくものと考えられている．一方で，200℃を超えると熱分解が顕著になり，240℃を超えたあたりから急激に体積も収縮し始める．したがって，この力学緩和の高温域では，熱分解もかなり進行する．一方で，きわだった変化が認められない中温域では，何も変化がないのではなく，異なるオーダーの分子運動（ローカルモードなど）が活発化し，見かけ上わずかではあるが力学緩和が

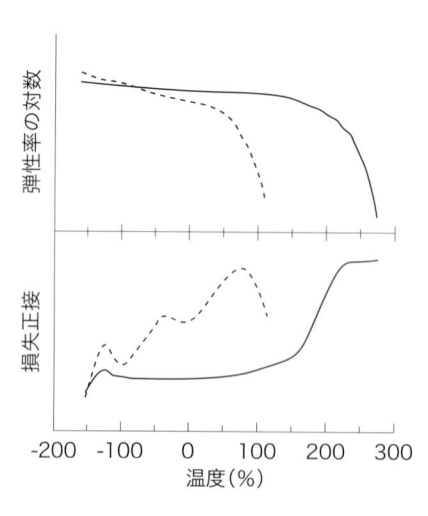

図3-38 木材の熱軟化挙動の概略図
──：乾燥状態，----：飽水(飽湿)状態．繊維直交方向．

生じていると考えられている．このことは，熱処理すると木材の損失正接が低下するという結果や，この中温域で繰り返し昇・降温を行うと，一度熱履歴を経た木材の方が弾性率が高く，損失弾性率や損失正接が低くなるという結果が得られていることからも裏付けられている[6]．このような現象が生じる機構としては，一度熱履歴を経ることによって，分子の配列状態が熱力学的に安定な状態へ移行し，乾燥時に生じた分子オーダーでのひずみが減少したためと考えられている．

含水率の増加に伴って，分子鎖間の相互作用が弱まり，木材の軟化温度は低下し，熱軟化特性は大きく変化するようになる．木材中のヘミセルロースは，含水率が10%を超えると，0℃付近で力学緩和を示し，飽湿状態になると，そのピークは-40℃付近に認められるようになる[3]．この力学緩和の見かけの活性化エネルギー値は 50〜105kJ/mol であり，単離成分のそれより少し低い値を示す．一方で，木材中のリグニンの熱軟化温度は，振り試験により測定された対数減衰率の結果からは，含水率の増加とともに低下し，飽湿状態付近まで含水率が増加すると，80℃付近にピークを示すようになることが示されている[7]．しかしながら，軟化が最も顕著となる温度域，すなわち，弾性率が最も急激に低下し，損失正接がピークを示す温度域は，樹種や過去の乾燥や熱などの履歴によって大きく異なる．そのピークの温度域は，急冷した木材の繊維直交方向の場合，暖温帯産広葉樹材で 60〜75℃，熱帯産広葉樹材で 70〜85℃，針葉樹材で 75〜90℃である[6]．繊維方向のピーク温度は，これより約10℃高温となる[8]．この力学緩和の見かけの活性化エネルギー値は 200〜500kJ/mol であり，単離成分のそれより少し低い値を示す．なお，リグニンのミクロブラウン運動など分子運動に基づく力学緩和は，130℃付近でほぼ終結し[9]，さらに高温域になると，ヘミセルロースをはじめとする構成成分の分解や変性による熱軟化が見られるようになる．この熱軟化は化学反応を伴うことから，経過時間に大きく依存する[10]．

水分を含む状態の木材中のヘミセルロースやリグニンの熱軟化温度は，単離した成分の熱軟化温度と非常に近いが，軟化挙動やミクロブラウン運動に要す

る見かけの活性化エネルギー値など，異なる点も多い．木材中での構成成分の相互作用とも関連付けて，今後さらなる研究が必要であろう．

　乾燥状態の木材の場合と同様，水分を含む状態の木材において，過去の乾燥や熱などの履歴の影響はきわめて大きい．生材状態の木材と比較して，乾燥後，再度飽水状態にした直後や，急冷した直後の木材は，室温付近では弾性率が低く，損失弾性率や損失正接が大きいなど，流動性が大きい．しかしながら，水分の存在する状態で長期間放置したり徐冷したりすると，弾性率の低下や流動性の増加はほぼ元に戻る[11]．図3-39はその一例として，異なる速度で冷却した木材の熱軟化特性を示したものである．リグニンのミクロブラウン運動に関する見かけの活性化エネルギー値や力学緩和のピークの温度は，樹種を問わず，急冷した場合の方が徐冷した場合より低くなる．その程度は，見かけの活性化エネルギー値で約半分[12]，ピーク温度で約10℃程度である．このような現象が生じる原因は，以下のように考えられている．

　乾燥あるいは急冷などの急激な状態変化により，熱力学的に不安定な状態で分子運動が不活性化する．それによって生じたひずみは再度飽水状態にしても一部残存する．しかしながら，その後温度を上昇したり，長期間水中に保持したりすることによって，そのひずみは解消され，より安定な分子の配列状態に

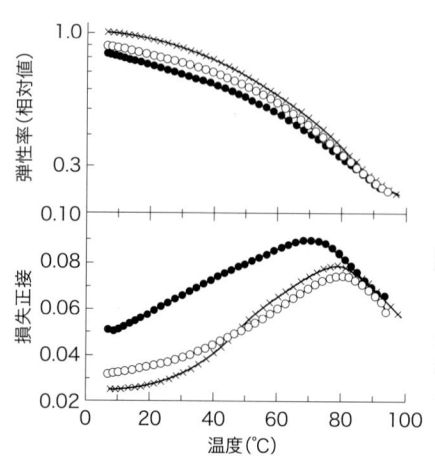

図3-39 冷却速度の差異に伴う熱軟化特性変化

×：生材，●：急冷後，○：徐冷後(0.1℃/min)．非共振強制引張振動法，0.05Hz，カツラ材放射方向．弾性率は生材時の10℃での値に対する相対値．（古田裕三ら，1998）

近付くと考えられる．このような分子レベルでの熱力学的な状態の変化が，木材構成成分分子の状態（コンフォメーション）を変化させ，その結果として，木材の熱軟化特性が大きく変化するものと考えられている．

このような木材の特性を理解することはきわめて重要で，材料を製造，乾燥，さらには使用する過程で，木材中では常に分子レベルで熱力学的に不安定な状態が生じ，常に物性が変化していることを忘れてはならない．近年では，メカノソープティブクリープが生じる原因も同様の機構で説明されている[13]．類似の現象および理論は，金属やプラスチックなど他材料でも古くから知られ，多くの研究がなされており，実際に工業技術として利用されている．

3．強度と破壊

1）木材の強度特性

材料は外力の作用によって変形し破壊に至るが，その過程は圧縮，曲げ，せん断など外力の種類によって特徴的であり，強度試験によってその強度特性について知ることができる．ここでは木材の代表的な強度特性について，その評価法や強度に影響を与える因子について述べる．

(1) 木材の各種強度特性
a．木材の引張強度特性
ⅰ）引張特性　　後述する圧縮や曲げなどに比べ，木材を実用的に使用する場合に引張負荷が単独で働くような場面は比較的少ないため，試験が実施される頻度はあまり高くない．しかし，複合応力の1つとして構造材料に引張応力が生じる場面は日常的であることから，木材の引張特性を適切に評価することは重要であるといえる．

図3-40に引張負荷した際の応力-ひずみ関係の概要を示す．引張負荷ではあまり明確な非線形挙動を示さないで破壊を生じる．繊維方向に引張力を負

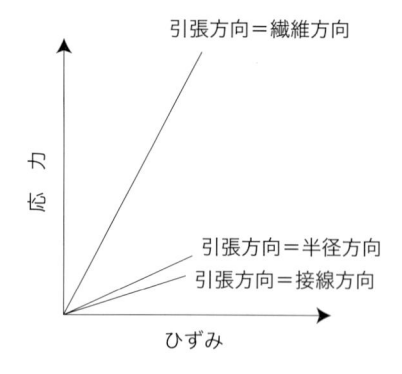

図3-40 引張試験から得られる応力-ひずみ関係

荷したときの強度である縦引張強さは圧縮や曲げ強さに比較して大きいが，セルロースフィブリルの理論上の強度に比べるとはるかに小さい．これは，引張強さがセルロースの結合力に支配されるのではなく，木材が本来的に有している欠陥や，試験体を加工する際に2次的に生じる欠陥に支配されることによる．

ⅱ）引張試験 木材の引張試験では，通常第7章に示されるような試験体中央部（ゲージ部）を細くした試験体を使用する．これはつかみ部（試験体両側の太い部分）で，応力集中による破壊を発生させずにゲージ部で破壊させるためである．つかみ部を引張試験装置でつかんで引張力を負荷するが，軸合わせが適切でなければ試験体に曲げモーメントが発生するため，引張特性を正確に評価することができないので注意を要する[1]．

以下にヤング率 E および引張強さ σ_t の評価式を示す．

$$E = \frac{1}{A} \cdot \frac{\Delta P}{\Delta \varepsilon}$$

$$\sigma_t = \frac{P_b}{A}$$

(3-137)

ここで，A：ゲージ部の断面積，$\Delta P/\Delta \varepsilon$：ゲージ部における荷重-ひずみ関係の初期の傾き，$P_b$：破壊荷重である．

ⅲ）割裂試験 木材は繊維に垂直な方向の引張力の作用により，繊維に沿って割れやすい性質を持っている．こうした割れやすさは割裂性と呼ばれ，横引張とは異なった独自の評価を行うことがある．割裂強さ S は以下の式で定義される．

$$S = \frac{P_{sp}}{a}$$

(3-138)

ここで，P_{sp}：破壊荷重，a：割裂面の幅である．

引張試験では (3-137) 式のように引張強さを単位面積当たりの破壊荷重で評価するのに対し，割裂試験では単位長さ当たりの破壊荷重で評価する．これは，応力集中によって急速に破壊が進展するため，き裂の進行方向の長さに影響されないことによる．第7章に割裂試験の概要が示されている．

割裂強さは釘打ちやくさびやなたで木材を割って木取りするような実用的な場面において重要であるが，試験体に働く応力状態が複雑であることや，試験体の形状によって測定値が変化することなどから，材質を相対的に比較する指標として取り扱われている．

b．木材の圧縮強度特性

ⅰ）圧 縮 特 性 横架材に柱を立てたときなど，木材には圧縮負荷が生じる場合が比較的多い．また，近年軟質な針葉樹を圧縮加工することにより剛性を大きくして使用する試みも多くなされていることから，木材の圧縮特性を知ることは非常に重要である．

図 3-41 に圧縮負荷した際の応力 - ひずみ関係の概要を示す．前述した引張負荷に比べ，圧縮負荷では応力 - ひずみ関係に明確な非線形挙動を示すことが多い．繊維方向に荷重を負荷する縦圧縮の場合，応力 - ひずみ関係は直線から曲線に変化し，最大応力（圧縮強さ）に至ったのち応力が低下する．一方，半

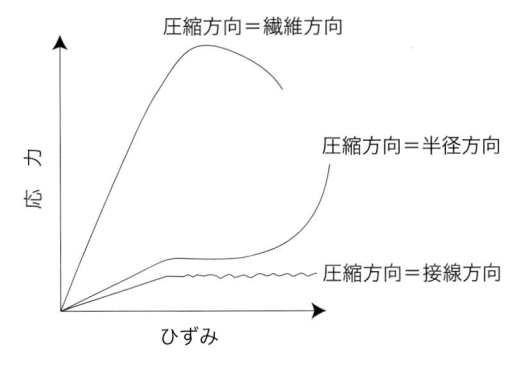

図3-41 圧縮試験から得られる応力-ひずみ関係

径方向や接線方向に荷重を負荷する横圧縮の場合，応力が増加して最大応力に至ったのち，応力-ひずみ関係が比較的平らな領域となる．この間，圧密が進み細胞の空げき部分が減少すると再び応力が上昇するようになる[2]．

ⅱ）圧 縮 試 験　圧縮試験は引張試験に比べて試験体の調製が比較的簡単であることや，試験法自体も単純であるため頻繁に実施される．第7章に示されるような短柱型の試験体を使用し，材端から圧縮力を負荷する．圧縮力を負荷する部分にはしばしば球座を使用するが，これは端部での曲げモーメントの発生を避けるための措置である．球座を使用した場合でも，軸合わせが適切でなければ試験体に曲げモーメントが発生し，圧縮特性を正確に評価することができないので注意を要する．

以下にヤング率 E，比例限度応力 σ_{pl} および圧縮強さ σ_c の評価式を示す．

$$E = \frac{1}{A} \cdot \frac{\Delta P}{\Delta \varepsilon}$$

$$\sigma_{pl} = \frac{P_{pl}}{A} \tag{3-139}$$

$$\sigma_c = \frac{P_b}{A}$$

ここで，A：試験体の断面積，$\Delta P/\Delta \varepsilon$：荷重-ひずみ関係の初期の傾き，$P_{pl}$：比例限度荷重，$P_b$：破壊荷重である．

なお，比例限度荷重を厳密に決定することは困難な場合が多く，観測者による誤差が大きくなることから，ヤング率を示す直線の傾きから一定の割合（通常3～5%）を減じた傾きを持つ直線と荷重-ひずみ関係の交点で定義することが多い[3]．

圧縮断面に対して長さが著しく長くなると，圧縮負荷が曲げ負荷に遷移し，後述するような座屈を発生する．反対に長さが極端に短い場合，図3-42に示すような端部拘束によって生じるたる型変形など，試験体端部における異常な応力状態が試験結果に影響を与えてしまう可能性がある．したがって，直方体試験体の正方形断面の加圧面の一辺を a，高さを h としたとき，通常 h/a の値

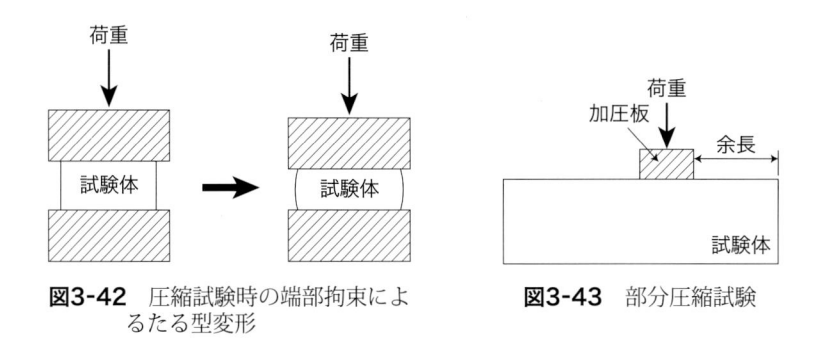

図3-42 圧縮試験時の端部拘束によるたる型変形

図3-43 部分圧縮試験

を2〜4程度として圧縮試験を行う．

なお，図3-43のように試験体の一部に横圧縮荷重を負荷する場合を部分圧縮といい，(3-139)式の A を加圧面の面積として部分圧縮強さを求める．部分圧縮強さは前述したような柱が横架材にめり込むような実用的な場面で重要であるが，加圧板の縁では引張応力やせん断応力が支配的となり，全面を圧縮する場合と挙動がかなり異なる．また，圧縮される材料の余長の影響も大きく，部分圧縮力を作用させる位置によって測定値が変化する．

c．木材の曲げ強度特性

ⅰ）曲げによる応力分布　木材をはりなどの構造部材として用いる場合など，実用的なさまざまな場面で曲げ負荷が働くことが多くあることから，曲げに関する特性はきわめて重要であるといえる．また，前述の引張や圧縮に比べて，曲げ負荷では材料の変形（たわみ）が比較的大きく，比較的簡単に特性評価を行うことが可能であるため，曲げ試験が実施される頻度はきわめて高い．

はりの下部を支持して上部から負荷を与えた場合，はりの上側が縮み下側が伸びるため，はりの上下にはそれぞれ圧縮応力および引張応力が発生する．図3-44に，曲げによって生じる曲げ応力およびせん断応力の分布を示す．曲げ応力が発生せず，伸縮のない部分は中立軸と呼ばれており，矩形断面を持つ試験体の場合，中立軸は当初図3-44aのようにはりの高さの中央に存在する．しかし，曲げモーメントが大きくなると圧縮側で材料非線形が発生し，図3-44bのように中立軸の位置が引張側に移動する．なお，はりには曲げ応力と

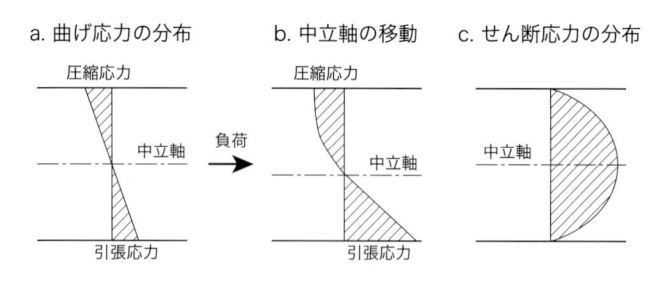

図3-44 曲げによって生じる曲げ応力およびせん断応力

同時にせん断応力も分布しており，荷重点近傍を除いて図3-44cのように中立軸付近で最も大きくなる．したがって，曲げで得られるデータは材料の引張，圧縮およびせん断の性質の組合せである．

ⅱ）**曲 げ 試 験**　前述したように，曲げ負荷を受けたはりにはさまざまな応力が組み合わさって発生し，また曲げ応力が大きくなると中立軸が移動することなど，材料の曲げに関する挙動を正確に解析するには煩雑な手順を必要とする．このような手順は実際の曲げ試験からはりの曲げ特性値（一般的には曲げヤング率 E，比例限度応力 σ_{pl}，曲げ強さ σ_b あるいは最大水平せん断応力 τ_h）を得る場合に実用的ではないため，一般には初等はり理論で曲げ特性値を評価する．図3-45に代表的な曲げ試験である3点曲げおよび4点曲げの概要とそれぞれにおけるせん断力および曲げモーメントの分布を示す．3点曲げの方が試験装置が簡便であるため，JIS（Japanese Industrial Standards，日本工業規格）やASTM（American Society for Testing and Materials）などの主要な規格には3点曲げ試験法が規格化されているが（JIS Z2101-94，ASTM D143-94）[4, 5]，4点曲げでは内スパンの間にせん断力が作用しないで純曲げの状態となるため，曲げモーメントのみによる曲げ特性の測定には好まれる．以下に高さ H，幅 B の矩形断面を持つはりの3点曲げおよび4点曲げから得られる曲げ特性値の評価式を示す．

3点曲げ：

第3章 力 と 木 材

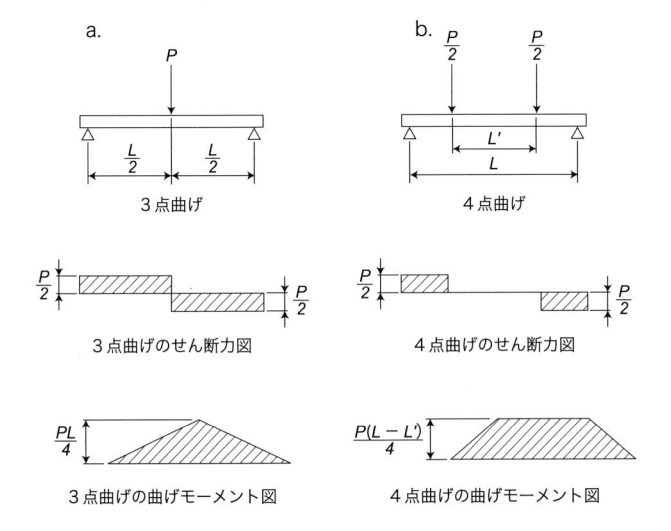

図3-45 3点曲げおよび4点曲げにおけるせん断力と曲げモーメントの分布

$$E = \frac{L^3}{4BH^3} \cdot \frac{\Delta P}{\Delta \delta}$$

$$\sigma_{pl} = \frac{3P_{pl}L}{2BH^2}$$

$$\sigma_b = \frac{3P_b L}{2BH^2}$$

$$\tau_b = \frac{3P_b}{4BH}$$

(3-140)

4点曲げ：

$$E = \frac{(L-L')(2L^2 + 2LL' - L'^2)}{8BH^3} \cdot \frac{\Delta P}{\Delta \delta}$$

$$\sigma_{pl} = \frac{3P_{pl}(L-L')}{2BH^2}$$

(3-141)

$$\sigma_b = \frac{3P_b(L-L')}{2BH^2}$$

$$\tau_b = \frac{3P_b}{4BH}$$

ここで，L:全スパン長，L':4点曲げにおける内スパン長，P_{pl}:比例限度荷重，P_b:破壊荷重，$\Delta P/\Delta\delta$:スパン中央における荷重-たわみ関係の初期線形領域の傾きである．

破壊がはりの引張側外縁部で発生した場合，はりは曲げモーメントで破壊したと考えて曲げ強さを求めるが，破壊がはりの中立軸付近で発生した場合，はりはせん断力で破壊したと考えて最大せん断応力で評価する．

iii) 曲げ特性値の測定に及ぼす試験体形状の影響

曲げ特性値に影響を与える因子はさまざま存在するが，曲げ試験特有の因子としてあげられるのが試験体形状の影響である．(3-140)式および(3-141)式に示したように，曲げヤング率ははりの荷重-たわみ関係から測定されるが，ここに示したたわみδは曲げモーメントによるたわみのみ考慮されており，せん断力によって生じるたわみの影響を無視している．しかし，図3-46に示されるように，スパン/はりせい（はりの高さ）比が小さくなると，せん断力によるたわみの影響が顕著となる．Timoshenkoのはり理論によると，3点曲げの場合，せん断力の影響を無視して得られたヤング率E_{app}は真のヤング率Eおよびせん断弾性係数Gを用いて以下のように表される[6]．

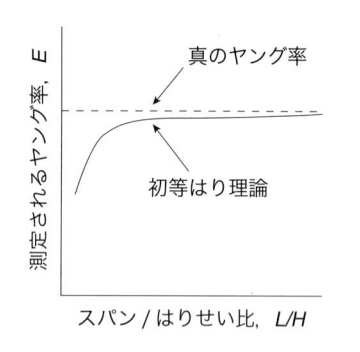

図3-46 ヤング率に対するスパン/はりせい比の影響

$$\frac{1}{E_{app}} = \frac{1}{E} + \frac{s}{G}\left(\frac{H}{L}\right)^2 \tag{3-142}$$

ここで，s:Timoshenkoのせん断ファクタで，矩形断面では$s=1.2$である．

右辺の第2項はせん断力によるたわみに起因している．たわみにおけるせん

断力の影響を少なくするにはスパン/はりせい比（L/H）を十分に大きくする必要がある.

また，試験体形状は強さの評価にも影響を与える．(3-140)式から，3点曲げの場合の曲げ強さと最大水平せん断応力との比 σ_b/τ_b は以下のようにスパン/はりせい比のみで表される．

$$\frac{\sigma_b}{\tau_b} = \frac{2L}{H} \qquad (3\text{-}143)$$

すなわち，スパン/はりせい比が大きくなると曲げで破壊することになるので，曲げヤング率や曲げ強さを適切に測定するためには十分に大きなスパン/はりせい比が必要である．また，反対にスパン/はりせい比が小さくなるとせん断破壊する可能性が大きくなる．こうした性質を利用し，JAS（Japanese Agricultural Standards，日本農林規格）にはLVLのせん断試験法として短いはりの曲げ試験（ショートビームシア試験）が標準化されている（JAS No.106)[7]．

d．木材のせん断特性

i）せん断強度特性　　前述したようなスパン/はりせい比が小さい場合，はりは曲げモーメントではなく，せん断力によって破壊することがある．また，ボルトや釘などによる接合部においてもせん断力の影響は非常に大きい．こうした例に限らず，木材を実用的な場面で使用する場合，曲げの力と同様にせん断力の影響を受けることが多い．したがって，せん断特性の適切な評価は重要であるといえる．しかし，前項まで述べた引張，圧縮，曲げなどに比べ，木材のせん断特性を適切に評価するのは非常に困難である．これは，木材のせん断強度が小さいため，せん断で力が伝達しづらく，純粋なせん断応力場を発生させるのが難しいことや，試験体に応力集中を生じやすく，応力集中した部分から生じた破壊が試験体全体に急速に伝播してしまうことに起因する．そのため，引張や圧縮のように応力-ひずみ関係全体を決定するのは困難で，せん断弾性係数とせん断強度をそれぞれ別の方法で評価することが多い．

ii）せん断特性の測定法　　引張試験や圧縮試験に比べ，せん断試験法はきわめて多岐にわたっている．これは前述したように，せん断弾性係数とせん断

強度を異なった試験法で評価することが多いことに起因する.

①いす型せん断試験法（JISおよびASTMの標準試験法）…図3-47にいす型せん断試験の概要を示す．この方法はJISやASTMに規格化されているため（JIS Z2101-94，ASTM D143-94）[4, 5]，頻繁に試験が実施され，データも十分に蓄積されている．この方法ではせん断強度のみを測定し，せん断強度τ_{max}はせん断面で均一な応力状態にあることを仮定した以下の式で与えられる．

$$\tau_{max} = \frac{P_{max}}{A} \quad (3\text{-}144)$$

ここで，P_{max}：破壊荷重，A：せん断面積である．

ただし，実際は試験体の切り欠き部における応力集中によってせん断面で均一なせん断応力状態にならず，また純粋なせん断応力のみならず垂直応力成分の影響も顕著である．そのため，応力集中している点から破壊が一気に進展し，測定値は材料の本質的なせん断強度よりも小さくなる．したがって，この方法で得られたせん断強度は定性的な材質指標として取り扱われている．ただし，せん断強度の相対的な評価を行うには十分に有効であり，また前述したように主要な規格に標準化されているため，せん断強度のデータの蓄積も十分である．

②面内せん断法…図3-48に主な面内せん断法を示す．ここに示した方法は合板の規格としてASTMに標準化されているように，薄い試験体のせん断特

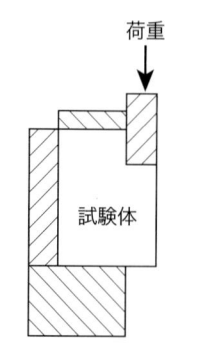

図3-47 JIS(ASTM)いす型せん断試験法

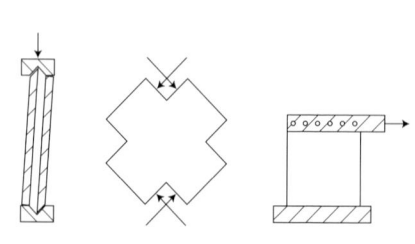

図3-48 面内せん断試験法
左：ローリングシア試験，中：パネルシア試験，右：レールシア試験．

性評価にしばしば用いられる（ASTM D2718-95, D2719-89）[8, 9].

いす型せん断試験法に比べ，面内せん断法では着力点から十分に遠ければ比較的均一なせん断応力場が得られるため，せん断ひずみを測定することによってせん断弾性係数を得ることが可能である．しかし，試験体を保持している部分の応力集中によって破壊が発生するため，得られたせん断強度は材料の本質的なせん断強度よりも小さくなる．また，特殊な試験装置を使用するために試験体形状が制約されることが多い．しかし，いす型せん断試験法と同様，せん断強度の相対的な評価には十分に有効であるといえる．

③**ねじり試験法**…ねじり試験は材料に純粋なせん断応力を発生させることができるため，せん断特性評価に適した方法であると考えられており，ASTMにはねじり試験法によって実大材のせん断弾性係数やせん断強度を測定する方法が規格化されている（ASTM D198-94）[10]．等方体の弾性理論から，矩形断面棒のせん断強さ τ_{tor} は以下の式で近似的に表される．

$$\tau_{tor} = \frac{3M_{max}}{a^2(b-0.63a)} \quad (3\text{-}145)$$

ここで，M_{max}：最大ねじりモーメント，a，b：それぞれ短辺および長辺の長さである．

この方法には試験体の異方性を無視していることや，ねじりモーメントを負荷するために特殊な装置が必要であることなど，実施する上で問題になることが多い．また，材料の非線形挙動を無視しているため，(3-145)式で得られるせん断強度は真のせん断強度よりも大きくなる．

④ **off-axis 法**…木材や木質材料は応力‐ひずみ関係における異方性が大きいため，異方性主軸を傾けた試験体（off-axis 試験体）を単軸引張（圧縮）試験することによってせん断応力の影響を強調することが可能である．通常は図 3-49 のように試験体の材軸と異方性主軸のなす角度が 45°になるようにして単軸引張（圧縮）試験することによりせん断弾性係数を求める．材軸方向（異方性主軸と 45°方向）のヤング率を E_{45}，ポアソン比を ν_{45}

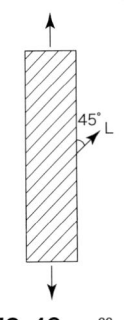

図3-49 off-axis 試験法

とすると，せん断弾性係数 G は以下の式で求めることができる[11]．

$$G = \frac{E_{45}}{2(1 + \nu_{45})} \quad (3\text{-}146)$$

この方法では繊維に垂直な方向の引張（圧縮）応力成分の影響が強く，純粋なせん断応力状態とならないため，せん断強度の測定には不向きである．

⑤ショートビームシア法…曲げ試験の項で述べたように，ショートビームシア法はスパン/はりせい比の小さい試験体を曲げ試験し，中立軸付近でせん断破壊を発生させてせん断強度を評価する方法である．3点曲げおよび4点曲げにおけるせん断強度はそれぞれ（3-140）式および（3-141）式の τ_b で与えられる．

JAS に定められている単板積層材および構造用単板積層材の規格には，スパンをはりせいの4倍にして3点曲げを行う方法が示されている（JAS No.106）[7]．ただし，スパン/はりせい比が大きいとせん断破壊する以前に曲げ破壊が生じてしまい，せん断強度の評価ができない．また，反対にスパン/はりせい比が小さくなると荷重点が相対的に近くなり，試験体全体に荷重点近傍の複雑な応力状態が影響を与えるため，曲げ挙動がはり理論から逸脱してしまい，せん断強度が大きく評価される傾向がある．したがって，ショートビームシア法で得られたせん断強度は定性的な値であるとされている．

e．木材の座屈現象

木材の圧縮時の挙動についてはすでに述べた通りであるが，細長い柱状の試験体の端部に圧縮力を負荷した場合，柱の不均質性やわずかな偏心荷重の作用によって曲げ変形を発生する．このように圧縮から曲げに遷移する挙動を座屈という．

図 3-50 のように，両端をピン支持された柱に軸圧縮力を負荷すると，座屈の発生によって応力-ひずみ関係に分岐が生じ，さらに荷重を負荷し続けることで破壊する．座屈強さは応力-ひずみ関係の分岐が生じる際の応力 σ_b で与えられる．座屈強さは以下に示される柱の細長比 λ によって大きく影響される．

第3章 力と木材

両端ピン支持の柱の座屈

座屈による応力σ-ひずみε関係の分岐

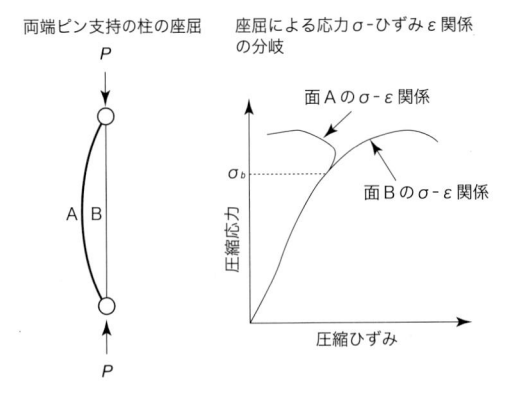

図3-50 座屈による応力-ひずみ曲線の分岐

$$\lambda = \frac{l}{\sqrt{I/A}} \tag{3-147}$$

ここで，l：柱の有効長さ，A：柱の断面積，I：柱の断面2次モーメントの最小値である．

l が100よりも大きい柱は長柱，20～100程度のものは中間柱，20よりも小さいものは短柱と呼ばれている．一般に，座屈が生じるのは長柱および中間柱で，短柱は座屈を生じることなく圧縮強度に至ったときに破壊する．

長柱の場合，柱は応力-ひずみ関係が弾性を保った状態で座屈を発生し，座屈強さは弾性理論から求められた以下のEulerの式で表すことができる．

$$\sigma_b = \frac{\pi E}{\lambda^2} \tag{3-148}$$

ここで，E：柱の長手方向のヤング率である．

中間柱の座屈は，圧縮力の作用により材料非線形挙動を示したのち発生するため，Eulerの式を用いることはできない．中間柱の細長比と座屈強さの関係を表す以下のような経験式が提案されている．

Tetmajerの式[12]

$$\sigma_b = F(1 - a\lambda) \tag{3-149}$$

ここで，F：短柱の圧縮試験から求めた圧縮強さ，a：実験的に決定された定数である．

Newlin-Gahaganの式[13]

$$\sigma_b = F\left[1 - \frac{F-Y}{F} \cdot \left(\frac{\lambda}{\lambda_y}\right)^{2Y/(F-Y)}\right] \qquad (3\text{-}150)$$

ここで，Y：短柱の圧縮試験から得られる圧縮比例限度応力，λ_y：座屈強さが圧縮比例限度応力に一致したときの細長比である．

(3-148)式から以下のように表される．

$$\lambda_y = \sqrt{\pi E/Y} \qquad (3\text{-}151)$$

図 3-51 に Euler, Tetmajer および Newlin-Gahagan の式によって得られる座屈強さ - 細長比の関係を示す．中間柱の座屈強さについては，樹種によって式の適合性の良否が異なり，また短柱の圧縮時の応力 - ひずみ関係で非線形領域の小さいものは Tetmajer の式が，非線形領域の大きいものは Newlin-Gahagan の式がよく適合する[14]．

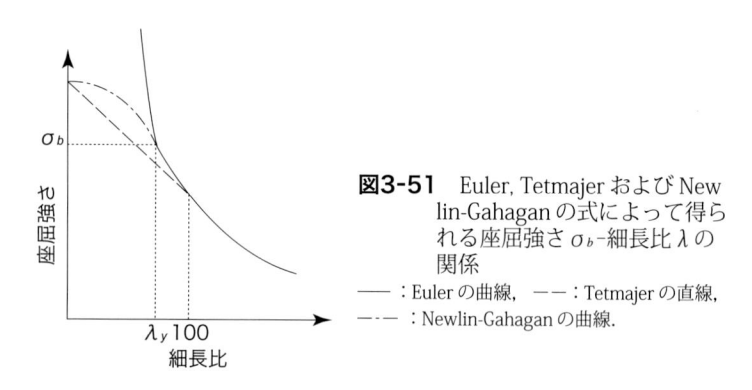

図3-51 Euler, Tetmajer および Newlin-Gahagan の式によって得られる座屈強さ σ_b-細長比 λ の関係
―――：Euler の曲線，― ―：Tetmajer の直線，
―・―：Newlin-Gahagan の曲線．

f．複合応力状態における木材の破壊

前項までは主に異方性主軸方向に単純な負荷が働いたときの挙動について述べたが，材料を実際の構造部材として使用する際には，異方性主軸のみに単純な応力が発生するような場合はほとんどなく，さまざまな応力成分が複合して発生する．したがって，複合応力状態における破壊挙動を知ることは重要であるといえる．

図 3-52 に，x 軸および y 軸が異方性主軸である平面応力状態における 3 つの応力成分 σ_x，σ_y，τ_{xy} を示す．複合応力状態におかれている材料に破壊が

発生する条件を数式で記述したものは，破壊条件と呼ばれている．平面応力状態における破壊条件は，以下のように前記の3つの応力成分の関数が，ある臨界値に達したときであるとしたものがほとんどである．

$$f(\sigma_x, \sigma_y, \tau_{xy}) = c \quad (3\text{-}152)$$

ここで，c：定数である．

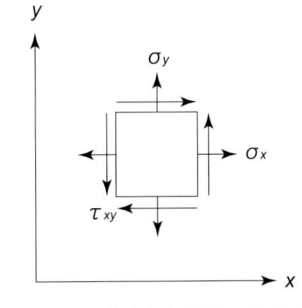

図3-52 平面応力状態における3つの応力成分 σ_x, σ_y, τ_{xy}

木材のような直交異方性材料の破壊条件は多く存在するが[15]，ここでは最大応力説，最大ひずみ説および相互作用説について述べる．

ⅰ) 最 大 応 力 説　最大応力説は，各応力成分がそれぞれの強度値に達したときに破壊が発生するというものであり，以下の式で示される[16]．

$$\begin{aligned}\sigma_x &= X^t \quad \text{あるいは} \quad -X^c \\ \sigma_y &= Y^t \quad \text{あるいは} \quad -Y^c \\ \tau_{xy} &= S \quad \text{あるいは} \quad -S \end{aligned} \quad (3\text{-}153)$$

ここで X^t, X^c：x軸方向における引張強度および圧縮強度，Y^t, Y^c：y軸方向における引張強度および圧縮強度，S：xy平面におけるせん断強度である．

ⅱ) 最大ひずみ説　最大ひずみ説は，異方性主軸方向のひずみ成分がそれぞれの最大値に達したときに破壊が発生するというものであり，以下の式で示される．

$$\begin{aligned}\varepsilon_x &= \varepsilon_x^{\,t} \quad \text{あるいは} \quad -\varepsilon_x^{\,c} \\ \varepsilon_y &= \varepsilon_y^{\,t} \quad \text{あるいは} \quad -\varepsilon_y^{\,c} \\ \gamma_{xy} &= \gamma_{xy}^{\,u} \quad \text{あるいは} \quad -\gamma_{xy}^{\,u} \end{aligned} \quad (3\text{-}154)$$

ここで，$\varepsilon_x^{\,t}$, $\varepsilon_x^{\,c}$：x軸方向における引張ひずみおよび圧縮ひずみの最大値，$\varepsilon_y^{\,t}$, $\varepsilon_y^{\,c}$：x軸方向における引張ひずみおよび圧縮ひずみの最大値，$\gamma_x^{\,u}$：xy平面におけるせん断ひずみの最大値である．

ⅲ) 相 互 作 用 説　最大応力説や最大ひずみ説では，3つの応力成分あ

るいはひずみ成分が互いに影響を及ぼさないことを前提としているが，以下に述べる相互作用説は3つの応力成分が互いに影響を与えることを前提としたものである．代表的な条件としてHill型の破壊条件およびTsai-Wuの破壊条件について記す．

① Hill型の破壊条件…Hill型の破壊条件では，応力成分が以下の2次式を満足したときに破壊するとする[15]．

$$\frac{\sigma_x^2}{X^2} + \frac{\sigma_y^2}{Y^2} + \frac{\tau_{xy}^2}{S^2} - p \cdot \frac{\sigma_x \sigma_y}{XY} = 1 \qquad (3\text{-}155)$$

ここで，$X:X^t$あるいは$-X^c$，$Y:Y^t$あるいは$-Y^c$である．また，p：実験的に決定される定数で，さまざまに提案されている．

② Tsai-Wuの破壊条件…Tsai-Wuの条件は圧縮引張に関する挙動の違いを一義的に表現できる破壊条件で，以下の式で表される[17]．

$$F_x \sigma_x + F_y \sigma_y + F_{xx} \sigma_{xx}^2 + F_{yy} \sigma_{yy}^2 + F_s \tau_{xy}^2 + 2F_{xy} \sigma_x \sigma_y = 1 \qquad (3\text{-}156)$$

ここで，F_{xy}以外は異方性主軸方向の力学試験から決定され

$$F_x = \frac{1}{X^t} - \frac{1}{X^c},\ F_y = \frac{1}{Y^t} - \frac{1}{Y^c},\ F_{xx} = \frac{1}{X^t X^c},\ F_{yy} = \frac{1}{Y^t Y^c},\ F_s = \frac{1}{S^2} \quad (3\text{-}157)$$

である．一方，F_{xy}には以下の式が適合するとされている．

$$F_{xy} = -\frac{\sqrt{F_{xx} F_{yy}}}{2} \qquad (3\text{-}158)$$

図3-53のように，試験体の異方性主軸を傾けて実施する単軸引張（圧縮）試験は，さまざまに角度を変化させることによって容易に応力状態をかえることが可能であるため，複合応力状態における強度試験としてもっとも頻繁に行われる．この図のように異方性主軸（x軸）と荷重の方向のなす角がθのとき，単軸応力F_θで破壊が発生したとすると，異方性主軸方向の応力は

$$\begin{aligned}\sigma_x &= F_\theta \cos^2 \theta \\ \sigma_y &= F_\theta \sin^2 \theta \\ \tau_{xy} &= F_\theta \cos\theta \sin\theta\end{aligned} \qquad (3\text{-}159)$$

である．(3-159)式を(3-155)式に代入し，さらに$p = XY/S^2 - 2$とおくと，

F_θ と θ の関係は以下の Hankinson の式で表される.

$$F_\theta = \frac{XY}{X\sin^2\theta + Y\cos^2\theta} \quad (3\text{-}160)$$

この式の $\sin^2\theta$ および $\cos^2\theta$ をより一般化して $\sin^n\theta$ および $\cos^n\theta$ とすることもある. ここで n は実験的に求める定数で, 1.5～3.0（引張), 2.5～3.0（圧縮), 1.8～2.3（曲げ）という値が得られている[12]. また, (3-159)式を (3-153)式に代入することにより, 最大応力説に基づいた強度と繊維傾斜角の関係を得ることができる. 図3-54に最大応力説およびHankinsonの式に基づいた単軸強さ F_θ と繊維傾斜角 θ との関係を示す. 単軸試験の結果からは, 最大応力説よりも相互作用説の方がよく適合することが示されている.

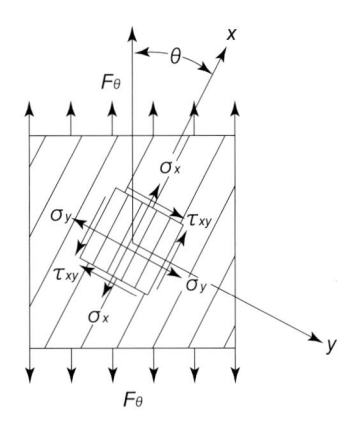

図3-53 単軸引張状態にある異方性材料

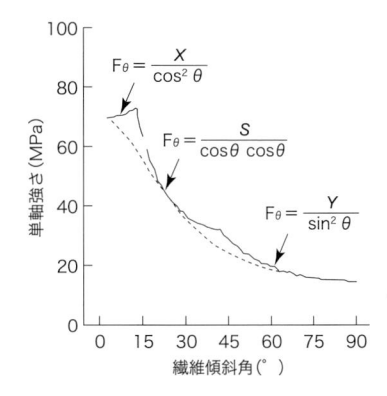

図3-54 単軸強さ F_θ と繊維傾斜角 θ の関係
$X=70\text{MPa}$, $Y=15\text{MPa}$, $S=16\text{MPa}$. ——: 最大応力説, ------: Hankinson の式 ($n=2$).

g. 破壊力学的取扱い

材料に鋭いき裂がある場合, き裂先端では応力が特異な状態となるため, 前項に述べたような応力, あるいはひずみ支配による破壊条件で破壊の予測あるいは記述をすることは困難である. き裂を有する材料の破壊を予測することは, き裂の成長開始を予測することに帰着され, 破壊力学的な手法で解析すること

が有効である．

図3-55にき裂先端付近における3つの変位モードを示す．これら3つの変位モードについて，き裂先端の塑性域がき裂長さに比べて十分に小さいと仮定すれば，開口モード（モードⅠ），面内せん断モード（モードⅡ）および面外せん断モード（モードⅢ）の各変位モードに関して単位面積当たりのき裂を生じさせるのに必要な仕事 G_{Ic}，G_{IIc}，G_{IIIc} が線形破壊力学に基づいて定義される．

図3-56にき裂長さ a を持つ材料に荷重を負荷し，$a+\Delta a$ の長さまでき裂を進展させたあと除荷したときの荷重 (P)-変位 (u) 関係の模式図を示す．き裂の進展のために供給されたエネルギーはこの図の網掛け部分の面積 ΔS に相当する．したがって，き裂の幅を B とすると生成されるき裂面積は $B\Delta a$ となるため，前述の G_c の値は以下の式で示される．

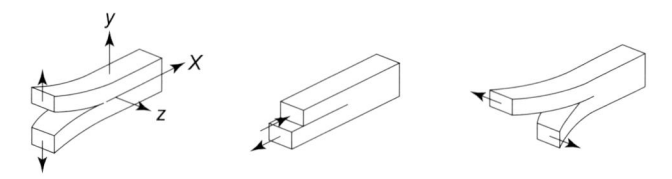

図3-55 き裂先端付近における3つの変位モード
左：開口モード，中：面内せん断モード，右：面外せん断モード．

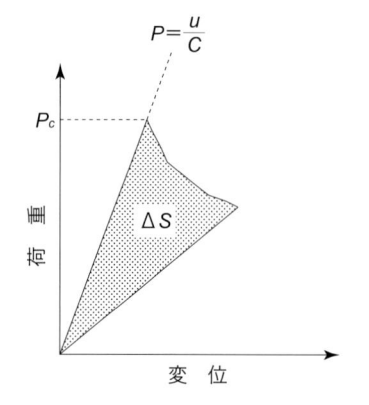

図3-56 き裂進展時の荷重 P-変位 u 関係

$$G_c = \frac{\Delta S}{B\Delta a} \quad (3\text{-}161)$$

このような方法は一般に面積法と呼ばれている．また，試験中に材料が線形弾性を保っているならば，荷重と変位の関係は以下の式で表される．

$$u = CP \quad (3\text{-}162)$$

ここで，C：試験体のコンプライアンスである．

図3-56のように，き裂長さ a を持つ材料が臨界荷重 P_c でき裂進展を開始したと

すると，G_c は以下の式で示される．

$$G_c = \frac{P_c^2}{2B} \cdot \frac{\partial C}{\partial a} \tag{3-163}$$

コンプライアンスを用いる方法は，一般にコンプライアンス法と呼ばれている．面積法は直接的であるが，面積測定のための負荷 - 除荷サイクルを必要とする．一方，コンプライアンス法は単一な負荷過程のみから G_c 値を得ることが可能である．

以下にコンプライアンス法によるモードⅠとモードⅡの G_c 値（G_{Ic} および G_{IIc}）の測定法である双片持ちばり試験（DCB試験）および端部切欠ばり曲げ試験（ENF試験）について示す．DCB試験は図 3-57（左）のように，中央にき裂が挿入された試験体の片持ちばり部分に対して上下方向に引張力を加えることによってモードⅠの破壊を生じさせる方法である．幅 B で厚さ $2H$ の矩形断面を持つ通直な試験体の端部に長さ a のき裂が挿入されているとし，開口変位を δ とすると，初等はり理論から荷重点のコンプライアンス C（$=\delta/P$）は以下の式で表される．

$$C = \frac{8a^3}{E_x B H^3} \tag{3-164}$$

ここで，E_x：試験体の長手方向のヤング率である．

(3-164)式を（3-163)式に代入することにより，モードⅠの G_c 値である G_{Ic} は以下の式で与えられる．

$$G_{Ic} = \frac{12 P_c^2 a^2}{E_x B^2 H^3} = \frac{3 P_c^2 C}{2Ba} \tag{3-165}$$

き裂を繊維方向に沿って入れた場合，G_{Ic} の値はスプルースでおよそ 0.1 〜 0.3kJ/m² 程度である[18]．一方，ENF試験は図 3-57（右）のように中央にき裂が挿入された試験体を2点で支持し，中央に集中荷重を加えてモードⅡの破壊を生じさせる方法である．DCB試験体と同じ形状を持つ試験体がスパン $2L$ で支持されているとし，スパン中央に荷重 P を負荷したときの荷重点変位を δ とすると，初等はり理論から荷重点のコンプライアンス C（$=\delta/P$）は以下

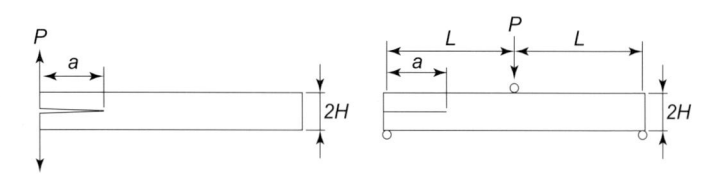

図3-57 モードⅠおよびモードⅡの破壊じん性値測定値のためのDCB試験(左)およびENF試験(右)

の式で表される.

$$C = \frac{2L^3+3a^3}{8E_xBH^3} \quad (3\text{-}166)$$

(3-166)式を(3-163)式に代入することにより,$G_{Ⅱc}$値は以下の式で与えられる.

$$G_{Ⅱc} = \frac{9P_C^2a^2}{16E_xB^2H^3} = \frac{9P_C^2Ca^2}{2B(2L^3+3a^3)} \quad (3\text{-}167)$$

き裂を繊維方向に沿って入れた場合,$G_{Ⅱc}$の値はスプルースでおよそ 0.3～0.7kJ/m² 程度で,一般に $G_{Ⅰc}$ 値よりも大きい[19, 20].なお,モードⅠやモードⅡに比べ,モードⅢに関する試験法についてはまだ十分に整備されているとはいえないが,$G_{Ⅲc}$の値がスプルースでおよそ 1.0～1.5kJ/m² 程度で,ほかのモードの G_c 値よりも大きいという報告がある[21].

(2) 木材の強度に影響を与える因子

a．樹幹形成

樹木は樹幹中心部が未成熟であり,未成熟材部の弾性率および強度は成熟材部よりも小さい.これは未成熟材部繊維が成熟材部繊維に比べて繊維長が短く,ミクロフィブリル傾角が大きく,壁厚が薄いなど,強度的性質が低下するように作用する因子が多いことによる.

b．密度(比重)

一般に,木材の密度(比重)が大きくなると弾性率や強度が大きくなる.前述したように,未成熟材部は成熟材部に比べて壁厚が薄いために密度が小さく,

強度が低くなる傾向がある.一般的に密度 r と強度 F には以下の関係が成立することが実験的に示されている[22].

$$F = ar^b \tag{3-168}$$

ここで,a,b:実験的に得られる定数で,負荷の方法によって異なる.

このうち,b の値についてはいずれの負荷方法においても 1 に近いことが報告されているため,$b = 1$ として(3-168)式から

$$a = \frac{F}{r} \tag{3-169}$$

a の値を比強度として材質指標とすることがある.繊維方向における木材の比強度は,コンクリートや金属よりも大きい.

c. 節

節は木材の繊維の乱れや目切れなどの欠陥の原因となり,節での応力集中によって強度は低下する.節の影響は圧縮強度よりも引張強度に著しい[12].また,材の表面近くの節ほど強度に与える影響が大きい.したがって,有節材を曲げる場合,節を引張側に配置するように曲げ負荷をかけると曲げ強度が著しく低下する.木材の強度特性を評価する際には,こうした節の影響を避けるように試験体を調製するが,実際の製材品において節を避けることは困難な場合が多い.したがって,製材の規格や許容応力度の算定には節の影響が考慮される.

d. 含水率

図 3-58 に含水率と強度の関係を示す.含水率が 0% から繊維飽和点(25〜35%程度)までの間では結合水の増減によって含水率が変動するが,結合水の存在状態は木材実質の凝集力を変化させるため,強度特性に変化が生じる.したがって,繊維飽和点以下の含水率において,図 3-58a のように含水率の上昇とともに強度が低下する傾向にあるといえる.ただし,こうした傾向と逸脱し,図 3-58b のように含水率が 5〜8% で極大値となる場合もある[23].

一方,含水率が繊維飽和点以上では自由水によって含水率変動が生じるが,自由水は細胞壁の膨潤収縮に作用せず,木材実質の凝集力の変化がない.したがって,繊維飽和点以上では含水率が変化しても強度は変化しない.こうした

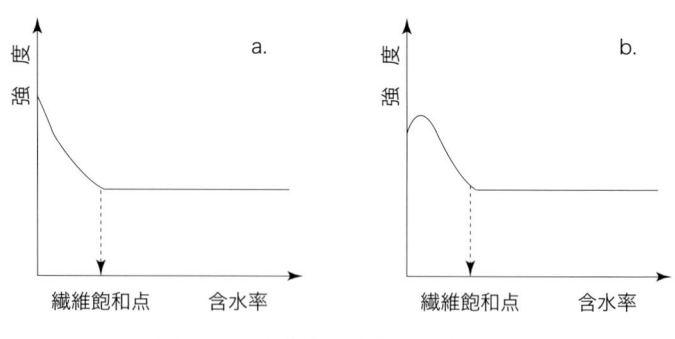

図3-58 含水率が強度に及ぼす影響

繊維飽和点前後における強度的性質の違いから，木材の繊維飽和点を求めることもある．

e．温　　度

一般的に，材温が上昇すると強度は低下する．これは，温度上昇に伴う熱膨張，分子運動の活発化，結晶格子の間隔の変化に伴う凝集力の減少など，強度的性質が低下するように作用する因子が多いことによる．特に材温が180℃を超えると熱分解によって急激に強度が低下する．また，温度の影響は水分の存在によりいっそう顕著になる[24]．

f．荷　重　速　度

木材の強度特性は，荷重速度や変形速度が大きくなると上昇する傾向がある．したがって，前述した一連の静的試験では，荷重速度や変形速度の影響を少なくするように速度を規定している．ただし，実用上必ずしも静的に荷重が負荷されるとは限らないため，強度的性質におよぼす荷重速度の影響を知ることは重要である．

荷重速度vと強度fには以下の関係が実験的に得られている[25]．

$$f = \alpha + \beta \log v \tag{3-170}$$

ここで，α，β：実験的に得られたパラメータである．

(3-170)式は強度のみならず弾性率にも当てはまる．なお，外力の速度が十分に大きく，短時間に材料に作用するようにしたときの破壊応力を衝撃強さと

して定義する．第7章に衝撃試験の概要が示されているが，破壊に消費したエネルギーを衝撃強さの評価としている．衝撃試験には，その簡便さのため3点曲げ方式のシャルピー型試験を採用する場合が多い．衝撃強さは物理的な意味付けが必ずしも明確とはいえないため，得られた値は材質比較の指標としての意味合いが強いが，材料の欠点に敏感であることや，試験時間が短いなどの理由に基づいて実施されることが多い．

g．寸　　　法

木材に限らず，材料は体積が大きくなるほど強度が低下する．これは体積が大きくなるほど欠陥が含まれる可能性が大きくなることに起因する．Weibullによると体積 V_1 および V_2 の相似形の試験体で強度試験を行った場合，それぞれの強度 F_1 および F_2 と体積との関係は以下の式で示される．

$$\frac{F_1}{F_2} = \left(\frac{V_2}{V_1}\right)^{1/m} \tag{3-171}$$

ここで，m：寸法の影響（寸法効果）の大きさを表す定数であり，材料や負荷の方法によって一定である．

m の値が大きいほど寸法効果が大きいことになる．引張強度やせん断強度については m の値が大きく，寸法効果が顕著であるといえるが，圧縮強度では寸法効果があまり顕著ではない．また，曲げ強度については引張と圧縮の中間的な挙動を示す[26]．

建築物に木材を使用する場合，実大サイズの強度を見積もる必要があるが，以上のような寸法効果のため，無欠点小試験体の材料試験のデータをそのまま使用することは困難である．こうした困難を克服するために，実大サイズを持つ材料で試験をすることが一般化している．その一方，寸法効果を適切に評価することができれば，より小さな寸法を持つ試験体の試験結果から実大材の強度の評価が可能になると思われる．

2）硬さ（硬さ，反発性）

木材の硬さと反発性は，木材表面の物性や強度を反映しており，したがって

人間と木材，あるいは木材と他の材料との接触現象の基礎として，また木材全体の力学的性質や加工性の指標としても重要である．

(1) 硬　　さ

硬さは，ほかの物体の圧入作用や引っかき作用に対する抵抗性，刃物による切削作用に対する抵抗性，さらには衝突時の反発性などの意味と内容を持っている．木材の硬さの測定は，一般に，球形圧子を木材表面に対して静的に押し付けることによって行われ，得られた圧入荷重と圧痕面積あるいは圧入深さから圧入抵抗値（圧痕部の表面積または投影面積当たりの圧入力）として求められる．この球形圧子の押込み時の変形は木口面では主として木材の縦圧縮であるのに対し，まさ目面や板目面では横圧縮に続いて繊維方向の引張の関与が増大し，繊維直角方向のせん断も寄与するようになる．したがって，圧痕の形状は木口面ではほぼ正円であるが，まさ目面や板目面では繊維方向に短軸，繊維直角方向に長軸を有し，長軸が短軸より約 11 ～ 17％ ほど大きい楕円となる[1]．このような球形圧子を用いる方法には，ブリネル硬さ，ヤンカ硬さ，マイヤー硬さなどがあり，世界で広く採用されている．

わが国では，ブリネル硬さ法が採用され，JIS 規格（Z2117）では以下の規程になっている．試験方法において，試験面に直径 10mm の鋼球を毎分約 0.5mm の速度で深さ $1/\pi$ mm（約 0.32mm）まで圧入し，そのときの圧入荷重 P[N] を測定する．このようにすれば，圧痕面積が 10mm^2 であることから，硬さ H[MPa] は次式から求まる．

$$H = P/10 \tag{3-172}$$

木材の硬さは供試樹種の密度，含水率，年輪，試験面などによって異なる．密度の増加によって木材の硬さは増加し，同一密度では木口面の硬さが縦断面（まさ目面や板目面）に比べ大きい（図 3-59）[2]．まさ目面と板目面の硬さを比べると，針葉樹では前者の方が，広葉樹では後者の方がやや大きい傾向が見られる（表 3-4）．このように，木材の硬さは木材の異方性に加え，組織構造（年輪幅，早晩材，放射組織など）による影響を受ける．含水率の影響については，

ほかの力学的性質と同様に，繊維飽和点以下において木材の硬さは含水率の増加によって低下する．

金属材料で採用されているショア硬さを応用し，先端に鋼球を付けた重錘を木材面に自由落下させ，衝突によってできる圧痕の大きさや重錘の跳ね上がり高さから，硬さを簡易的に求める方法が提案されている．この方法は先の静的硬さに対して動的硬さ（衝撃硬さ）と呼ばれる．高さ h_0 から質量 m の鋼球を自由落下させ，衝突後鋼球が h まで跳ね上がった

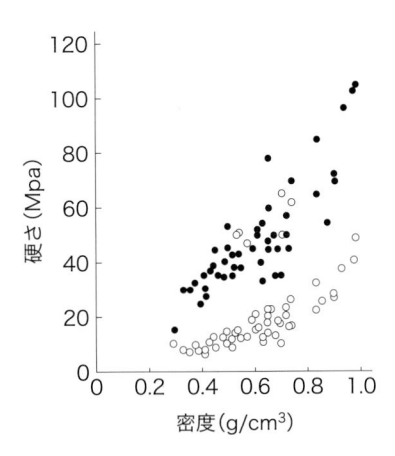

図3-59 木材の密度と硬さの関係
●：木口面，○：縦断面．（佐道 健，1985）

表3-4 日本産主要樹種の硬さ

樹　種	木口面（MPa）	まさ目面（MPa）	板目面（MPa）
針葉樹			
サワラ	30	9.0	7.0
スギ	30	10.0	8.0
エゾマツ	35	10.0	8.0
モミ	35	10.0	8.0
ヒノキ	35	11.0	11.0
カラマツ	45	14.5	13.5
ツガ	40	12.0	11.0
アカマツ	40	12.5	12.0
広葉樹			
キリ	15	11.0	10.0
カツラ	35	10.0	12.0
クスノキ	35	12.5	13.5
ヤチダモ	35	12.5	14.5
ブナ	45	19.5	17.5
マカンバ	50	21.5	23.5
ミズナラ	35	12.5	14.5
ケヤキ	45	17.5	19.5
シラカシ	65	29.5	34.5
イスノキ	70	27.5	29.5

木材工業ハンドブック，丸善，2004より作表．

とし,落下物体の衝突前後の速度をそれぞれ v_1, v_2 とすると,反発係数 e は次式で定義される.

$$e = v_2/v_1 = \sqrt{h/h_0} \tag{3-173}$$

祖父江ら[3]によると,この反発係数と静的硬さの対数の間に高い相関が見られ,反発係数が木材の硬さの指標となりうることを示唆している(図3-60).

(2) 反 発 性

木材の表面弾性は木質床上における人間の歩行感や運動感,物体が落下したときの物体の破損や木材表面の圧痕(傷)の程度と関連し,実用上重要である.この木材の表面弾性と密接に関連するのが,木材表面に球体が衝突するときの反発性である.

佐道ら[4]によると,木材表面に球体が衝突するときの反発性は,衝突球体の材質により異なることが明らかにされている.木材と比較して著しく弾性係数の低いシリコンゴム球の反発性は,木材の樹種や衝突面の構造の影響をあまり受けないが,弾性係数の大きいガラス球や鋼球の場合は樹種(密度)や衝突

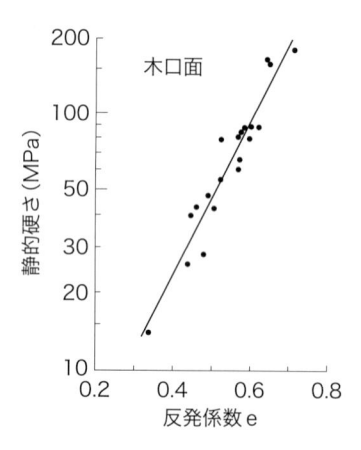

図3-60 反発係数と静的硬さの関係
(祖父江信夫,1982)

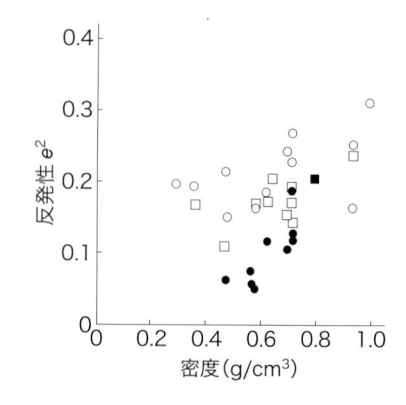

図3-61 木材の密度と表面での鋼球の反発性 e^2 の関係
●:木口面,○:まさ目面,□:板目面. (佐道健ら,1983)

面の構造によって反発性が異なる.

直径 10mm の鋼球を落下させたときの各木材断面における反発係数の自乗値 e^2 と供試樹種の密度の関係を図 3-61 に示す. e^2 値は球体の衝突前後の運動エネルギー比と等価であり,したがって $(1-e^2)$ はエネルギー吸収率を表す.木口面,まさ目面および板目面のいずれにおいても e^2 の値は密度の増加に伴い増大しており,密度の大きい樹種ほど反発性が高いことがわかる.また,同一樹種(密度)では,木口面の方が小さな e^2 値を呈し,木口面の反発性はまさ目面や板目面と比較して低い.これは鋼球の衝突による木口面の変形では塑性変形によるエネルギーの吸収が大きく,逆にまさ目面や板目面の場合はより弾性的変形の寄与が大きいことを示す.

3)摩擦と摩耗

2つの個体が接触して,互いに相対運動を行う場合には,その接触面において抵抗が生じる.この抵抗を摩擦(friction)と呼び,摩擦が生じることによって,接触している表面から材料が損失する現象を摩耗(wear)と呼ぶ[1].

摩擦現象の科学的研究は15世紀に始まり,レオナルド・ダ・ビンチは摩擦の実験に木材を利用して摩擦力を調べている.これに対して,摩耗の研究が本格的に始まったのは,20世紀に入ってからである.このような個体同士の接触を扱った問題は,摩擦と摩耗の現象に加え,摩擦を少なくする潤滑の現象も重要となる.20世紀中頃に入ってから,摩擦,摩耗および潤滑の分野を一括して「トライボロジー(tribology)」と呼ぶようになった.トライボロジーは,相対運動を行いながら相互作用を及ぼしあう表面およびそれに関連する実際問題の科学技術と定義されている[2].そこで,木材の接触現象をトライボロジーの観点から捉えた場合には,木材の摩擦ではほかの材料や人体の皮膚との接触,水分を含んだ木材に摩擦が生じる場合の潤滑の効果,木材を硬質の突起物や粒子によって削り取る摩耗の現象などについて取り上げることができる.

(1) 摩　　　擦

　個体同士の接触において生じる摩擦力は，古くは接触する表面の凹凸同士が重なりあうことによる抵抗力と考えられてきた．その後，摩擦力は接触面において分子的なレベルで働く凝着力による考え方が現れてきた．個体の摩擦の現象は，このような凹凸説と凝着説による両者の考え方[3]を用いて科学的に説明できるようになってきた．

　木材の摩擦現象は，古くから個体の摩擦現象を調べるための実験材料に用いられたことはあったが，20世紀に入り，木材および木質材料が工業製品として大量生産されるようになり，本格的に研究が進められた．木材の摩擦は，住宅や体育館のような床板の滑り具合において，また木材を加工する場合の工具との接触などにおいて問題にされる．

　木材の摩擦力は，接触面積にかかわらず，垂直力（荷重）に比例するクーロンの摩擦法則が成立する．一般に摩擦力は，接触した固体が滑り始めるときに生じる静摩擦力 F_s と，すべり運動が行われているときの動摩擦力 F_d に分けることができる．それらは，摩擦面への垂直力を F，動摩擦係数を μ_s および静摩擦係数を μ_d すると，以下のように表される．

$$F_s = \mu_s F, \quad F_d = \mu_d F \tag{3-174}$$

　村瀬は木材と鋼球の摩擦現象についてバウデン・テイバーによる摩擦理論[4]を出発点として，木材と鋼球の摩擦力 F を変形成分 F_D と凝着成分 F_A とから，以下のように説明している[5]．

$$F = F_D + F_A = F_D + A_r \cdot S \tag{3-175}$$

　(3-175) 式における F_D は軟材料を変形するに要する力，F_A は木材と鋼が接触する面積 A_r と木材の凝着結合部のせん断強さ S である．

　木材の摩擦係数は，接触面の温度や木材中に含まれる水分の形態によって変化する．また，木材と鋼の接触においては，まさ目面では μ_s は μ_d に比べて大きくなるのに対して，木口面では μ_s と μ_d は同程度になり，木材特有の組織構造の影響を受ける．まさ目面を繊維に平行に摩擦した場合には，μ_s および

μ_d はともに垂直荷重 W に依存せず，常に一定となる．接触面の温度の変化における摩擦係数の値 μ_s および μ_d は，木材と接触する鋼の表面温度 T が高くなるほど小さくなり，$T=160℃$ を越えたところから急激に増加する．木材の摩擦現象における水分の潤滑の効果については，図3-62の結果のように，木材中の含水率の変化によって異なる．木材が鋼上で50mの距離を滑ったときの摩擦係数は，繊維飽和点付近までは含水率の増加とともに大き

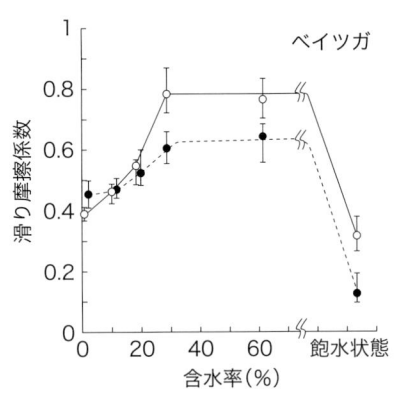

図3-62 摩擦係数と含水率との関係
滑り速度…○：1m/sec，●：50m/sec．（村瀬安英，1980）

くなるが，それ以上の含水率においては，木材中の空隙に自由水が保持されている範囲において一定となり，多量の自由水が接触面に介在する場合には急激に低下する．

(2) 摩 耗

材料を運搬するときに摩擦を減らす試みは，古代エジプトのピラミッド建造の時代から試みられてきた．このときに生じる摩耗のような材料損失への対処は，部材を交換することで事足りていた．ところが，産業革命以降の機械化によって，部材の交換では対処できない事態に直面することが多くなった．このような背景から，20世紀に入り，摩耗についての科学的な研究が本格的に進められるようになった．個体の摩耗現象には，さまざまな形態のものが発見されているが，摩耗の研究分野においては，アブレシブ摩耗（abrasive wear），凝着摩耗（adhesive wear），腐食摩耗（corrosive wear）および疲労摩耗（fatigue wear）の分類が広く知られている[2]．

木材の摩耗は，体育館や住宅の床板，階段や腰板などに木材がそのまま使用されたりする条件において問題となる．一方では，研削加工のように，砥粒に

より材料が損失する現象を加工に応用した例もある．これらに含まれる現象は，硬質の突起物や粒子によって，木材の表面が削り取られるアブレシブ摩耗が主要因である．木材の摩耗の問題を取り扱う場合には，アブレージョン（abrasion）の作用（引っ掻き作用）によって引き起こされるアブレシブ摩耗は重要となる．アブレシブ摩耗は，摩耗を引き起こす突起物や粒子の存在状態から，固定された突起物によって引き起こされる2元アブレシブ摩耗（two-body abrasive）と，硬質の遊離粒子が固体同士の間に介在する3元アブレシブ摩耗（three-body abrasive）とに分類されている．

木材の摩耗に関する標準化試験は1970年代に整備が進められ，2元アブレシブ摩耗現象を利用したテーバー摩耗試験法（JISZ2141）が採用されている．また，3元アブレシブ摩耗現象を利用した方法として鋼ブラシ摩擦法が用いられている．これらの試験法は，耐摩耗性の評価に一般的に用いられるが，両試験の方法が同一の条件で耐摩耗性を比較できないなどの問題点もある．木材の摩耗の研究においては，鈴木による鋼ブラシ摩擦法を用いた研究成果[6]があり，図3-63の結果のように，木材の比重が高いほど厚さ摩耗量は減少する．

一般に材料の摩耗は，表面の硬さによって整理されることが多く，材料が硬いほど摩耗しにくいことが知られている．そこで，材料の硬さと関連性が高い降伏応力を用いて，木材の比摩耗量との関係を調べた結果，木材の三断面における摩耗は，現象論的にはアルミニウムのような金属と同様に取り扱うことができ，降伏応力が高いほど摩耗しにくい結果が得られている．木材の摩耗においては，接触する突起物のサイズや粒子径は，摩耗の大きさに影響を与える．異なる砥粒径による研磨紙上で木材を摩耗した場合，図3-64に示すように，接触面への垂直力が小さい条件では，砥粒径が大きくなるほど摩耗率は増加し，その後一定となる．このようにある突起物のサイズや粒子径より小さな条件において摩耗率が低下する現象は，臨界砥粒径効果（critical grain size effect）と呼ばれており，金属やプラスチックなどにおいて広く認められている[7]．ただし，木材のようなセル構造材では，接触面への垂直力が高い場合，摩耗率は著しく増加し臨界砥粒径効果は現れなくなる[8]．

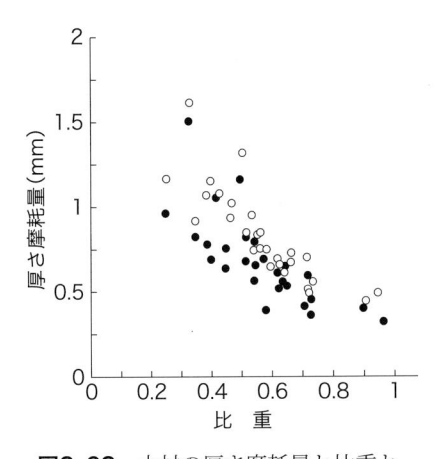

図3-63 木材の厚さ摩耗量と比重との関係
摩耗方向…○:繊維直角方向, ●:繊維方向.
(鈴木正治, 1977)

図3-64 木材の摩耗率と砥粒径との関係
滑り距離…L:100mm. (大谷 忠ら, 1999)

木材表面に硬質の遊離粒子が接触した場合,個々の粒子が独立してアブレージョンの作用を果たす.そのため,木材表面の摩耗は,木材の密度や降伏応力だけでなく,道管など表面に露出した木材の組織構造の影響を受ける[9].このような遊離粒子との接触によって生じる木材の摩耗は,粒子を介して木材と対に組み合わせる材料の影響を受け,材料の硬さの違いによって木材の摩耗の大きさは異なる[10].

4. 成 長 応 力

1) 樹幹内の残留応力

(1) 成長応力と残留応力

樹幹の伐倒や玉切りの過程で,横断面には心割れや心裂けが生じる(図3-65).さらに,製材の過程で,板材や柱材は反ったり曲がったりする.これらの現象から,立木や丸太内部には,残留応力(residual stress)が発生してい

図 3-65 伐採や玉切りによって丸太の端部に生じる心割れ
ジャワ島産ファルカータ.

ることが知られる．後述するように，二次木部表面には常に成長応力（growth stress）が発生しているが，これが樹幹内部に残留応力分布が形成される直接の原因である．

　製材品に生じた割れ（裂け）や変形は除去されなければならないから，さらに二度挽き，あるいは三度挽きすることになる．そのために，林産物の利用歩留まりは著しく低下する．潜在的ではあるが，残留応力によって引き起こされる経済的損失は大きく，その解決は，現代の木材工業にとって大きな課題となっている．

　一方，樹木自身は，成長応力を自らの生命活動に役立てている．傾斜して生育する樹幹や枝の基部には，それ自体の重量に加えて，高次の枝や繁茂する葉の重量のために，大きな曲げモーメントが作用する．何らかの手立てを講じなければ，いずれ自己破壊してしまう．そこで樹木は，傾斜して生育する樹幹や枝にあて材組織を形成し，そこに大きな成長応力を発生する．それは自重による曲げモーメントを補償し，さらには傾斜している幹軸を鉛直方向へと立ち上げるように働く．

　本節では，樹木の成長応力と残留応力について，それらの発生機構とバイオメカニックス的意義を，樹木の二次成長と木部の組織構造との関連で解説する．

(2) 残留応力の発生機構

残留応力は，鉛直に生育する樹幹部位では，繊維・接線・半径各方向を主方向とし，いずれも髄に関して軸対称分布となっている（図3-66[1]）．その発生機構を以下のように考察してみよう．樹幹や枝の二次木部は，成熟途上の細胞からなる薄い外層（新生木部）と，成熟し終えた木部細胞からなる内層（完成木部）との，二層複合円筒で近似される．新生木部が成熟したのち，外側に新たな新生木部の層が形成される．この過程を繰り返すことによって，樹幹は肥大成長する．そこで，1回の肥大成長過程を考えることにしよう．鉛直に生育する樹幹では，新生木部はその成熟過程で繊維方向に収縮しようとし，一方，周方向（接線方向）には膨張する傾向（寸法変化）を示す．この寸法変化は，成熟し終えた木部（完成木部）によって拘束されるため，新生木部には2次元応力分布が発生し，その成熟後も残留する．これを「表面成長応力」あるいは単に「成長応力」と呼んでいる．その繊維方向成分は引張応力であり，接線方向成分は圧縮応力となる．一方，新生木部に発生する成長応力は，完成木部を繊維方向に圧縮し，接線方向に引張する．これが，完成木部に3次元の応力分布の発生を引き起こす．これが，完成木部に以前から存在していた応力分布に重ね合わされる．この過程を繰り返すことによって，図3-66に示すような，軸対称な残留応力分布が形成される．

傾斜して生育する樹幹や枝などには，「あて材」（reaction wood）と呼ばれる，解剖学的性質および化学的性質が正常材とは明らかに異なる二次木部が形成される．あて材は，針葉樹では傾斜の下側に，広葉樹では上側に形成される．それぞれ「圧縮あて材」（compression wood），「引

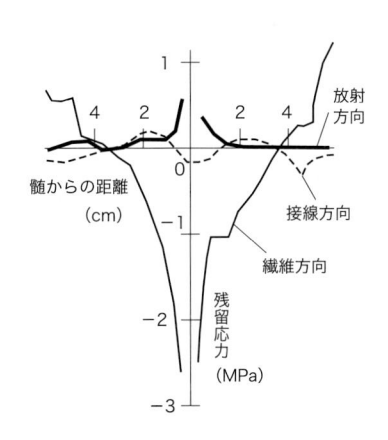

図3-66 ポプラ生材樹幹の残留応力分布

（奥山　剛・木方洋二，1975）

張あて材」(tension wood) と呼ばれている．そこでは特異的に大きな成長応力が発生するため，成長応力の円周分布は不均一かつ複雑なものとなる．そのために，完成木部には非軸対称な応力分布が誘起される．そのような応力分布が肥大成長の過程で重ね合わされると，樹幹内残留応力分布は非軸対称となる．

2）樹木の成長応力

(1) 成長応力の測定方法

二次木部表面における成長応力の測定には，ひずみゲージ法が多用される（図 3-67）．立木または伐採後の丸太の樹皮を剥ぎ，さらにゲル状の分化中木部を除去し，完成したばかりの二次木部を露出する．電気抵抗式ひずみゲージ（ゲージ長 l_0）を，その長さ方向を樹幹の繊維・接線方向に合わせて貼付し，ひずみ計に接続する．そして手鋸を用いて周囲に切込みを入れ，表面応力を解放する．これによって瞬間的に，ゲージ長が繊維方向および接線方向にそれぞれ Δl_L，Δl_T だけ膨張（符号は正）または収縮（符号は負）したとしよう．$\varepsilon_L = \Delta l_L / l_0$，$\varepsilon_T = \Delta l_T / l_0$ をそれぞれ繊維方向解放ひずみ，接線方向解放ひずみという．解放ひずみ測定後，近傍から強度測定用試験片を採取し，繊維方向

図 3-67 ひずみゲージ法による立木の表面成長応力の測定
白矢印はひずみゲージを示す．

ヤング率 E_L およびポアソン比 ν_{LT}, 接線方向ヤング率 E_T およびポアソン比 ν_{TL} を測定する．これらのデータをもとに，以下の式から成長応力の繊維方向成分（σ_L）および接線方向成分（σ_T）を算出する（各式右辺の負号に注意）[2]．

$$\sigma_L = -\frac{E_L}{1-\nu_{TL}\nu_{LT}}(\varepsilon_L + \nu_{TL}\varepsilon_T), \quad \sigma_T = -\frac{E_T}{1-\nu_{TL}\nu_{LT}}(\varepsilon_T + \nu_{LT}\varepsilon_L) \quad (3\text{-}176)$$

$\nu_{TL}\nu_{LT}$ は 1 に比べて微小であることと，$\nu_{TL}\varepsilon_T$ は ε_L に比べて微小であることから，

$$\sigma_L \cong -E_L\varepsilon_L \quad (3\text{-}177)$$

が成り立つ．また，測定対象とした個体において，場所による E_L のばらつきを無視すれば，ε_L を σ_L の大小の目安として用いることができる．しかしながら，ε_T を σ_T の目安として用いるのは，必ずしも妥当でない．なぜならば $\nu_{LT}\varepsilon_L$ は ε_T に比べて，一般に微小とはならないからである．

(2) 成長応力の実測例

a．正　常　材

Sasaki らは，日本産樹木 13 種 15 個体について表面成長応力の調査を行った[2]．その結果，樹種によって大きさに違いはあるものの，鉛直に生育する樹幹では表面成長応力の繊維方向成分はすべて引張であり，1〜10MPa 程度の大きさ（平均 3.62MPa）となっている．一方，接線方向成分はすべて圧縮であり −0.2〜−1MPa（平均 −0.38MPa）である．解放ひずみは，繊維方向の場合 −0.02〜−0.1％ の縮み（平均 −0.043％），接線方向の場合 0.04〜0.15％ の伸び（平均 0.091％）である．繊維方向成長応力の平均値が 3.62MPa であるということから，木部表面付近の横断面には，1cm^2 当たり子供 1 人分くらいの体重に相当する引張荷重が作用していることになる．

b．針葉樹あて材（圧縮あて材）

針葉樹の圧縮あて材では，繊維方向の表面成長応力は圧縮であり，その増加はミクロフィブリル傾角の増加に対応している（☞ 図 3-70）．図 3-68 は，地際付近で湾曲樹幹を有する 18 年生ヒノキについて，木部表面における繊維方

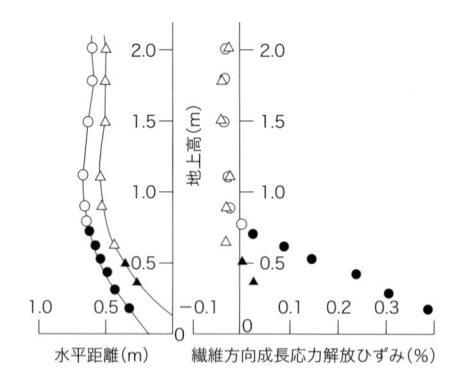

図3-68 根曲がりを有する18年生ヒノキの樹幹形(左)と，山側，谷側に沿った木部表面での繊維方向解放ひずみの樹高分布(右)
山側…△：正常材，▲：オポジット材．谷側…○：正常材，●：圧縮あて材．
(Yamamoto, H. et al., 1991)

向解放ひずみの地上高分布を示したものである[3)]．この例では，地上高0.8m以下で樹幹は傾斜しており，その谷側の解放ひずみは伸びとなっている．特に，最も傾斜の激しかった地際付近で最大となり，その大きさは0.38％にも達する．いずれの測定点においても圧縮あて材に特有の解剖学特徴が認められ，その発達程度の大小は伸びの解放ひずみの大きさに対応していた．この例では，山側においても，地際付近で伸びの解放ひずみが測定されたが，その値は圧縮あて材ほどには大きくはない．これらの部位はいわゆるオポジット材である．

c．広葉樹あて材（引張あて材）

一般に，広葉樹の引張あて材では，木部繊維細胞壁の最も内側にゼラチン層（G層）と呼ばれる厚い壁層が形成される．G層は高結晶性，高純度のセルロースミクロフィブリル（CMF）からなり，その配向は細胞の長軸にほぼ平行である．そのような引張あて材では，繊維方向にきわめて大きな引張の表面応力が発生する．図3-69a〜cは，傾斜して生育するブラックローカスト，レッドオーク，レッドメープルの樹幹表面（木部表面）において測定された，繊維方向解放ひずみとG層発達率（当年輪横断面におけるG層の面積率）の円周分布である．この例のように，広葉樹の樹幹では，傾斜の最も上側（山側）である方

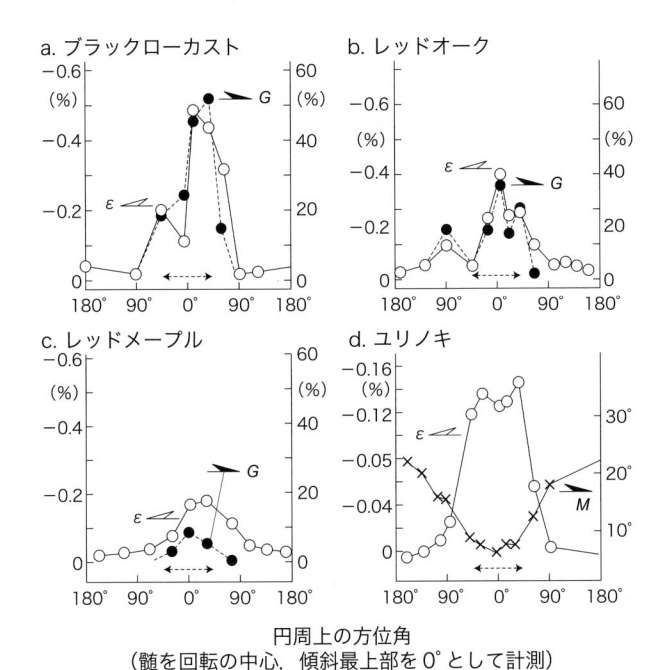

図3-69 傾斜して成育する広葉樹幹における，表面成長応力解放ひずみ（ε）およびゼラチン層発達率（G）の円周分率の実測例

ただし，ゼラチン繊維を形成しないユリノキについては二次壁中層（S2層）におけるミクロフィブリル傾角（M）を測定．（山本浩之・奥山 剛，1994）

位角 0°付近で，大きな縮みの解放ひずみが測定され，また多くの樹種においてG繊維の形成が確認される．一般に，G層発達率が大きくなるほど，縮みの繊維方向解放ひずみも大きくなる．なおG層は，乾燥によってしばしば木化層から剥離し，煮沸によって著しく膨潤することから，視覚的には軟らかいイメージを与えやすい．しかしながら，軸方向には剛直であり，そのヤング率は二次壁よりも有意に大きい．以上から，G層あるいはG層を構成するCMFには大きな引張応力が発生し，それが引張あて材に大きな引張の成長応力を発生させるものと考えられている．

ユリノキ，ホオノキなどのモクレン科に属する樹種は，G繊維を形成しないにもかかわらず，傾斜樹幹の上側（山側）において，繊維方向に大きな引張の

表面応力を発生する．そのような部位では，直立部位や傾斜部位の下側（谷側）に比べてミクロフィブリル傾角は小さくなる（☞ 図3-69d）．また，セルロース濃度が増加するなどの特徴を帯びている[4]．これらの樹種は，ミクロフィブリル傾角を小さくすると同時にセルロース量を増やすことによって，G層形成と同様な効果を発揮しているものと解釈できる．しかしながら，測定される繊維方向解放ひずみの大きさは，発達したG層を形成する樹種ほどには大きくならない．

(3) 成長応力の発生機構
a．成長応力の発生機構

Jacobs[5]は，膨大な数の実測データから，表面応力は二次成長（肥大成長）過程で新生二次木部に発生，残留すると結論づけた．現在では，そのメカニズムは以下のように説明される．形成層より分化した仮道管あるいは木部繊維は，細胞壁成熟過程で軸方向および横方向に寸法変化しようとする．これがすでに成熟し終えた完成木部により拘束され，その結果として細胞壁に応力が発生するが，木化が終了し細胞の原形質が消失したあとも残留する．結果として，完成したばかりの二次木部に成長応力が発生する．では，なぜ成熟中の仮道管や木材繊維が寸法変化しようとするのか．ここでは，その理由（メカニズム）を考えてみよう．

b．リグニン膨潤仮説

Jacobs（1938）の研究以来，成長応力の発生機構をめぐって種々の仮説が提出されたが，約70年が経過した現在までに，主として2つの仮説が生き残っている．それは，渡辺[6]やBoyd[7]による「リグニン膨潤仮説（lignin swelling hypothesis）」と，Bamber[8]を中心とする「セルロース引張応力仮説」である．さらに近年になって，両者を組み合わせた「統一仮説（unified hypothesis）」が，奥山[9]によって提案されているが，これを加えれば，近代的な成長応力発生理論としては，3つが存在することになる．

リグニン膨潤仮説については，名称に「膨潤（swelling）」とあるが，リグ

ニン自体が吸水などによって膨潤するという意味ではない．渡辺 および Boyd によるアイデアを現代風に述べると，「細胞壁の木化過程で CMF 骨格の間隙（マトリックス）にリグニンが不可逆的に充填されるために，細胞壁マトリックスは等方的に体積膨張しようとするが，それが CMF 骨格により力学的に拘束される．結果として細胞壁は，CMF の配向と直角な方向に膨張しようとする．このことが繊維細胞の異方的な寸法変化を引き起こす．寸法変化は実際の樹幹内では拘束されるため，新生木部に異方的な成長応力が発生する」と要約される．このアイデアに基づき，Boyd[7] は，細胞壁モデル（平板状の二次壁中層）を用いて，繊維方向成長応力とミクロフィブリル傾角との関係を理論的に考察した．それによれば，成長応力の大きさや符号（正負）は S2 層のミクロフィブリル傾角とリグニン量に大きく依存する．実験的には，ミクロフィブリル傾角の大きい圧縮あて材部では繊維方向に大きな圧縮の表面応力が発生しており，しかもミクロフィブリル傾角が大きくなるほど増加する．Boyd の理論はこの事実をよく説明する．一方，ミクロフィブリル傾角がほとんど 0°に近い正常材部や引張あて材部では，実測される繊維方向の表面応力は引張となるが，Boyd の計算では逆に圧縮応力を与えることになり，現象との間に深刻な矛盾をきたす．

c．セルロース引張応力仮説

明確な形でこの仮説を述べたのは，Wordrop[10] が最初である．Bamber[8] は，Wordrop の仮説を独自に発展させ，セルロース引張応力仮説の最大のアジテーターとなった．この仮説は，「木化に伴うマトリックス部分の膨張によってではなく，木化の際に CMF 自身に大きな軸方向引張応力が発生するために，細胞壁に成長応力が発生する」というものである．彼の仮説は，引張あて材部をも含めて，ミクロフィブリル傾角が小さい部位における引張応力の発生機構を説明できるが，圧縮あて材部などミクロフィブリル傾角が大きい部位の圧縮応力の発生については全く説明できない．

d．統 一 仮 説

その後，ひずみゲージ法が実用化され，データの大量集積が可能となった．

その結果,「リグニン膨潤仮説」はミクロフィブリル傾角の大きい部位（すなわち圧縮あて材）における圧縮の繊維方向成長応力を，一方「セルロース引張応力仮説」は，ミクロフィブリル傾角の小さい部位（あるいはG繊維を含む引張あて材）で測定される引張の成長応力を説明するものであることが明らかとなった．さらに，同一樹幹において正常材から圧縮あて材あるいは引張あて材への移行が，あて材の組織的特徴や化学的特徴の発達程度，成長応力の変化とも連続的であることを併せて考えれば，正常材，引張あて材，圧縮あて材とで成長応力は共通の機構に基づいて発生すると考えるのが自然であろう．奥山[9]は，このことに着目して，両仮説を組み合わせて次のようなメカニズム（統一仮説）を提案している．

「分化中二次木部（新生木部）において，細胞壁におけるCMFはセルロース分子鎖に沿う方向に引張応力を発生する．一方，CMF間隙を充填するマトリックス領域には，マトリックス物質の不可逆的な充填によって圧縮応力が発生する．ミクロフィブリル傾角の小さい部位（正常材や，G繊維が形成されないタイプの引張あて材）ではCMFに発生する引張応力の効果が顕在化し（したがって繊維細胞は繊維方向に収縮し，径方向に膨張しようとする），一方，ミクロフィブリル傾角が大きい部位（圧縮あて材）では，マトリックス領域に発生する圧縮応力の効果が顕在化する（すなわち圧縮あて材仮道管は繊維方向に膨張し，径方向に収縮しようとする）．結果として木部繊維細胞は，その成熟過程（木化）で寸法変化を生じるが，すでに成熟し終えた完成木部によって繊維細胞の変形は拘束され，そのために新生木部には異方的な成長応力が発生する」．

図3-70は，根曲がりを有するスギ2個体（9年生および31年生）について，ミクロフィブリル傾角と繊維・接線方向成長応力解放ひずみとの関係をプロットしたものである．図中の曲線は多層細胞壁からなる木材細胞モデルに弾性論を適用して，その自由寸法変化（解放ひずみとして観測される）を計算したものである．統一仮説のアイデアをもとにシミュレーションを行うと，異方的な表面成長応力のミクロフィブリル傾角依存性を合理的に説明できる[11, 12]．しかしながら，細胞壁成熟過程でCMFが引張応力を発生するということを示す

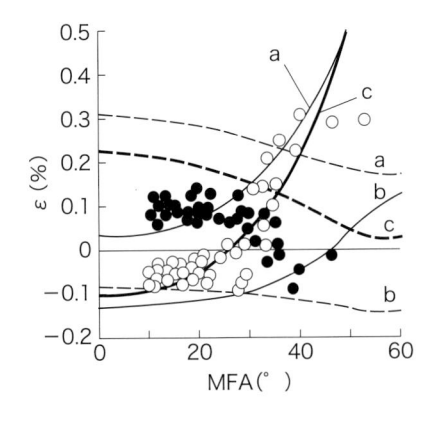

図3-70 表面成長応力解放ひずみ ε
のミクロフィブリル傾角(MFA)
依存性
①実測結果(31年生，9年生スギ)…○：繊維方向，●：接線方向．
②細胞モデルによる計算結果… ——：繊維方向，- - -：接線方向．
a：リグニン膨潤仮説，b：セルロース引張応力仮説，c：統一仮説．(Yamamoto, H., 1998)

直接的証拠は，今のところ得られていない．マトリックス領域に発生すると考えられる圧縮応力についても同様であり，今後，これらの点を含めて，未解決の疑問を解決する努力が必要である．

引 用 文 献

1. 弾　　　性

1) 倉西正嗣：弾性学（復刻版），p.579-606, 文献社，1970.
2) 林　毅（編）：複合材料工学, p.521-571, 日科技連，1971.
3) Hearmon, R. F. S.：An Introduction to Applied Anisotropic Elasticity, p.1-26, Oxford University Press, 1961.
4) Love, A. E. H.：A TREATISE ON THE MATHEMATICAL THEORY OF ELASTICITY, p.149-165, Dover Publications, 1927.
5) 山井良三郎：林業試験場研究報告, No.113, p.57-110, 1959.
6) 林業試験場（監修）：木材工業ハンドブック（改訂3版），p.130-131, 丸善, 1982.
7) 中井　孝, 山井良三郎：林業試験場研究報告, No.319, p.13-46, 1982.
8) 大釜敏正, 山田　正：材料, 20, p.1194-1200, 1971.
9) 梶田　茂ら：木材学会誌, 7, p.29-33, 1961.
10) 佐野益太郎：木材学会誌, 7, p.147-150, 1961.
11) 都築一雄ら：木材学会誌, 22, p.381-386, 1976.
12) Hirai, N. et al.：Mokuzai Gakkaishi, 18, p.535-542, 1972.

13) Ishihara, K. et al.：Mokuzai Gakkaishi, 24, p.375-379, 1978.
14) 増田　稔, 本田龍介：木材学会誌, 40, p.127-133, 1994.
15) Sobue, N. et al.：Proceeding of the IAWPS2003 International conference on forest products, Vol.1, p.143-150, 2003.
16) 橋爪丈夫ら：木材学会誌, 43, p.940-947, 1997.

2. 1) 線型粘弾性理論, 2) 木材のさまざまな緩和現象

1) 山本三三三：物体の変形学, 誠文堂新光社, 150-213, 1972.
2) 和田八三久：緩和現象の科学, 高分子学会編, 共立出版, 1982, 1-15.
3) 和田八三久：応用物理学選書6 高分子の電気物性, 裳華房, 1987, 37-43.
4) 和田八三久：高分子の固体物性, 培風館, 1971, 260-268.
5) 山田　正ら：木材学会誌, 7, 63-67, 1963.
6) 竹村透巳男ら：木材学会誌, 7, 68-72, 1963.
7) Nakano, T.：Holz als Roh- und Werkstoff, 53, 39-42, 1995.
8) 山田　正ら：木材研究・資料, No.20, 129-211, 1985.
9) 山田　正ら：木材研究・資料, No.21, 134-154, 1985.
10) 山田　正ら：木材研究・資料, No.22, 170-186, 1986.
11) 山田　正ら：木材研究・資料, No.23, 249-264, 1987.
12) 山田　正ら：木材研究・資料, No.24, 75-90, 1988.
13) 山田　正ら：木材研究・資料, No.28, 52-85, 1989.
14) Norimoto, M. et al.：Mokuzai Kenkyu Siryo, 17, 181-191, 1983.
15) Morooka, T. et al.：Wood Research, 69, 61-71, 1983.
16) Morooka, T. et al.：J. Appl. Polym. Sci., 29, 3981-3990, 1984.
17) Nakano, T.：Holzforschung, 48, 318-324, 1994.
18) Kollmann, F. and Krech, H.：Holz als Roh- und Werkstoff, 18, 41-54, 1960.
19) Nakano, T.：J. Wood Sci., 45, 19-23, 1999.
20) 梶田　茂ら：木材学会誌, 7, 29-33, 1961.
21) 則元　京, 山田　正：木材学会誌, 99-106, 1977.
22) 超　広傑ら：木材学会誌, 36, 257-263, 1990.
23) Armstrong, L. D. and Christensen, G. N.：Nature, 191, 869-870, 1961.
24) Grossman, P. U. N.：Wood Sci. Technol., 5, 163-168, 1976.
25) 荒武志郎ら：木材学会誌, 48, 233-240, 2002.
26) 川添正伸, 祖父江信夫：木材学会誌, 47, 81-91, 2001.
27) Eyring, H. and Halsey, G.：Textile Research, 16, 13-25, 1946.

28) Takemura, T.：Mokuzai Gakkaishi, 13, 77-81, 1967.
29) Takemura, T.：Mokuzai Gakkaishi, 14, 406-410, 1968.
30) Nakano, T.：Holzforschung, 50, 49-54, 1996.
31) Mukudai, J. and Yata, S.：Wood Sci. Technol., 20, 335-348, 1986.
32) Mukudai, J. and Yata, S.：Wood Sci.Technol., 21, 49-63, 1987.
33) Boyd, J. D.：An anatomical expansion for visco-elastic and mechano-sorptive creep in wood, and effects of loading rate on strength, "New Perspective in Wood Anatomy" P. Baas (ed.), Martinus Nijoff, 177-222, 1982.
34) 徳本守彦：木材学会誌, 37, 505-510, 1991.
35) 徳本守彦ら：材料, 47, 374-379, 2001.
36) Hunt, G. D. and Gril, J.：J. Mate. Sci. Letters, 15, 80-82, 1996.
37) Leicester, R. H.：Wood Sci. Technol., 5, 211-220, 1971.
38) 古田裕三ら：木材学会誌, 41, 718-721, 1995.
39) 古田裕三ら：木材学会誌, 43, 725-730, 1997.
40) 工藤充康ら：第50回日本木材学会大会要旨集, 66, 2000.
41) 工藤充康ら：第51回日本木材学会大会要旨集, 59, 2001.
42) 亀井克之ら：第51回日本木材学会大会要旨集, 60, 2001.
43) Kovacs, A. J.：Fortschr. Hochpolym. -Forsch. Bd. 3, 394-507, 1963.
44) Struik, L. C. E.："Physical aging in amorphous polymers and other materials", Elsevier Sci. Publ. Com., Amsterdam-Oxford-New York, 1978.
45) Nakano, T.：J. Wood Sci, 51. 112-117, 2005.
46) Ferry, J. D.："Viscoelastic properties of polymers", John Wiley & Sons Inc., New York, 1980, pp.194-234.
47) Irvine, G. M.：CSIRO Division of Chemical Technology Research Review, 33-43, 1980.

2. 3) ドライングセット

1) 飯田生穂, 則元 京：日本レオロジー学会誌, 9, 162-168, 1981.
2) 飯田生穂, 則元 京：木材学会誌, 33, 929-933, 1987.
3) 飯田生穂ら：木材学会誌, 30, 354-358, 1984.
4) Takamura, N.：Mokuzai gakkaishi, 14,75-79, 1968.
5) 古田裕三ら：木材学会誌, 43, 725-730, 1997.
6) 飯田生穂：京都府立大学学術報告・農学, No.39, 62-81, 1987.
7) 則元 京：マイクロ波加熱を用いた木材の曲げ加工に関する研究, 昭和57-59年度農林水産特別試験研究費研究成果報告書, p.1-51, 1985.

2. 4) 熱軟化特性

1) Goring, D. A. I.：Thermal Softening of Lignin, Hemicellulose and Cellulose：Pulp and Paper Magazine of Canada, 64, T517-T527, 1963.

2) 高村憲男：ファイバーマットの熱圧乾固に関する研究（第3報）－ファイバーマットの熱圧による主成分の塑性化－：木材学会誌, 14（2）, 75-79, 1968.

3) Furuta, Y. et al.：Thermal-softening properties of water-swollen wood -The relaxation process due to water soluble polysaccharides-：Journal of Materials Science, 36, 887-890, 2001.

4) 古田裕三ら：膨潤状態における木材の熱軟化特性(第7報)－リグニンの影響－：木材学会誌, 46（2）, 132-136, 2000.

5) Norimoto, M. and Yamada, T.：The Dielectric Properties of Wood Ⅳ, On Dielectric Dispersions of Oven-dried Wood：Wood Reserch, 50, 36-49, 1970.

6) Furuta, Y. et al.：Research to Make Better Use of Wood as Sustainable Resource -Physical Property Changes of Wood due to Heating and Drying Histories-：Proceedings of the 4th International Conference on Materials Engineering for Resources, Akita, pp.260-265, 2001.

7) Becker, H. and Noack, D.：Studies on Dynamic Torsional Viscoelasticity of Wood：Wood Science and Technology, 2, 213-230, 1968.

8) 古田裕三ら：膨潤状態における木材の熱軟化特性（第2報）－熱軟化特性の異方性－：木材学会誌, 43（1）, 16-23, 1997.

9) Salmen, L.：Viscoelastic Properties of in situ lignin under water-saturated conditions：Journal of Materials Science, 19, 3090-3096, 1984.

10) 東原貴志ら：水蒸気処理および熱処理による木材の化学変化と圧縮変形固定の関係：木材学会誌, 50（3）, 159-167, 2004.

11) 古田裕三ら：膨潤状態における木材の熱軟化特性（第5報）－乾燥及び熱履歴の影響－：木材学会誌, 44（2）, 82-88, 1998.

12) Furuta, Y.：Physical Properties of wood in Unstable States：Proceedings of the 4th International Wood Science Symposium, Indonesia, p.67, 2002.

13) Takahashi, C.：The creep of wood destabilized by change in moisture content. -Part 1：The creep behaviors of wood during and immediately after drying-：Holzforschung, 58, 261-267, 2004.

3. 1) 木材の強度特性

1) 吉原　浩, 藤川　洋：木材の繊維方向の引張試験法の検討, 木材工業 58:462-464, 2003.

2) 山井良三郎：木材の圧縮異方性に関する研究, 林業試験場研究報告 113:57-112, 1959.

3) 北原覚一：木材理学及加工実験書, 産業図書, 1957.
4) 日本工業規格：木材の試験方法 JIS Z 2101-94, 日本規格協会, 東京, 1994.
5) American Society for Testing and Materials：Standard methods of testing small clear specimens of timber. ASTM D143-94, ASTM. West Conshohocken, PA, 2004.
6) チモシェンコ, S.：材料力学（上巻）, 鵜戸口英善・国尾 武（訳）, 東京図書, 1957.
7) 日本農林規格：単板積層材 農林水産省告示第 106 号, 日本農林規格協会, 東京, 2003.
8) American Society for Testing and Materials：Standard test method for structural panels in planar shear (rolling shear). ASTM D2718-95, ASTM. West Conshohocken, PA, 2004.
9) American Society for Testing and Materials：Standard test methods for structural panels in shear through-the-thickness. ASTM D2719-89, ASTM. West Conshohocken, PA, 2004.
10) American Society for Testing and Materials：Standard methods of static tests of lumber in structural sizes. ASTM D198-94, ASTM. West Conshohocken, PA, 2004.
11) Adams, D. F. et al.：Experimental characterization of advanced composite materials 3rd Edition. CRC Press, Boca Raton, 2003.
12) Kollmann, F. F. P. and Côte, W. A. Jr.：Principles of wood science and technology I. Solid wood. Springer-Verlag, Berlin, 1968.
13) Newlin, J. A. and Gahagan, J. M.：Tests of large timber columns and presentation of the forest products laboratory column formula. US Department of Agriculture Technical Bulletin 167, 1930.
14) Yoshihara, H. et al.：Prediction of the buckling stress of intermediate wooden columns using the secant modulus. Journal of Wood Science 44:69-72, 1998.
15) Nahas, M. N.：Survey of failure and post-failure theories of laminated fiber-reinforced composites. Journal of Composites Technology and Research 8:138-153, 1986.
16) Jenkin, C. F.：Report on materials of construction used in aircraft and aircraft engines, His Majesty Stationary Office, London, 1920.
17) Tsai, S. W. and Wu, E. M.：A general theory of strength for anisotropic materials. Journal of Composite Materials 5:58-80, 1971.
18) Morel, S. et al.：Influence of the specimen geometry on R-curve behavior and roughening of fracture surfaces. International Journal of Fracture 121:23-42, 2003.
19) Yoshihara, H.：Mode II R-curve of wood measured by 4-ENF test. Engineering Fracture Mechanics 71:2065-2077, 2004.
20) Yoshihara, H.：Mode II initiation fracture toughness analysis for wood by 3-ENF test. Composites Science and Technology 65:2198-2207, 2005.

21) Yoshihara, H.：Examination of the 4-ENF test for measuring the mode Ⅲ R-curve of wood. Engineering Fracture Mechanics 73: 42-63, 2006.
22) US Forest Products Laboratory：Specific gravity-strength relations for wood. FPL Report No. 1303, 1956.
23) Küch, W.：Der Einfluβ des Feuchtigkeitsgehalts auf die Festigkeit von Voll- und Schichtholz. Holz als Roh-und Werkstoff 6:157-161, 1943.
24) Kollmann, F. F. P.：Uber die Abhangigkeit einiger mechanischen Eigenschaften der Holzer von der Zeit, von Kerben und von der Temperartur. Dritte Mitteilung: Die Bedeutung der Temperatur fur die Elastisitat und Festigkeit des Holzes. Holz als Roh- und Werkstoff 10:269-278, 1952.
25) 奥山 剛：木材の力学的性質に及ぼすひずみ速度の影響（第4報）曲げ強さに及ぼすたわみ速度と温度との影響について．木材学会誌 20:210-216, 1974.
26) 鈴木直之：木材強度の寸法効果，木材工業 52:1-8, 1995.

3. 2) 硬さ（硬さ，反発性）
1) 村瀬安英，太田 基：木材学会誌，17 巻，7 号，271-276，1971.
2) 佐道 健：新編木材工学，養賢堂，227-232，1985.
3) 祖父江信夫：木材学会誌，28 巻，10 号，603-608，1982.
4) 佐道 健ら：木材学会誌，29 巻，1 号，8-13，1983.

3. 3) 摩擦と摩耗
1) 田中久一郎：摩擦のおはなし，日本規格協会，1985.
2) 木村好次，岡部平八郎：トライボロジー概論，養賢堂，1982.
3) 曽田範宗：摩擦の話，岩波書店，1971.
4) バウデン・テイバー：曽田範宗（訳）・個体の摩擦と潤滑，丸善，1961.
5) 村瀬安英：高速域における木材の摩擦特性，木材学会誌，26（2），61-65, 1980.
6) 鈴木正治：木材の摩耗の標準化試験と摩耗の異方性，林業試験場研究報告，298，111-141, 1977.
7) 木村好次，野呂瀬進：トライボロジーの解析と対策，テクノシステム，2003.
8) 大谷 忠：カツラ材に対するアブレシブ摩耗モデルの適用，木材学会誌，45（3），199-207, 1999.
9) Ohtani, T. et al.：On abrasive wear property during three-body abrasion of wood, Wear, 255, 60-66, 2003.
10) Ohtani, T. et al.：Effect of counterface material on three-body abrasive wear of Cercidiphyllum Japonicum wood, Precision Engineering, 28 73-77, 2004.

4. 成 長 応 力

1) 奥山 剛, 木方洋二：薄層除去法によって測定した樹幹の残留応力分布について, 材料, 24, 845-848, 1975.
2) Sasaki, Y. et al.：The evolution process of the growth stress in the tree：the surface stresses on the tree. Mokuzai Gakkaishi, 24, 149-157, 1978.
3) Yamamoto, H. et al.：Generation process of growth stresses in cell walls. Ⅲ. Growth stress in compression wood. Mokuzai Gakkaishi, 37, 94-100, 1991.
4) 山本浩之, 奥山 剛：あての程度の定量化（その２）－広葉樹あて材の成長応力と組織－, 木材工業, 49, 20-23, 1994.
5) Jacobs, M.R.：The fibre tension of woody stems with special reference to the genus Eucalyptus. Common. For. Bur. Aust. Bull., 22, pp 39, 1938.
6) 渡辺治人：樹幹丸太の特性, 九州大学農学部木材物理学教室研究資料, 1967.
7) Boyd, J.D.：Tree growth stresses. V. Evidence of an origin in differentiation and lignification. Wood. Sci. Technol., 6, 241-262, 1972.
8) Bamber, R.K.：The origin of growth stresses. Contributed paper. IUFRO Conference, Phillipines, pp7, 1978.
9) 奥山 剛：樹木の成長応力, 木材学会誌, 39, 747-756, 1993.
10) Wordrop, A.B.：The formation and function of reaction wood, In Cellular structure of woody plants, Cote, W.A.Jr.（ed.）, Syracuse Univ. Press, New York, 1965, pp.373-390.
11) Yamamoto, H.：Generation mechanism of growth stresses in wood cell walls：Roles of lignin deposition and cellulose microfibril during cell wall maturation. Wood Sci Technol, 32, 171-182, 1988.
12) 山本浩之, 奥山 剛：細胞壁における生長応力発生機構に関する一考察, 木材学会誌, 34, 788-793, 1988.

第4章 熱と木材

1. 熱膨張と比熱

1）熱膨張

　木材は他の多くの物質と同様，温度上昇に伴って膨張する．膨張は温度上昇により物質を構成している原子の熱振動が大きくなり，隣接原子間距離が瞬間的に小さくなるためにそこに大きな反発力が生じることによる．木材を構成するC，H，Oの原子は分子を構成しているので，熱振動は分子内結合ならびに分子間結合の影響を受ける．

　熱膨張は線膨張率と体積膨張率で表す．木材の温度θが$\Delta\theta$上昇したときに木材の長さlがΔlだけ膨張したとすれば，線膨張率αは，

$$\alpha = (\Delta l/l)/\Delta\theta \quad (\text{℃}^{-1})$$

木材は互いに直交するL軸，R軸，T軸を持つので，線膨張率もα_L，α_R，α_Tの3つを要する．これら3つの線膨張率が異なり，直交異方性を示すのはセルロースなどの鎖状分子の配向による．単離された木材セルロース微結晶の結晶軸方向の線膨張率は200℃以下の温度域で

$$\alpha_a = 13.6 \times 10^{-5}\text{℃}^{-1}, \quad \alpha_b = -3.0 \times 10^{-5}\text{℃}^{-1}, \quad \alpha_c = 6.0 \times 10^{-5}\text{℃}^{-1}$$

であり，明瞭な異方性を示す．200℃以上では結晶の構造変化が生じて線膨張率もかわる[1]．

　木材の体積膨張率α_Vは1次項による近似式で表される．

$$\alpha_V = \alpha_L + \alpha_R + \alpha_T$$

　木材の線膨張率は細胞壁中におけるセルロースミクロフィブリルの配向や細胞配列などさまざまなレベルの構造を反映したものであり，当然のことながら

温度域で異なる．ところが，それを実証するデータはきわめて少ない．その理由は，木材を加熱すると含水率もかわるので，寸法変化量を熱と水分の寄与とに分離することがきわめて困難であることと，比較的低温から熱分解が生じるためである．さらに，木材は含水率変化による寸法変化が大きいので熱膨張を問題にしないことも理由であろう．今までしばしば引用されている北米産材について求められた密度との関係において，α_Lは密度によらず[2]，

$$\alpha_L = 3.1 \times 10^{-6} \sim 4.5 \times 10^{-6} ℃^{-1}$$

また，針葉樹材（Douglas-fir, Sitkas pruce, redwood, white fir）ならびに軽軟な広葉樹材（yellow-popular, cottonwood）では，

$$\alpha_R = 5.6 r_o \times 10^{-5} ℃^{-1}$$
$$\alpha_T = 8.1 r_o \times 10^{-5} ℃^{-1}$$

より密度の大きい広葉樹材（yellow birch, sugar maple）では，

$$\alpha_R = 4.5 r_o \times 10^{-5} ℃^{-1}$$
$$\alpha_T = 5.8 r_o \times 10^{-5} ℃^{-1}$$

線膨張率は温度依存性があり，低温域で小さい．しかし，その差はわずかである[3]．

2）比　　　熱

比熱は単位質量の物質の温度を1℃上昇させるのに必要な熱量であり，

表 4-1　木材の温度域別の線膨張率（$\times 10^{-5}$）

	r_o	α_L		α_R		α_T	
		lower	upper	lower	upper	lower	upper
White fir	0.40	0.334	0.390	2.18	2.17	3.26	3.16
Sitka spruce	0.42	0.315	0.350	2.38	2.39	3.23	3.46
Redwood	0.42	0.428	0.459	2.36	2.39	3.53	3.58
Douglas-fir	0.51	0.316	0.352	2.79	2.71	4.27	4.53
Balsa	0.17				1.63		2.41
Cottonwood	0.43	0.289	0.317	2.32	2.33	3.26	3.39
Yellow-poplar	0.43	0.317	0.355	2.78	2.72	2.97	3.14
Yellow birch	0.66	0.336	0.357	3.07	3.23	3.83	3.94
Sugar maple	0.68	0.382	0.416	2.68	2.84	3.53	3.76

lower：$-50℃\sim50℃$，upper：$0℃\sim50℃$．

J/g・℃または J/kg・℃で表される物質に固有な定数である．熱容量は，例えば同じ容積の木の箱とコンクリートの箱を想定したとき，その箱の温度を1℃上昇させるのに必要な熱量（J/℃）であって，箱に使われている木ならびにコンクリートの総質量にそれぞれの比熱を掛け合わせたものである．コンクリートの比熱は木材の約2/3であるにもかかわらず，コンクリートの建物がいったん温まるとなかなか冷えないのは熱容量が大きいからである．

　比熱は，温度を1℃上昇させるのに必要な分子運動を惹き起こすためのエネルギーであるから，樹種や密度によらないのは容易に理解できる．含水率 u %の木材1gは $\{100/(100+u)\}$ gの木材と $\{u/(100+u)\}$ gの水から成り立っているので，結合水と自由水といった水の存在形態で水の比熱がかわらないと仮定すれば，含水率 u %の木材の比熱は木材と水のそれぞれの比熱の和として

$$\{100/(100+u)\}c_0 + \{u/(100+u)\}c_w$$

となる．c_0，c_w はそれぞれ全幹木材の比熱，水の比熱であり，それらの値は

$$c_0 = 1.11 \text{J/g} \cdot \text{℃}, \quad c_w = 4.19 \text{J/g} \cdot \text{℃}$$

で表される．

　温度域では，高温ほど比熱は大きく，その変化は直線的で温度1℃で約0.4%大きくなる．

2．熱　伝　導

　温度差により熱エネルギーが移動する現象を熱移動（heat transfer）という．熱移動には3つの形態があり，固体や静止した流体内の温度差による熱移動を熱伝導（heat conduction），固体表面と温度が異なる移動する流体との間のものを熱伝達（heat transfer by convection）と呼ぶ．また，すべての物体表面は電磁波の形でエネルギーを放出しており，温度の異なる2表面間ではその間で差引き高温側から低温側の表面へと熱移動が生じる．これを熱放射（thermal radiation）と呼ぶ．木材は使用される状況により，熱伝達や熱放射による熱移動も起こりうるが，本節では木材固有の熱物性特性に関わる熱伝導

を中心に取り扱い,木材表面から熱が流入する境界面での条件として熱伝達にも触れることとする.

1）フーリエの法則と熱伝導方程式

金属,木材など物質によって熱伝導性に良否があるが,いずれの物質においても物体内の単位面積を単位時間に通過する熱量 q（J/(m^{2}s)）は,熱の流れる方向の温度勾配 dT/dx（K/m）に比例し,次のように表すことができる.

$$q = -\lambda \frac{\partial T}{\partial x} \qquad (4\text{-}1)$$

ここで,単位時間,単位面積当たりの熱量 q は熱流束（heat flux）,比例定数 λ（W/(m・K)）は熱伝導率（thermal conductivity）と呼ばれる.

この関係をフーリエの法則（Fourier's law）という.λ は物質によって定まった値をとり,熱伝導率が大きい物質ほど熱の良導体となる.

熱伝導方程式を導くために,図4-1に示すように辺の長さが dx, dy, dz で表される微小六面体において,時間 dt 内に x 方向に出入りする熱量を考えよう.面1から流入する熱流束を q_x,距離 dx だけ離れた面2から流出する熱流束を $q_x + (\partial q_x / \partial x) dx$ とすると,流入熱量 Q_{xin},流出熱量 Q_{xout} は,熱流束に微小面積 $dydz$ と微小時間 dt を掛けてそれぞれ次式で与えられる.

$$Q_{xin} = q_x dy dz dt \qquad (4\text{-}2)$$

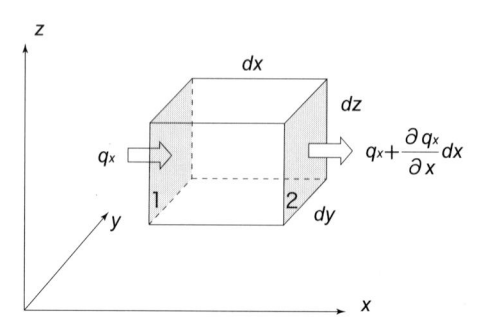

図4-1 微小六面体に出入りする熱量

$$Q_{xout} = \left(q_x + \frac{\partial q_x}{\partial x}dx\right)dydzdt \qquad (4\text{-}3)$$

したがって,(4-2)式と(4-3)式の差が微小六面体内の温度上昇に寄与する x 方向から流入する熱量となる.フーリエの法則を考慮することにより,

$$dQ_x = Q_{xin} - Q_{xout} = -\left(\frac{\partial q_x}{\partial x}dx\right)dydzdt = \frac{\partial}{\partial x}\left(\lambda_x \frac{\partial T}{\partial x}\right)dxdydzdt \qquad (4\text{-}4)$$

同様に,y,z 方向についても熱量の出入りの差を求め,これらを加え合わせたものが時間 dt 間に微小六面体内で増加する熱量となる.

$$\begin{aligned}dQ &= dQ_x + dQ_y + dQ_z \\ &= \left\{\frac{\partial}{\partial x}\left(\lambda_x \frac{\partial T}{\partial x}\right) + \frac{\partial}{\partial y}\left(\lambda_y \frac{\partial T}{\partial y}\right) + \frac{\partial}{\partial z}\left(\lambda_z \frac{\partial T}{\partial z}\right)\right\}dxdydzdt\end{aligned} \qquad (4\text{-}5)$$

一方,この熱量増加により体積 $dxdydz$ の微小六面体の温度は dT だけ上昇する.その温度上昇に必要となる熱量は,物体の比熱を C(J/KgK),密度を d(kg/m^3)として $CddTdxdydz$ で与えられる.これを(4-5)式と等しいとおけば,

$$Cd\frac{\partial T}{\partial t} = \frac{\partial}{\partial x}\left(\lambda_x \frac{\partial T}{\partial x}\right) + \frac{\partial}{\partial y}\left(\lambda_y \frac{\partial T}{\partial y}\right) + \frac{\partial}{\partial z}\left(\lambda_z \frac{\partial T}{\partial z}\right) \qquad (4\text{-}6)$$

前式が熱伝導方程式である.木材のような異方性材料では,各方向に異なる熱伝導率 λ_x,λ_y,λ_z を持つ.また,木材は一年輪内の放射方向に密度が変化するが,熱伝導率も放射方向に変化し位置の関数と考えられる.しかしながら,一年輪内の熱伝導率の変化を測定することは困難であり,ある厚さの試料に対して測定された熱伝導率を一定の木材の熱伝導率として取り扱うことが多い.したがって,

$$Cd\frac{\partial T}{\partial t} = \lambda_x \frac{\partial^2 T}{\partial x^2} + \lambda_y \frac{\partial^2 T}{\partial y^2} + \lambda_z \frac{\partial^2 T}{\partial z^2} \qquad (4\text{-}7)$$

さらに,熱拡散率(thermal diffusivity)κ(m^2/s)で整理することにより,

$$\frac{\partial T}{\partial t} = \kappa_x \frac{\partial^2 T}{\partial x^2} + \kappa_y \frac{\partial^2 T}{\partial y^2} + \kappa_z \frac{\partial^2 T}{\partial z^2}, \quad \kappa_i = \frac{\lambda_i}{Cd} \quad (i = x,\ y,\ z) \qquad (4\text{-}8)$$

これらの微分方程式を初期条件(initial condition)と境界条件(boundary condition）の下で解くことにより，木材内部の温度分布を知ることができる．

微分方程式を解いた場合，一般解には未定係数を含む．この未定係数を決めるために，時間に関する条件として時刻 $t = 0$ における初期条件，位置に関する条件として境界面における境界条件を満足させる必要がある．

前式は三次元非定常熱伝導方程式であるが，目的に応じて左辺を 0 とした時間 t に依存しない定常問題，あるいは，右辺の項を減らすことにより，一次元，二次元問題とすることができる．また，丸太の熱伝導問題を取り扱うようなときには，座標変換により導かれる円柱座標系での熱伝導の基礎式を用いた方が便利である．

非定常の熱伝導現象には熱伝導率だけではなく，単位体積当たりの熱容量，すなわち，比熱 C と密度 d の積 Cd が影響する．熱伝導方程式には熱伝導率 λ を単位体積当たりの熱容量 Cd で除した熱拡散率 κ が現れたが，熱伝導方程式を解いた解析解には λ と Cd の積の平方根で定義される熱浸透率（thermal effusivity） η（J/(m^{2}s$^{1/2}$K)）が現れることがある．

$$\eta = \sqrt{\lambda Cd} \tag{4-9}$$

熱拡散率は，定常状態に至るまでの非定常状態における固体内部の温度が変化する速さの目安となる．また，熱浸透率は熱のしみ込みやすさを表す指標であり，特に木材の場合，加熱直後の加熱面付近の急激な温度上昇を特徴付け，木材に触ったときの温かみにも関係するとされる[1]．

次に，熱伝達による境界条件を示そう．図 4-2 は気温 T_air の空気から固体表面に熱が流入し，冷えた空気は重くなって壁沿いに下向きに移動している様子を表している．この熱伝達により固体表面から流入する熱流束は気温と固体表面の温度差に比例し，(4-10)式の右辺で表される．一方，これは固体内部を流れるフーリエの法則に従う熱流束と等しい．したがって，$x = 0$ の境界面における境界条件は次式で表される．

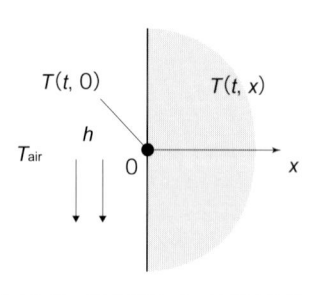

図4-2 熱伝達による境界条件

$$-\lambda \left.\frac{\partial T}{\partial x}\right|_{x=0} = h\{T_{\text{air}} - T(t, 0)\} \quad (4\text{-}10)$$

ここで，比例定数 h (W/(m^{2}K)) は熱伝達率 (heat transfer coefficient) と呼ばれ，流体の速さや固体表面上の凹凸などにより大きさがかわる．気体中での自然対流による熱伝達では $h = 2 \sim 25$ W/(m^{2}K) 程度，強制対流の場合は $h = 25 \sim 250$ W/(m^{2}K) 程度とされる[2)]．このような境界条件は，壁材の断熱性を評価する際に用いられる熱貫流率 (overall heat transfer coefficient) を算出するときや，人工乾燥時の木材の内部温度変化を求めるような場合にも適用される．

2）木材と他材料の熱伝導特性の比較

熱伝導現象に関与する物性値として，種々の物質の熱伝導率，熱拡散率，熱浸透率を表 4-2 に示す[3)]．木材の熱伝導率，熱拡散率，熱浸透率は金属に比べて数桁小さい．このような大きな物性値の違いが熱伝導現象にどのように影響するか，簡単な一次元非定常熱伝導問題を解き，スギと機械構造用鋼の内部の温度分布の計算結果を比較して木材の熱伝導特性を明らかにする．

図 4-3a に解析と計算条件を示す．外気温 0°C で温度平衡に達した厚さ 10mm の壁を考える．室温が瞬時に 25°C になり，熱伝達率 10W/(m^{2}K) で自然対流により壁に熱が伝わったと仮定して，壁内部温度の時間的変化を求める．

表 4-2 諸材料の熱物性値

材料	温度 (K)	熱伝導率 λ (W/(m·K))	熱拡散率 κ (mm^2/s)	熱浸透率 η (J/(m^{2}s$^{1/2}$K))
木炭	300	0.07	0.38	0.12
スギ	293	0.069	0.18	0.16
ブナ	293	0.12	0.14	0.32
アクリル樹脂	293	0.21	0.12	0.59
ガラス（パイレックス）	300	1.10	0.68	1.3
大理石	293	2.8	1.3	2.4
機械構造用鋼（S35C）	300	43.0	11.8	12.5
アルミニウム合金（A-3003）	300	193	79.2	21.7

（日本機械学会，1993）

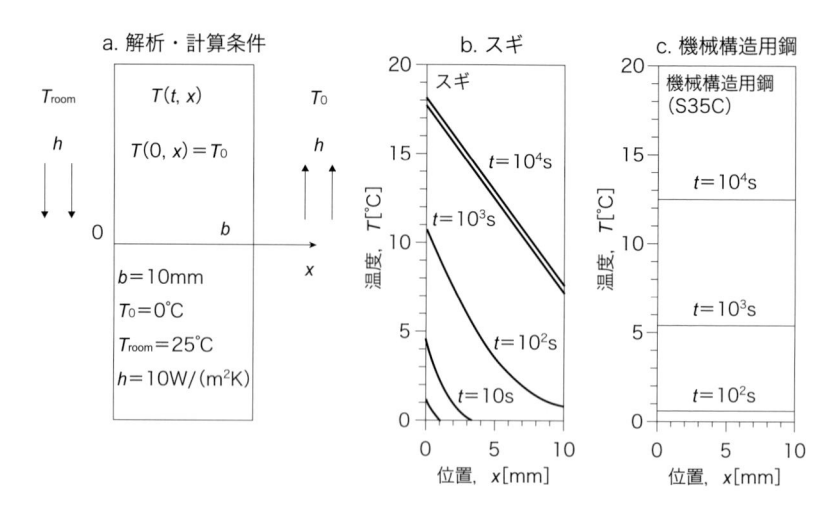

図4-3 室温変化に伴うスギ，鋼内部の温度変化の違い

図4-3b，cにスギと機械構造用鋼を用いた場合の計算結果を示す．

構造用鋼の内部温度は，全域においてほぼ均一の温度で上昇している．これは（4-10）式からわかるように，熱伝達率に対し金属の熱伝導率が大きいために，$x=0$, すなわち，境界面（室内側壁表面）での温度勾配が時間にかかわらず，ほぼ0になることによる．一方，スギの熱伝導率は小さく，自然対流程度の熱伝達においても境界面だけでなく，壁内部の温度も勾配を持つことになる．

加熱面における温度の時間的変化を見てみよう．スギの加熱直後の表面温度は構造用鋼に比べてかなり高い．これは，スギの熱浸透率が小さいことによる．つまり，熱が内部になかなかしみ込んでいかず表面に留まり，かつ，単位体積当たりの熱容量が小さいため，同じ量の熱流束が流れても木材は金属よりも表面温度は高くなる．しかしながら，表面温度が高くなると外気温との温度差が小さくなり，次の時間ステップでは（4-10）式右辺の熱伝達による流入熱量が減少する．したがって，以後の表面温度の上昇は時間の経過とともに次第に小さくなる．一方，木材の熱拡散率は小さいために内部への熱移動が緩慢であり，加熱直後は表面近くの温度勾配が大きいが，時間の経過とともに表面からの流入熱量が減少し，熱浸透率に比べて熱拡散率の特徴が現れ始め，表面近くの温

度勾配は緩やかになり，最終的に定常状態では直線となる．このように壁内部の温度分布は，加熱直後は熱浸透率，途中は熱拡散率，定常状態では熱伝導率が支配的となるが，自然対流程度の熱伝達でも木材はそれぞれの熱物性の特徴がはっきりと現れる材料である．

　一般に，固体内の拡散係数は温度に依存するため，木材内部の温度勾配や外気温の変化に追随した表面近傍の局所的な急激な温度変化は，水分の移動速度や含水率分布にも影響する．その結果，隣り合う組織間で異なる膨張，収縮を生じ，応力を発生する．すなわち，木材の熱伝導特性は温度分布だけでなく，熱や水分移動に伴う応力分布にも関係している．

　材料の断熱性能は一般に定常状態での熱貫流率で評価されるため，木材の断熱性能が高いのは熱伝導率の低さだけで説明されることが多い．しかしながら，木材は熱浸透率が低いために木材表面温度を加熱直後に上昇させ，外部との温度差を小さくして流入熱量そのものを小さくする点からも断熱性が優れている．一方，金属の場合，熱浸透率が大きいために表面温度が上がらず，表面からの大きな熱の流入が長時間続く．木材は燃えるという短所を持つが，火災現場で燃え残った柱などが，表面は炭化しているものの内部は元のままであり構造材としての機能を保持するのに対し，鋼鉄製の建物が崩れることがあるのは，木材や木炭と金属の固有の熱伝導特性の違いにより，内部の温度勾配や流入熱量が異なるからである考えられる．

　このような木材の熱伝導特性は，生木にとっては外気温の変化に対応して即座に表面温度を追随させ，表面からの熱の流出入を抑え，内部への影響を小さくするという利点がある．しかしながら，材として考えた場合，熱伝達での加熱方法では熱が中まで入りにくく，人工乾燥を困難にしている要因となっている．

3）木材の熱伝導率の特徴

　熱拡散率 κ と熱浸透率 η は，熱伝導率 λ と単位体積当たりの熱容量 Cd の組合せからなる．木材の比熱は樹種によらずほぼ一定とされるので，熱拡散率と

熱浸透率の特徴は熱伝導率と密度の関係で説明できる．ここでは，木材の熱伝導率の特徴を特に取り上げて説明する．

熱伝導率の測定法には大別して定常法と非定常法がある．多孔質で内部に空気を含む木材の場合，定常法では空気を含んだ状態での熱伝導率が計測される．一方，非定常法では測定時間が短いため，内部の空気の影響が定常法に比べて小さい．その結果，同じ木材試料を測定しても非定常法による熱伝導率は，定常法による場合よりも一般に高めの値となる．

このような方法で測定された木材の熱伝導率には，以下のような特徴がある．

(1) 木材の熱伝導率の異方性

放射方向と接線方向の熱伝導率はほぼ同じであるが，これらの繊維直交方向と繊維方向との間では大きな異方性を持ち，繊維方向の熱伝導率は繊維直交方向の熱伝導率の2～2.5倍の値となる．

(2) 木材の熱伝導率の密度依存性

木材の熱伝導率はその密度に大きく依存する．繊維直交方向，繊維方向の熱伝導率をそれぞれ λ_v，λ_f とすると，密度 d (g/cm^3) との間に次のような実験式が見出されている[4, 5]．

$$\lambda_v = 1.163 \times (0.022 + 0.168 d_{12}) \ (\mathrm{W/(m \cdot K)})$$

（温度：27℃，密度：$0.2 < d_{12} < 0.8$ g/cm^3） (4-11)

$$\lambda_v = 1.163 \times (0.022 + 0.724 d_0 + 0.0931 d_0^2) \ (\mathrm{W/(m \cdot K)}) \ \text{（温度：20℃）} \quad (4\text{-}12)$$

$$\lambda_f = 1.163 \times (0.022 + 0.346 d_0) \ (\mathrm{W/(m \cdot K)}) \ \text{（温度：20℃）} \quad (4\text{-}13)$$

ここで，密度 d の添字は含水率（%）を表す．

前式で表される密度と熱伝導率の関係を図4-4に示す．また，日本のいくつかの樹種の繊維直交方向の熱伝導率の測定値[6]も記す．これらの熱伝導率は，含水率10%，温度20℃で測定されたものである．

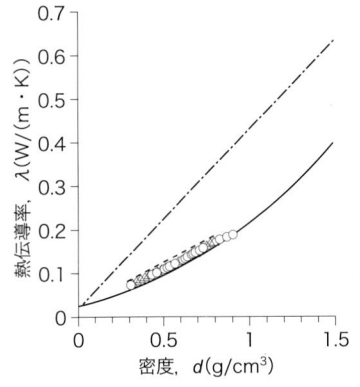

図4-4 密度と熱伝導率の関係
△:針葉樹, ○:広葉樹. ----:Kollmann, F. F. P. (4-11)式, ——:満久崇麿(4-12)式, -・-・-:満久崇麿(4-13)式.

(3) 含水率と熱伝導率

木材の繊維直交方向の熱伝導率は，図4-4に示されるように気乾状態でも，たかだか0.2W/(m·K)である．一方，水の熱伝導率は27℃で0.61W/(m·K)である．したがって，含水率の増加とともに木材の熱伝導率は上昇する．

含水率と繊維直交方向の熱伝導率との間には，含水率5～35%の範囲で次式が提案されている[4]．

$$\lambda_2 = \lambda_1 \{1 - 0.0125(u_1 - u_2)\} \quad (\mathrm{W/(m \cdot K)}) \tag{4-14}$$

ここで，λ_1, λ_2 (W/(m·K))はそれぞれ含水率 u_1, u_2 (%)のときの熱伝導率である．また，Kollmannは含水率を考慮に入れ，空気を含まない木材実質と空気層とが直列および並列に配列されたモデルを用い，密度をパラメータとした木材の熱伝導率の数式を提案している[4]．

(4) 温度と熱伝導率

木材の熱伝導率は，絶対温度にほぼ比例することが知られている．したがって，λ_1, λ_2 (W/(m·K))をそれぞれ，温度 t_1, t_2 (℃)での熱伝導率とすると，

$$\lambda_2 = \lambda_1 \frac{273 + t_2}{273 + t_1} \quad (\mathrm{W/(m \cdot K)}) \tag{4-15}$$

また，Kollmannは−50℃～100℃の温度範囲に対して次の関係を見出してい

る[4].

$$\lambda_2 = \lambda_1\{1-(1.1-0.98d_0)\}\frac{t_1-t_2}{100} \quad (\text{W}/(\text{m}\cdot\text{K})) \qquad (4\text{-}16)$$

ここで，d_0（g/cm^3）は全乾密度である．

　一般に，木材の熱伝導率は高温になれば上昇するとされるが，(4-16)式は全乾密度が大きくなると逆に高温下での熱伝導率が下がる場合があるので，d_0の適用範囲に注意を要する．

引 用 文 献

1. 熱膨張と比熱
1) Hori, R. and Wada, M.：Cellulose 12, 479-484, 2005.
2) Weatherwax, R. C. and Stamm, A. J.：U. S. Forest Prod. Lab. Rpt. 1487, pp.24, 1946.
3) Weatherwax, R. C. and Stamm, A. J.：Elect. Engin. 64, pp.833, 1945.

2. 熱　伝　導
1) 小畑良洋ら：木材学会誌, 46, pp.137-143, 2000.
2) Incropera, F. P. and DeWitt, D. P.：Fundamentals of Heat and Mass Transfer, 5th ed., p.8, John Wiley & Sons, New York, 2002.
3) 日本機械学会（編）：伝熱ハンドブック, pp. 370-371, 374-376, 丸善, 東京, 1993.
4) Kollmann, F. F. P. and Côté, Jr., W. A.：Principles of Wood Science and Technology Ⅰ：Solid Wood, Springer-Verlag, New York, pp.246-250, 1968.
5) 満久崇麿：木材研究, 通巻 No.9, pp.1-13, 1952.
6) 木材加工技術協会：木材工業, 通巻 No.82-120, 122-124, 1954 ～ 1957.

第5章 電気と木材

1. 誘電性と導電性

1) 誘電率と導電率

(1) 誘電現象[1]

面積がそれぞれ A（cm^2）の平行板コンデンサーに電池をつなぐと，＋極につないだ極板に $+\sigma A$（C），－極につないだ極板に $-\sigma A$ の電荷が充電され，極板間に電圧 V（V）が発生する．ここに，σ（C/cm^2）は，単位面積当たりの電気量である．充電された電荷 σA は，電圧 V に比例し，比例定数を C とすると，$\sigma A = CV$ と表せる．C（F）は，電気容量（capacitance）で，1Vの電圧を発生させるのに必要な充電電気量を表す．極板間に物質が挿入されていると，極板間に物質がない場合（真空）に比べて，電気容量が増加する．真空の場合の電気容量を C_0，物質がある場合のそれを C とすると，比誘電率（誘電率，dielectric constant）ε を次式で定義する．

$$\varepsilon = \frac{C}{C_0} \tag{5-1}$$

極板間距離を t（cm）とすると，C は次式で表せる．

$$C = \frac{\varepsilon_0 \varepsilon A}{t} \tag{5-2}$$

ここで，ε_0：真空の絶対誘電率で，0.08854185pF/cm の値をとる．

真空の誘電率は1であるから，C_0 は $\varepsilon_0 A/t$ である．物質の ε は，測定用の極板間に物質を入れた場合と空の場合の電気容量を測定し，(5-1)式を用いて求める．

物質に電気伝導性（導電性）がある場合，Vに比例して電流I_G（単位時間当たりの放電電気量）が流れ，$I_G = GV$で表せる．G（S）は，抵抗の逆数（1/Ω）で，コンダクタンス（conductance）と呼ばれる．平行極板ではGはAに比例し，tに反比例するので，次式で表せる．

$$G = \kappa \cdot \frac{A}{t} \tag{5-3}$$

ここで，κ（S/cm，1/Ωcm）：導電率（electrical conductivity）と呼ばれる．

電気的に中性の物質を極板内（静電場）に置くと，電場の影響で＋極板に面して$-PA$，－極板に面して$+PA$の感応電荷が現れる．P（C/cm^2）は，極板1cm^{2}当たりの感応電荷量で，電気分極（electric polarization）と呼ばれる．感応電荷は，物質内で拘束されている．Pによって両極板間のVが低下してCが増大する．物質を挿入する前の電圧をV_0，物質を挿入したあとのそれをVとすると，物質のεは，次式で表せる．

$$\varepsilon = \frac{C}{C_0} = \frac{\sigma A}{V} \cdot \frac{V_0}{\sigma A} = \frac{V_0}{V} = \frac{\sigma}{\sigma - P} \geq 1 \tag{5-4}$$

一方，導電性に基づく電荷は，電極面まで移動し，充電電荷と結合（放電）する．その分だけ電池から電荷が追加され，その単位時間当たりの電荷の移動量が電流I_Gである．

導電性のある誘電物質を平行板電極に挿入し，角周波数ω（$= 2\pi f$，周波数f（Hz））の交流電源に接続する．電圧は，$V\cos\omega t$の時間変化を示す．電圧に対し複素数$V^* = Ve^{i\omega t}$（$= V\cos\omega t + iV\sin\omega t$）を導入する．$V^*$の実数部$V\cos\omega t$が電圧の時間変化である．電圧変化に伴って，充電電荷の時間変化による電流$I_C = d(\sigma A)/dt = d(CV^*)/dt$と導電電流$I_G = GV^*$の和の電流$I$が流れる．物質に一定周波数の電圧を印加したときの等価回路は，コンデンサーと抵抗の並列回路で表せる．

$$I = I_C + I_G = \frac{d}{dt}CV^* + GV^* = (i\omega C + G)V^* \tag{5-5}$$

$$\tan \delta = \frac{I_G}{I_C} = \frac{G}{\omega C} \tag{5-6}$$

ここで，$\tan \delta$：損失正接（loss tangent），δ：損失角（loss angle）という．

交流電場における物質の誘電率をε'，$\varepsilon' \tan \delta = \varepsilon''$と表すと，$\varepsilon'$および$\varepsilon''$は，$C$と$G$を測定して次式で求められる．

$$\varepsilon' = \frac{Ct}{\varepsilon_0 A}, \quad \varepsilon'' = \frac{Gt}{2\pi f \varepsilon_0 A} \tag{5-7}$$

ここで，ε''：誘電損失（dielectric loss）と呼ばれる．

物質の誘電的性質は，κ，ε'およびε''などの誘電諸量を用いて評価される．

(2) 木材の誘電異方性

2要素よりなる層状混合体の誘電率εは，次式で表せる．

$$\varepsilon^n = \Sigma \delta_i \varepsilon_i^n \quad (i = 1, 2, n = 1, -1) \tag{5-8}$$

ここで，ε：混合体の誘電率，i = 1, 2：各要素を表す．δ_i：要素iの体積分率で$\delta_1 + \delta_2 = 1$である．

n = 1のとき，層が電場に対し並列に，n = －1のとき，直列に配向している．n = 1のとき，n = －1の場合に比べてεは大きい．i = 1を空気とし，混合体の密度をd，i = 2の密度をd_0とすると，空気の誘電率ε_1は1と見なせるので，εは，n = 1および－1に対して次式で表せる．

$$\varepsilon = \frac{d}{d_0}(\varepsilon_2 - 1) + 1 \quad (n = 1) \tag{5-9}$$

$$\varepsilon = \frac{\varepsilon_2}{\varepsilon_2 - (d/d_0)(\varepsilon_2 - 1)} \quad (n = -1) \tag{5-10}$$

εを縦軸にdを横軸にとると，両者の関係は，n = 1の場合直線となり，n = －1の場合下に凸となる．

木材のε'は，いずれの周波数f，温度Tおよび含水率uにおいても，繊維方向（L方向）で最も大きく，放射方向（R方向）と接線方向（T方向）の大きさの順位は，樹種によって異なる．一般に，ε'は，晩材率が小さい場合に

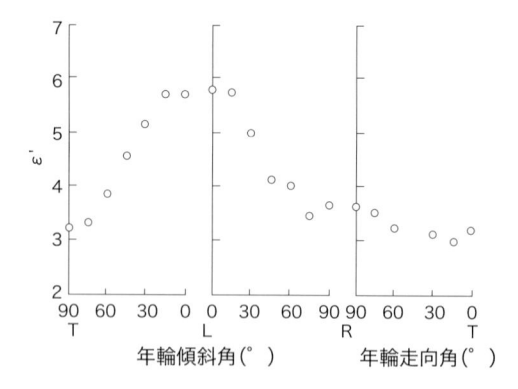

図5-1 木材の誘電率 ε' と年輪傾斜角および年輪走向角の関係
ホオノキ材,周波数10kHz,含水率11.3%,温度23℃.(Norimoto, M., 1976)

は,T方向に比べR方向で大きいが,晩材率が大きくなるにつれて大きさが逆転する.細胞壁の誘電率には異方性があり,L方向の値がRおよびT方向に比べてわずかに大きい.$d = 0.51$ のホオノキ材の $u = 11.3\%$,$T = 23℃$,$f = 10$kHz における ε' と年輪傾斜角および年輪走向角の関係を図5-1に示す[2].木材のL方向では,ε' と d の関係は直線となり,n = 1 の場合の式で表せる.RおよびT方向では,電場の方向に対し,細胞壁が連結した構造が網目状となっていて,ε' と d の関係は,n =－1 の式によって表すことはできない.しかし,n = 1 と－1 の構造が混合していると考えて,その混合比率を考慮した両式の和によって,定性的に表現することができる.RあるいはT方向の ε' と d の関係は,d 軸に対し凸の曲線を示す.

(3) 誘電諸量と含水率

繊維飽和点(FSP)以下の u では,導電率の対数 $\log \kappa$ と u の間に直線関係があり,FSP以上の u では,u の増加に伴う κ の増加は緩慢となる.厳密には,$u = 8\%$ 以下では $\log \kappa$ と u との間に直線関係が,$u = 8 \sim 20\%$ の領域では $\log \kappa$ と $\log u$ の間に直線関係が認められている.図5-2に無処理およびエタノール・ベンゼン抽出に加え,熱水抽出した種々の u に調整したヒノキ材

のL方向における20℃でのlog κ とlog f の関係を示す[3]．全乾状態の無処理の木材におけるlog κ は，log f の増加とともに直線的に増加し，両者の関係は，抽出処理によってほとんど変化しない．u の増加により，log κ は大きく増加し，u が15%以上になると，log κ とlog f 曲線に変曲点（誘電緩和）が現れる．この変曲点は，RおよびT方向においても同じ周波数域に認められ，その位置は，抽出処理によって変化しない．水分が含まれる場合，log κ は，抽出処理によって低周波数域において減少する．抽出処理によって減少したlog κ の部

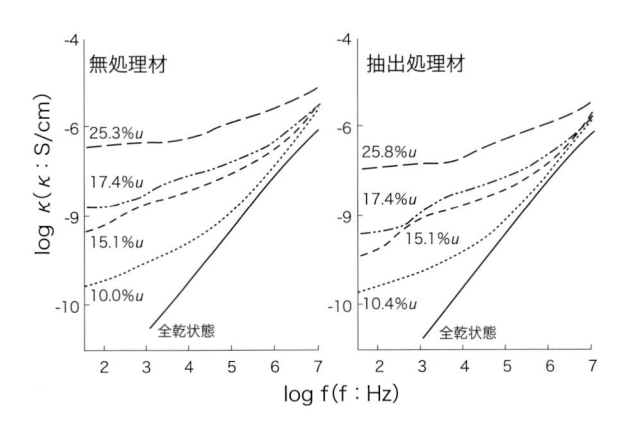

図5-2 種々の含水率 u に調整した無処理および抽出処理ヒノキ材の繊維方向における導電率の対数log κ と周期数の対数log f の関係
（Sugimoto, H. et al., 2005）

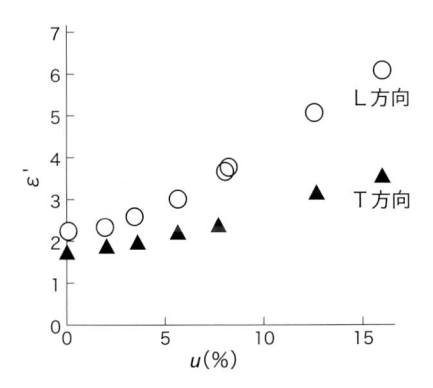

図5-3 20℃，1MHzにおけるアカマツ材の繊維方向Lおよび接線方向Tの誘電率 ε' と含水率 u の関係
（Norimoto, M. et al., 1978）

分は，無処理木材に含まれていたイオンの移動によるものと考えられる．

20℃，1MHz におけるアカマツ材のL および T 方向の ε' と u の関係を図 5-3 に示す[4]．ε' は u の増加とともに増加するが，増加の程度は，u が約 5% までは比較的小さく，その後大きくなる．低含水率での水分子は，細胞壁成分分子と複数の水素結合で強固に結合していて，電場方向への配向が拘束されているためと考えられる．u が増加し，水分子どうしが結合するようになると，水分子の電場方向への配向も容易となり，ε' は増加する．

2) 誘 電 緩 和

物質内で生じる種々の分極の機構に基づき，P は時間（周波数）に依存する．交流電源に接続すると，f の高低によって，P が変化して ε' は変化する．1 周期内に生じた感応電荷が C となる．C と G が f によって変化する現象を，誘電緩和（dielectric relaxation）または誘電分散（dielectric dispersion）という．

木材では，分極として，光学的分極，赤外分極，配向分極および界面分極が生じる．光学的分極は，電子が原子核に対して相対的に変位して現れる分極で，10^{15}Hz 以下の周波数で生じる．赤外分極は，原子核が相対的に弾性的に変位し誘起される分極で，$10^{12} \sim 10^{13}$Hz 以下の周波数で生じる．配向分極は，永久双極子の配向に基づく分極で，10^{12}Hz 以下の周波数で現れる．界面分極は，不均質構造を持つ物質において，物質内を移動できる電荷の片寄りによって生じ，10^{12}Hz 以下の周波数で現れる．

多くの誘電体について，種々の周波数で測定した ε' と ε'' の組について，ε'' を縦軸に，ε' を横軸に同じスケールで目盛ったとき，その軌跡が円の劣弧となる．この関係は，Cole-Cole の円弧則（Cole-Cole circular arc law）と呼ばれ，次式で表される[5]．

$$\varepsilon^* - \varepsilon_\infty = (\varepsilon_0 - \varepsilon_\infty) \cdot \frac{1}{1 + (i\omega \tau_m)^\beta} \tag{5-11}$$

ここで，ε^*：複素誘電率（complex dielectric constant）で，$\varepsilon^* = \varepsilon' - i\varepsilon''$ である．ε_0：誘電緩和が消失する最小の周波数における誘電率を表す．ε_∞：誘電緩和が消失する最大の

周波数における誘電率で，光学的分極と赤外分極のみが寄与している 10^{12}Hz 付近における誘電率である．$(\varepsilon_0 - \varepsilon_\infty)$：緩和の強度を表し，配向分極あるいは界面分極が寄与する誘電率の部分を示す．τ_m：平均緩和時間で，ε'' が最大となる周波数を f_m とすると，$1/2\pi f_m$ で表される．β：緩和時間の分布の程度を表す定数で，$0 \leq \beta \leq 1$ の間の値をとり，1 のとき緩和時間に分布がなく，単一の緩和時間の場合を，0 に近づくにつれて緩和時間の分布が広くなる．

図 5-4 に全乾状態のスプルース材の L 方向についての $-10 \sim -100$℃ における Cole-Cole プロットを示す[6]．この緩和は，細胞壁の結晶していない領域に存在するメチロール基の配向分極に基づくことが明らかとなっている．メチロール基の配向分極に基づく運動の見かけの活性化エネルギーは 42kJ/mol（9.8kcal/mol）で，力学緩和測定で求めたものと一致する[7]．

木材が水を吸着すると，吸着水の配向に基づく誘電緩和が現れる．図 5-5 に

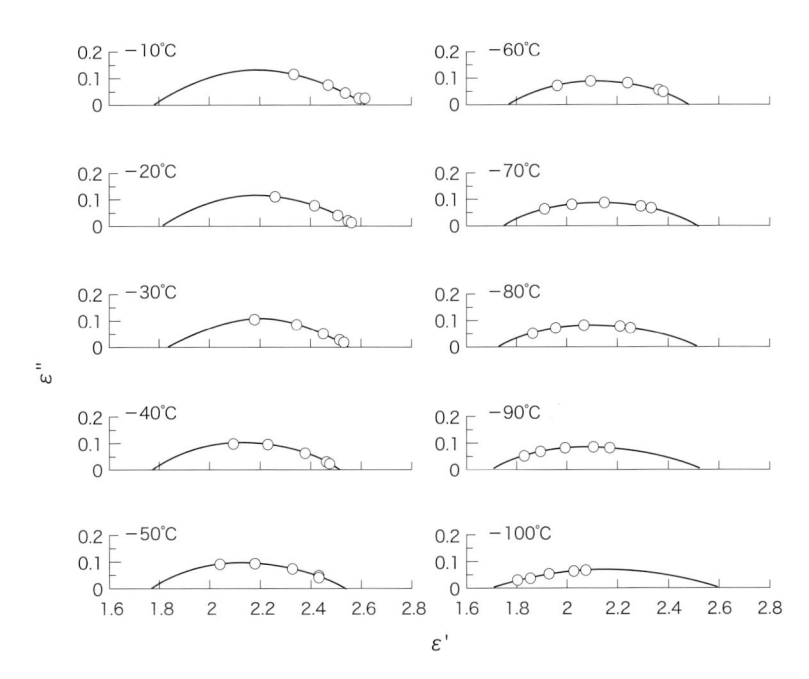

図5-4 全乾状態のスプルース材繊維方向の種々の温度における Cole-Cole プロット
（横山　操ら，1997）

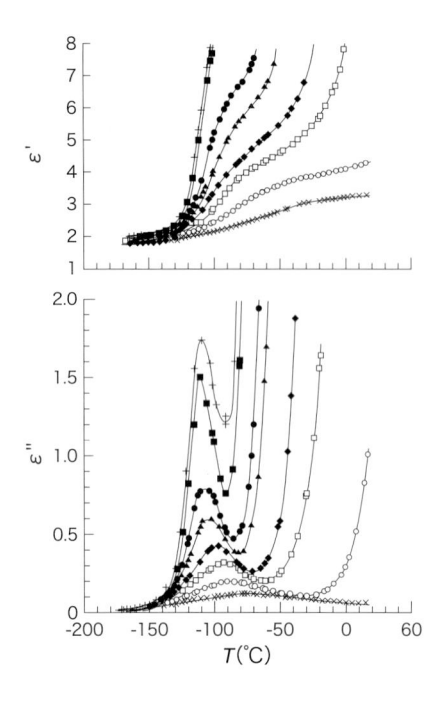

図5-5 種々の含水率に調整したスプルース材繊維方向の50Hzにおける誘電率 ε' および誘電損失 ε'' と温度 T の関係
×：3.8%u, ○：7.8%u, □：10.5%u, ◆：13.6%u, ▲：16.3%u, ●：18.0%u, ■：27.0%u, ＋：35.2%u. (横山 操ら, 1999)

種々の u のスプルース材についての $f=50$Hz における ε' および ε'' と T の関係を示す[8]. -100℃における Cole-Cole プロットを図5-6に示す[8].

吸着水の配向に基づく緩和より低い周波数領域に，細胞壁実質と吸着水のクラスターからなる不均質構造によって生じる界面分極に基づく誘電緩和が現れる．前述した $\log \kappa$ と $\log f$ に認められる変曲点の緩和である.

2. 圧　電　性

圧電気（piezoelectricity）は，電気系と力学系との相互作用であると同時に，異種現象間の線型結合作用の代表的な現象でもある．この圧電気の命名は Hankel によってなされ（piezo はギリシャ語で press の意味），1880年に Piere および Jacques Curie 兄弟により圧電気が初めて水晶において見出された[1]．なお，機械的圧力に対して電気分極を発生する特性，あるいは電気的変

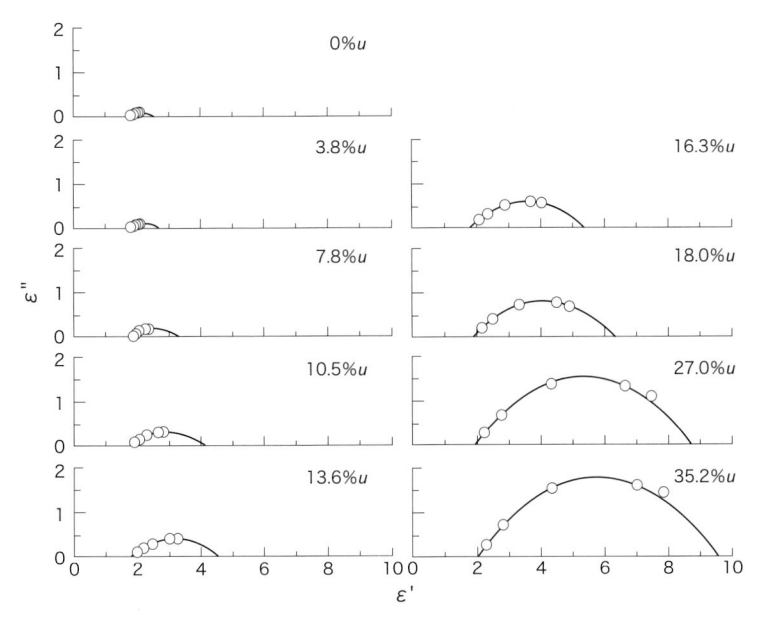

図5-6 種々の含水率 u におけるスプルース材繊維方向の−100℃における Cole-Cole プロット
(横山 操ら,1999)

動に対して機械的変位(例えば振動)を発生する特性を持つ物質の総称を圧電体(piezoelectrics)と呼ぶ.

1)圧 電 率

(1)圧 電 効 果

圧電効果(Piezoelectric effect)とは,圧電体に応力を加えた場合に,プラスイオンとマイナスイオンの中心が平衡位置から移動し,それに伴って電界が発生すること(正効果,direct effect),あるいは,電界を印加した場合に,伸び縮みの変形やすべり(せん断)変形が発生すること(逆効果,converse effect)をいう.木材の圧電効果は,1946年に Shubnikov[2] によって最初に発見され,木材細胞壁中の主要構成成分の1つであるセルロース結晶に起因して発生することが知られている.また,木材の圧電効果には,せん断応力が大

きく寄与していることが，Bazhenovら[3]，Fukada[4]，平井ら[5]により報告されている．

(2) 圧 電 定 数

結晶に応力Tを与えると分極P（圧電分極と呼ぶ）が発生し，同時に電界Eが生じる．また，逆に電界Eを与えるとひずみSが発生し，同時に応力Tが生じる．このことから，圧電分極PとひずみSは次式，

$$P = dT + \eta^T E \tag{5-12}$$
$$S = s^E T + dE \tag{5-13}$$

で表される．ここで，dは圧電定数と呼ばれ，圧電体の電極間を短絡したとき（$E=0$）の単位応力により発生する分極，あるいは圧電体を自由にしたとき（$T=0$）の単位電界により発生するひずみ，

$$d = \left(\frac{P}{T}\right)_{E=0} = \left(\frac{S}{E}\right)_{T=0} \tag{5-14}$$

ここで，η^T：$T=0$における分極率（電気感受率），s^E：$E=0$における弾性コンプライアンスである．

を表す．

木材は粘弾性体であるため刺激が正弦的に変化するとき，応答関数は一般に複素数で表される．応答関数は，周期的に変動して時間の増加とともにゼロに近づく場合と，単調に減少してゼロに近づく場合とがある．前者を共鳴型，後者を緩和型と呼んでいる．また，互いに共役な2つの変数間の応答関数は，独立関数が示量的な場合は緩和型，示強的な場合は遅延型となる．例えば，弾性率は緩和型，誘電率は遅延型であり，それぞれ次式，

$$E^* = E' + iE'' \tag{5-15}$$
$$\varepsilon^* = \varepsilon' - i\varepsilon'' \tag{5-16}$$

で表され，虚数部が常に正になるように表示される．圧電率は力学と電気の結合効果を表す物理定数で，緩和型と遅延型の両方があり，実験的にその存在が確かめられている．したがって，圧電率は次式，

$$d^* = d' \pm id'' \tag{5-17}$$

と表される.

(3) 異　方　性

　結晶（crystal）とは，その物質を構成する 1 個ないしは一定の配列を持った複数個の原子が 3 次元的に繰返し配列したものである．結晶内の繰返し単位中の等価な代表点を格子点（lattice point）と呼び，結晶内の各格子点を結ぶと，平行六面体状の格子ができるが，これを空間格子（plane lattice）という．点格子の中で隣り合った格子点を結んで作られる単位の平行六面体を単位胞（unit cell）と呼び，この単位胞の核に平行な 3 軸 a, b, c を結晶軸（crystallographic axis）と呼ぶ．また，単位胞の 3 軸の長さ a, b, c および軸間の角度 α, β, γ を格子定数（lattice constant）といい，これら格子定数の組合せにより，結晶は 7 種の結晶系（crystal system：立方晶系，正方晶系，斜方晶系，三方晶系，六方晶系，単斜晶系，三斜晶系）に分類でき，すべての結晶はいずれかに属する．セルロースは，結晶系の分類からいうと単斜晶系 Class 2 に属し，対称性より次の 8 つの圧電率テンソル，

$$\begin{bmatrix} 0 & 0 & 0 & d_{14} & d_{15} & 0 \\ 0 & 0 & 0 & d_{24} & d_{25} & 0 \\ d_{31} & d_{32} & d_{33} & 0 & 0 & d_{36} \end{bmatrix} \quad (a \neq b \neq c, \alpha = \gamma = 90°, \beta \neq 90°) \tag{5-18}$$

　ここで，圧電率テンソルの添字は，第 1 添字が圧電分極の方向（1：半径方向，2：接線方向，3：繊維方向）を表し，第 2 添字が応力の作用面と方向（1 → 11，2 → 22，3 → 33，4 → 23 および 32，5 → 13 および 31，6 → 12 および 21）を表している．

が存在する．

　木材の木口面を単純化して等方性とし，木材を 2 次元等方体ととすると，∞ 回回転軸は木材の繊維軸 1 本のみとなる．繊維軸には向きがないので，それに垂直な 2 回回転軸が存在し，圧電率テンソルは d_{14} と d_{25} の 2 つとなる．ここで，結晶をある軸の周りに 180°，120°，90°，あるいは 60° 回転したときに，結晶が元の位置におさまる場合，この回転の軸を 2，3，4，ある

いは6回回転軸という．

ところが，厳密には木材は，放射組織の存在，結晶の配向が一様でない，また細胞の形および配列の様式が半径方向と接線方向とでは異なるといった点から，木口面において等方性と考えることは難しい．これらの点を考慮して木材を，半径軸，接線軸，繊維軸の各軸に垂直な3本の2回回転軸を持つ斜方晶系 Class 222 と見なすと，次の3つの圧電率テンソル，

$$\begin{bmatrix} 0 & 0 & 0 & d_{14} & 0 & 0 \\ 0 & 0 & 0 & 0 & d_{25} & 0 \\ 0 & 0 & 0 & 0 & 0 & d_{36} \end{bmatrix} \quad (a \neq b \neq c, \alpha = \beta = \gamma = 90°) \quad (5\text{-}19)$$

が存在する．実際に d_{14}，d_{25}，および d_{36} の各値を実測[5]すると，d_{36} の値は d_{14}，d_{25} の各値に比べ1桁小さいが，明らかに存在することが認められている．d_{36} の存在には，セルロース結晶の $d_{36}^{cellulose}$，放射組織に存在するセルロース結晶の分極，および d_{14}，d_{25} 成分などが起因すると考えられている．特に，d_{14} と d_{25} の値の相違が大きいほど，d_{36} は大きな値を示す．また，d_{14} と d_{25} の値の相違は主として，板目面，まさ目面でのすべり（せん断）変形の違いによると考えられ，剛性率 G_{LT}，G_{LR} の値の相違と d_{14}，d_{25} の値の相違がよい対応を示している．

なお，木材の圧電定数 $-d_{14}$ は約 0.1～0.5pC/N であり，この値は水晶の圧電定数の 1/20 程度であり，馬の大腿骨の圧電定数[6]とほぼ同程度である．また，木材の圧電定数から木材のセルロース結晶の圧電定数（$d_{14}^{cellulose}$ と $d_{25}^{cellulose}$ の平均値）を推定すると，木材より1桁高い約 1～2pC/N と計算でき，単斜晶系 Class 2 に属する Cane Sugar（$C_{12}H_{22}O_{11}$）の d_{14}：-1.3pC/N，d_{25}：3.7pC/N の値にかなり近い[7]．

(4) 圧電発生機構

圧電分極の研究は，従来，繊維に平行なすべり（せん断）変形において行われてきた．木材の圧電分極の発生機構についての定説は，現在のところないが，木材中におけるセルロース結晶，あるいは結晶に近い準結晶領域の水素結合に

起因しているものと推測されている．化学的な処理によって，セルロースの結晶構造を変化させ，それに伴う圧電率の挙動を調べることにより，木材の圧電分極の発生機構を解明しようとする試みがなされている[8]．木材を水酸化ナトリウム 18％水溶液でアルカリ処理すると，圧電率が著しく増加する．セルロースの結晶構造は，アルカリ処理によって天然のセルロースⅠ型構造からセルロースⅡ型構造に変化し，これに伴い，結晶内部で（200）面上，および（110）面上のセルロース分子間に新たな水素結合が生じる．この水素結合の増加が，圧電率の増加に結び付くと現在のところ推測されている．

(5) 結晶格子ひずみとの関係

天然の複合材料である木材は，主に結晶性のセルロース（結晶化度はおおよそ 50～60％）と非結晶性のマトリックスで構成されている．構成成分の中で骨組みを形成しているセルロースは，構成成分の約 50％を占めており，木材の力学挙動に大きく影響を及ぼしている．セルロース結晶の力学挙動を調べる 1 つの手法として X 線応力測定があり，これよりセルロース結晶の結晶格子のひずみ量（結晶格子ひずみ）を求めることができる．算出方法は，Braggの式を基に，次式，

$$\frac{\Delta \overline{d}}{\overline{d}} = -\cot\theta \cdot \Delta\theta \quad (5\text{-}20)$$

ここで，$\overline{d}$：格子間隔，$\Delta \overline{d}$：負荷によって変化した結晶格子間隔，θ：Bragg角，$\Delta\theta$：負荷に対応し変化した特性 X 線の回折強度プロファイルにおけるピーク値のずれである．

を用いる．ここで，試験体の軸方向の表面ひずみに対する透過法から求めた(004)面における結晶格子ひずみの比の値と，圧電気（出力）の値を比較すると，両者の間には比較的良好な直線関係が認められた（ただし，木材の各構成成分には均一に応力が負荷されていると仮定した）[9]．

(6) 非破壊検査および破壊現象の解明

圧電効果を応用して，弾性率の予測，節や繊維傾斜などの欠陥の非破壊検査

への利用，あるいは破壊現象の解明に関する基礎的な研究が進められている．

　1960年代前半にGalliganとBertholfは，棒状試験体をエアーハンマーで縦方向に打撃して，木材表面に発生する電荷（圧電気）を観測するとともに，圧電気による弾性率推定の可能性を示唆した[10]．SmetanaとKelsoは，正常材部分では圧電荷がほぼ一様な分布を示しているのに対して，円孔や節，割れ，ピッチポケット周辺では圧電荷は複雑な分布を示すことを明らかにし，この現象を逆に利用すれば，欠陥部分などの応力集中を起こしやすい部分を，非破壊的に検出できることを示唆した[11]．KnuffelとPizziは，実大構造材を縦方向に打撃した際に発生する圧電気の電圧波形における最初のピーク値を，適当な閾値を設けて3次元表現すると，節のパターンが浮かび上がってくることを明らかにした[12-13]．

　また中井らは，圧縮-振動複合応力下において応力，ひずみ，圧電気（出力）の同時測定を行い，圧電気とマクロな破壊[14-15]，セミミクロ（セル壁ハニカムレベル）な破壊[16-18]，および分子レベルの破壊[9]との関係を実験的に明らかにした．

2）圧 電 緩 和

　粘弾性体である木材では，誘電率や弾性率と同様に，圧電率にも周波数や温度依存性が現れる．圧電性は結晶（準結晶）に，誘電性は非晶部分に，力学は結晶および非晶部分に大きく左右される．また，緩和が起きるときに原因となる運動単位が異なるとすれば，緩和の活性化エネルギーに違いが現れているものと考えられる．

　木材の圧電率を-150℃～150℃の温度範囲で，周波数100Hzで測定すると，A：-120℃～-100℃，B：-20℃付近，C：40℃～80℃，およびD：100℃～140℃，の計4つの温度域で圧電温度分散が観測される[19-21]．なお，圧電温度分散の出現パターンには樹種特性があり，これら4つの温度域すべてにおいて圧電温度分散が常に認められるわけではなく，ABDあるいはACDのみで出現する樹種も認められる．一方，ラミーセルロースで，同様の温度域，

周波数で測定すると，木材とは異なり，−80℃付近と110℃付近に2つの大きな圧電温度分散が認められる．

　低温部の圧電温度分散はそれぞれ，A：セルロース分子鎖のメチロール基の回転に関係したもので，活性化エネルギーは約42kJ/molであり，B：マトリックスにおけるヘミセルロースなどの運動と推測されている．一方，高温部の圧電温度分散はそれぞれ，C：セルロースの準結晶領域やマトリックスのヘミセルロース，リグニンなどの運動，D：結晶領域におけるヘミセルロースなどの協同運動により生じると推測されている．Dの温度域における圧電温度分散は，力学や誘電では認められず，圧電固有の分散と考えられている．セルロース結晶のX線回折測定において，120℃〜130℃付近で(200)，(110)および($\bar{1}$10)面の面間隔の変化が著しくなることから，Dの温度域における圧電温度分散は，セルロース結晶の状態変化に起因するものと推測されている．

　さらに，木材の圧電率を150℃以上の高温域で，周波数10，20および100Hzで測定すると，175℃付近に圧電温度分散が認められる[20]．この圧電温度分散は，誘電および力学の温度依存性でも観測されるため，熱分解の影響も考えられるが，周波数の低下につれて分散温度は低下しており，主分散に起因するものと考えられる．この場合，活性化エネルギーは圧電および誘電で126〜168kJ/mol，力学で294〜336kJ/molである．

引　用　文　献

1. 誘電性と導電性

1) 花井哲也：不均質構造と誘電率，吉岡書店，2000．
2) Norimoto, M.：Dielectric Properties of Wood, Wood Research, No.59/60, 106-152, 1976.
3) Sugimoto, H. et al.：Dielectric relaxation due to heterogeneous structure in moist wood, J. Wood Sci., 51, 549-553, 2005.
4) Norimoto, M. et al.：Anisotropy of Dielectric Constant in Coniferous Wood, Holzforschung, 32, 167-172, 1978.
5) Cole, K. S., Cole, R. H.：Dispersion and absorption in dielectrics I, Alternating current characteristics, J, Chem. Phys., 9, 341-351, 1941.

6) 横山　操ら：全乾スプルース材の誘電特性のCole-Coleプロット, 木材研究・資料, No.33, 71-82, 1997.
7) 小幡谷英一ら：低温領域における木材の力学緩和と誘電緩和（第1報）－級水酸基と吸着水に基づく緩和について, 木材学会誌, 42, 243-249, 1996.
8) 横山　操ら：低温領域における木材の力学緩和と誘電緩和(第2報)－吸着水に基づく緩和, 木材学会誌, 45, 95-102, 1999.

2. 圧　電　性

1) 池田拓郎：圧電材料学の基礎, オーム社, p.1, 1984.
2) Shubnikov, A. V.：Piezoelectric textures (in Russian), Izd-vo AN SSSR, p.96, 1946.
3) Bazhenov, V. A, Konstantinova, V. P.：Piezoelectric effect of wood (in Russian), Doklady Academy Nauk SSSR, Vol.71, No.2, p.283-286, 1950.
4) Fukada, E.：Piezoelectricity of wood, Journal of the Physical Society of Japan, Vol.10, No.2, p.97-103, 1955.
5) 平井信之ら：木材の圧電異方性, 材料, 第22巻, 第241号, p.948-955, 1973.
6) Fukada, E. and Yasuda, I.：On the piezoelectric effect of bone, Journal of the Physical Society of Japan, Vol.12, No.10, p.1158-1162, 1957.
7) 平井信之ら：木材の圧電効果に関する研究(第3報)材の成長と圧電率の変化, 木材学会誌, 第16巻, 第7号, p.310-318, 1970.
8) 平井信之：木材およびセルロース誘導体の圧電性, 超音波TECHNO, 1 (10), p.48-51, 1989.
9) Nakai, T. et al.：The relationship between macroscopic strain and crystal lattice strain in wood under uniaxial stress in the fiber direction, Journal of wood science, Vol.51, No.2, p.193-194, 2005.
10) Galligan, W. L. and Bertholf, L. W.：Piezoelectric effect of wood, Forest Products Journal, 13 (12), p.517-524, 1963.
11) Smetana, J. A. and Kelso, P. W.：Piezoelectric charge density measurements on the surface of Douglas fir, Wood Science, 3 (3), p.161-171, 1971.
12) Knuffel, W. and Pizzi, A.：The piezoelectric effect in structural timber, Holzforschung, 40 (3), p.157-162, 1986.
13) Knuffel, W.：The piezoelectric effect in structural timber Part II, The influence of natural defects, Holzforschung, 42 (4), p.247-252, 1988.
14) 中井毅尚, 竹村富男：木材の圧縮試験下における圧電気挙動, 木材学会誌, 39巻, 3号, p.265-270, 1993.

15) Nakai, T. et al.: Relationship between piezoelectric behavior and the stress-strain curve of wood under combined compression and vibration stresses, Journal of wood science, Vol.50, No.1, p.97-99, 2004.
16) Nakai, T. et al.: Piezoelectric behavior of wood under combined compression and vibration stresses Ⅰ, Relationship between piezoelectric voltage and microscopic deformation of a sitca spruce (*Picea sitchensis* Carr.), Journal of wood science, Vol.44, No.1, p.28-34, 1998.
17) Nakai, T., Ando, K.: Piezoelectric behavior of wood under combined compression and vibration stresses Ⅱ, The effect of the deformation of cross-sectional wall of tracheid on changes in piezoelectric voltage in linear-elastic region, Journal of wood science, Vol.44, No.4, p.255-259, 1998.
18) Nakai, T. et al.: Relationship between the piezoelectric phenomenon and the mechanical behavior under combined compression and vibration stresses. Transaction of MRS-J, Vol.29, No.5, p.2499-2502, 2004.
19) 平井信之ら：セルロースおよび木材の低温での圧電緩和, 材料, 第37巻, 第416号, p.560-564, 1988.
20) 平井信之ら：木材の高温領域における圧電緩和, 木材学会誌, 第38巻, 第9号, p.820-824, 1992.
21) 鈴木養樹ら：木材の圧電緩和（第1報）圧電緩和に及ぼす樹種及び微細構造の影響, 木材学会誌, 第38巻, 第1号, p.20-28, 1992.

第6章 木材と住環境

1. 気候調節

　住まいの形態は，その国の気候風土，自然環境により決まる．日本は南北に細長い島国で，北海道の亜寒帯から沖縄の亜熱帯まで種々の気候に分かれている．しかし，図6-1[1]のクリモグラフ（climograph）の左図のように，北海道から沖縄まで，ほぼ左下がりの図形を呈し，おおむね夏は気温と相対湿度が高く，逆に冬はそれらがともに低い．そこで，古来より日本の住宅には，しのぎにくい梅雨期と高温多湿の夏期の快適性を確保するために，住宅の開口部を広くして通風をよくし，軒先を長くして日射を避ける工夫などがなされてきた．しかし近年では，洋式の住宅様式が各所に取り入れられ，冷暖房設備の発達と普及により，気密性（airtightness）の高い住宅が多くなってきた．ただし，

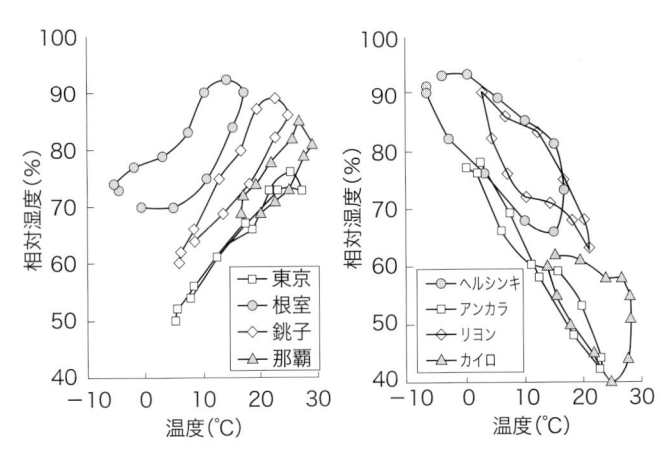

図6-1　クリモグラフ
（理科年表より）

西洋におけるクリモグラフは，図6-1の右図のように右下がりの図形を呈するため，まさに日本と逆の湿度環境であり，気密性の高い住宅は，夏は相対湿度が低く，冬に高いという気候風土に適合した住まいであることも念頭に置く必要がある．

図6-2に，京都地方で10月頃に観測した在来工法の木造住宅（wooden house）内外の温度と相対湿度の日変化を示す．外気の温度と相対湿度の経時変化は逆の傾向で，温度は日の出とともに上昇し，午後2時頃に最高値をとるが，相対湿度は逆に午後2時頃に最低値となる．木造住宅内の温度と相対湿度は，外気と同様の経時変化を示すが，住宅の形態や使用材料により若干異なり，温度が最高値となる時刻（図6-2では，外気は2時頃，室内は5時頃）が遅くなったり，温度や相対湿度の最高値と最低値の差である日較差（図6-2では，外気は9.2℃，32% RH，室内は5.1℃，5.9% RH）に変化が生じたりする．この差の大小などにより，住宅の環境評価がなされる．

人間の死亡率が最小となるのは，平均気温が16～21℃，平均相対湿度60～80%のときである[2]．人間が快適と感じる主因は温度であり，心理的な快適状態と，体温調節にかかる負担が最小である生理的な快適状態とは，本来一致する．そこで，住宅の居住性（habitability）を考えるとき，温度コントロー

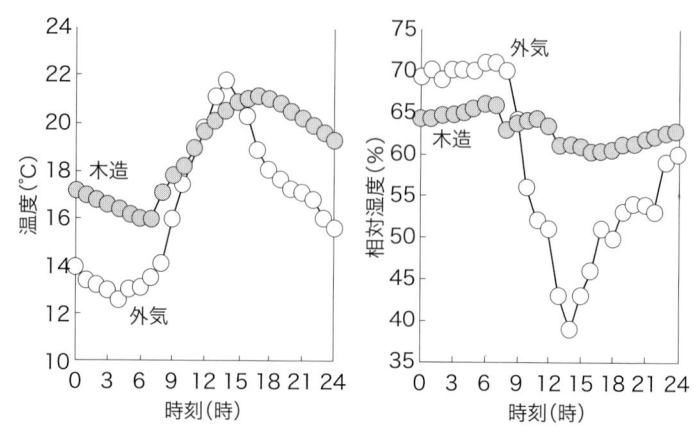

図6-2 住宅内外の温度および湿度の日変化

ルを主に考える.ただし,住宅内の相対湿度は,人間が感じる快適さ以外に,住宅内に生息するダニやカビなどの繁殖,住宅に住む人間の健康状態などとも深く関係する.細菌類は,ヒトの歩行などにより,室内塵とともに空中に舞い上がる.相対湿度が50%付近では数分以内にその大半が死滅するが,高湿度や低湿度では,長時間生き続ける[3].かぜやインフルエンザウイルスの生存率を考えると,冬期は住宅内の相対湿度が40%以下にならないことが重要である.なお,人体が快適と感じる相対湿度の範囲は,40〜60%と考えられている.以上のことを総合すると,住宅内における室温は20〜28℃,相対湿度は40〜70%の範囲に保たれていることが望ましい.

1)温度調節

外気と住宅との間の熱の移動は,主に隙間からの流出入,壁や窓ガラスなどを通しての熱貫流(heat transmission)により生じる.熱が室内から壁を通って外に流出する場合,室内の空気から壁の表面に伝達し,壁を熱伝導により伝わり,壁の表面より屋外の空気に伝達する.壁の熱伝導は,壁を構成する材料の熱の伝えやすさと,壁の厚さに関係する.材料の熱の伝えやすさは,熱伝導率(thermal conductivity)により表される.

密閉した箱の外気温の影響が箱の内部に及ぶ程度は,熱が箱を構成している材料を伝わる速さ,すなわち,材料の熱拡散率(thermal diffusivity)に関係する.なお,材料が温度変動を緩和する作用を温度調節作用と呼ぶ[4].そこで,下部に熱源を設置したモデル箱を用意し,厚さ1cmの住宅材料をその上に載せ,昇温速度を1℃/分で変化させたときの材料の下面と上面の温度変化を比べた[5].結果を図6-3に示す.熱の伝わり方は,直線の勾配の大きさから,アルミ板>セメント板>アクリル板>ラワン板となり,木材は熱をあまり伝えないことがわかる.同じ厚さで比較すると,木材の熱伝導は,コンクリートや断熱材(heat insulating materials)として用いられるグラスウールやフォームポリスチレンのそれに比べて小さい.木材がコンクリートやグラスウールより調温作用に優れているのは,前者の場合木材の熱伝導率がコンクリートより小さ

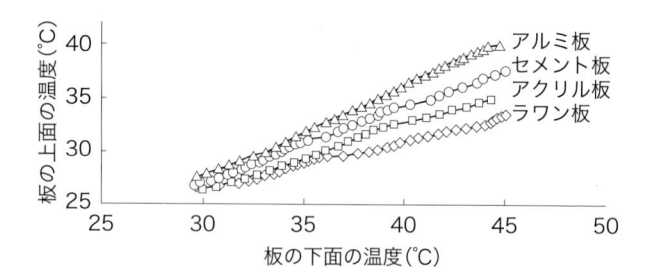

図6-3 モデル箱に載せた板材の上下面の温度変化

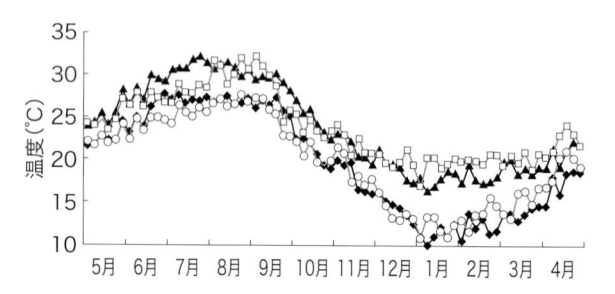

図6-4 ログハウスとRC造集合住宅の1日における室温の最高と最低値
──▲── ログ最高, ──◆── ログ最低, ──□── RC最高, ──○── RC最低.

いことに，後者の場合木材の方が容積比熱（specific heat）が大きいことによる（今村ら，1997）．

　木材は材料として，調温作用や断熱作用に優れている．実際の生活空間の壁体に木材が使用されているログハウス（log house）と，コンクリートが使用されている鉄筋コンクリート（reinforced concrete）造住宅（以後RC造と記す）における温度変化を比べた．図6-4に，関西地方の都市部で実際に生活しているログハウス仕様の住宅と，RC造集合住宅の1日における室温の最高値と最低値の年変化を示す．RC造集合住宅に比べてログハウスは，一般に温度年較差が大きく，夏期は最高温度が高く，冬期は最低温度が低い．図6-2で示した在来工法の木造住宅では，隙間風のため，ログハウス以上に悪い結果となっている．また，無居住のログハウスやRC造集合住宅では，冷暖房を使用していないため，より過酷な温度環境となる．

以上のように，木材はコンクリートに比べて調温作用に優れているが，ログハウスや在来の木造住宅は，RC造集合住宅に比べて調温作用に劣る．これは，気密性が低いことや，熱容量が小さいことなどによる．なお，住宅展示場として用いられている居間で，同様の測定を行った結果，RC造集合住宅以上に安定した温度環境にあった．このことから，木造住宅の温度環境を改善することが可能であり，木材の特性をさらに活かす方法での検討が望まれる．

2）湿度調節

住宅の内装仕上げ材料として吸放湿性に富む木材を使用すると，木材は住宅内の温度状態に平衡した含水状態（平衡含水率）になろうとする．そこで，結果として，湿度が低いと放湿して室内湿度を高め，湿度が高いと吸湿して室内湿度を低くして，住宅内の相対湿度の変動を緩和させる．この働きを材料の湿度調節作用と呼ぶ．

図6-5に，図6-2で示した24時間での在来型の木造住宅内外の相対湿度の対数と温度の関係を示す．急な夕立あるいは住宅内での急な蒸気の発生や過度の冷暖房設備の使用など一部の例外を除き，両者はおおむね直線関係で示される．そこで，種々の住宅や住宅材料の調湿（humidity condition）性能の評価に，この直線の勾配（以後B値と記す）がよく用いられる[2]．図中の勾配から，外気に比べて住宅内のB値が小さい，すなわち1日のうちの湿度変動が抑えられていることがわかる．このことより，畳，襖，土壁，木材の天井からなるこ

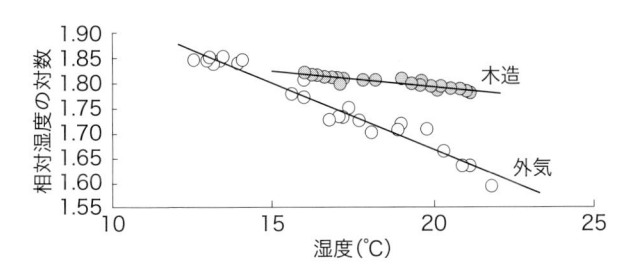

図6-5 木造住宅内外の相対湿度の対数と温度の関係

の木造住宅は，調湿作用に優れた状態にあるといえる．非吸放湿性の材料を多用した住宅では，外気の勾配に近付く．なお，一般的に B 値は，図 6-5 のように負の値を示すが，水分を含む材料が加熱されると，正の値を示す場合もある．

図 6-6 は，直径 13cm ×高さ 17.5cm の金属製のモデル箱を使用し，その中に 10cm 四方の住宅材料を挿入して，昇温速度を 1℃ / 分で変化させたときの箱内の温度と相対湿度の関係を示す[5]．左図は，木材と塩化ビニルの壁紙についての相対湿度と温度の関係を，右図は，左図の温度・相対湿度曲線の勾配の平均値から求めた木材の B 値と実験開始時の初期相対湿度の関係を示す．なお，比較のため，金属製のモデル箱自体の値も示している．左図が示す通り，木材の場合は初期相対湿度が低いと放湿し，高いと吸湿している．一方，塩化ビニルの壁紙の場合，温度が上昇するとともに相対湿度は減少し，見かけ上，決して放湿しない．

図 6-6 の右図より，初期相対湿度が増加すると，木材の B 値は減少するのに対して，金属箱では増加する．これは，空間の湿度が低いほど木材は多くの

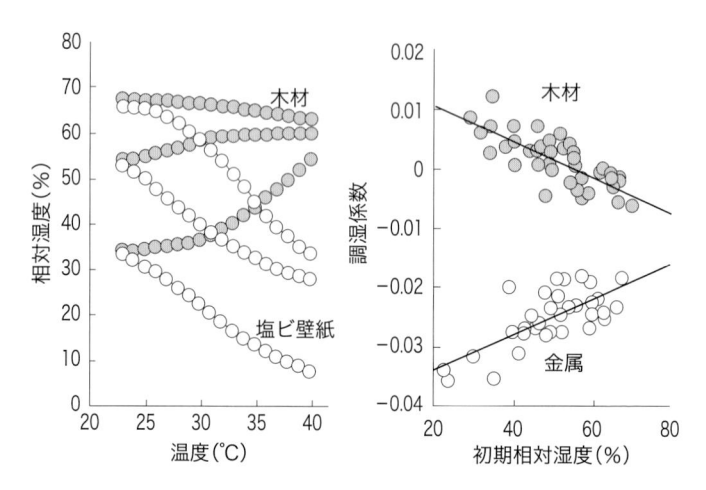

図6-6 モデル箱内の温度および湿度（左）と調湿係数および初期相対湿度（右）

水分をはき出し，空間の湿度が高いほど木材は多くの水分を吸っていることを示している．一方，金属箱ではこのような傾向は認められず，たとえ水分を吸っているとしても，その吸水能力は，初期相対湿度が高くなるほど小さくなっている．このように，B値と初期相対湿度の関係を図示することにより，材料の調湿能の評価，および空間の湿度調節状況を簡単に把握することができる．

図6-7に，大きさが6～8畳で，実際の居住空間におけるB値と平均相対湿度の関係を示す．約1年間を通しての分析で，各直線とも相関関係は高くなかったが，おおよその傾向は把握できる．左図は人間が実際に生活している空間，右図はほとんど無居住状態の分析例である．居住者の有無にかかわらず，木材が多量に使われているログハウスでは，前述のモデル実験と同様に，空間の湿度が低いほど木材は多くの水分をはき出し，空間の湿度が高いほど木材は多くの水分を吸っている．一方，室内の内装が，畳，襖，壁面材料などほぼ同じ状況にある木造とRC造を比較すると，無居住では，若干木造の湿度環境がよいと推察される．しかし，居住者がいる場合，両者で明確な差異は認められない．

以上のことから，快適な湿度環境を創成するためには，木材は優れた材料で

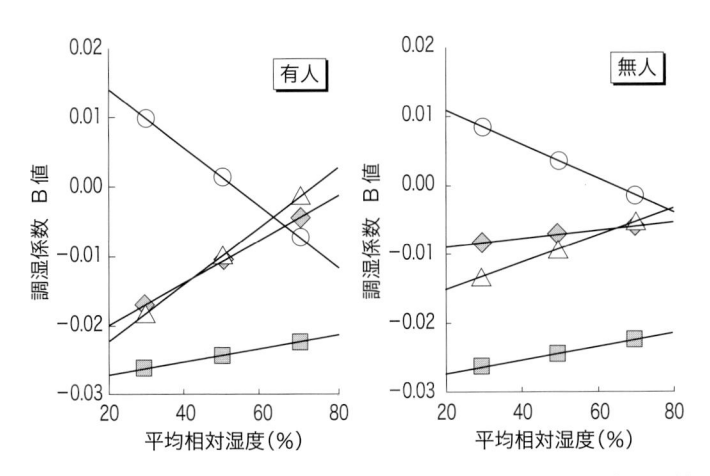

図6-7 実際の居住空間における調湿係数B値と平均相対湿度の関係
■：外気，◆：木造，○：ログハウス，△：RC造．

あることは明白である．例えば，図 6-7 に示した有人の木造と RC 造における畳上のダニの数を調べた結果，後者で約 1.5 倍のダニの存在が確認された．また，RC 造における布や絨毯では，ダニはさらに多く存在した．一方，ログハウスの床からは，ダニの存在を確認することができなかった．

2．視覚と触感

1）視　　感

　木材で内装された居住空間の印象は，木材の使用量だけでなく，樹種や材色および木目模様など，木材の見た目の特徴に大きく影響される．それだけに，「木材であれば何でもよい」という量的発想に陥ることなく，木材の性質を踏まえた部材の選択が必要となる．

(1) 木　材　の　色
　木材は見た目に「あたたかい」印象を与える．その主たる要因は木材の色にある．図 6-8 は各種材料の分光反射率曲線の例で，木材は他材料に比べて短波

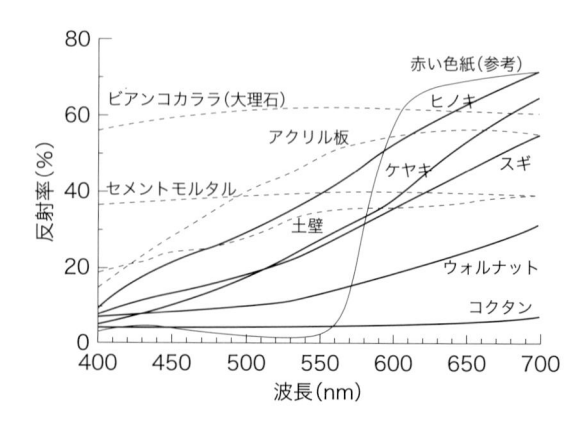

図6-8　種々の材料の可視光域における分光反射特性

表 6-1 内外産有用木材（73 樹種 128 試料）の色彩値

	樹　　種	L*	a*	b*	H（色相）
針葉樹材	国産材（11 樹種 30 試料）	61～84	1～16	16～36	3.1YR～2.1Y
	外国産材（10 樹種 14 試料）	65～79	4～10	24～32	6.5YR～0.5Y
広葉樹材	国産材（25 樹種 52 試料）	50～82	1～15	15～50	3.2YR～1.9Y
	外国産材（27 樹種 32 試料）	33～76	3～20	6～32	9.4YR～0.5Y

（基太村洋子，1987 より作成）

長側（紫色）の反射が少なく，長波長側（赤色）の反射が大きい．このため，YR（Yellow-Red，黄赤）系の「暖色」と呼ばれる色相としてヒトに知覚される．内外産の主要樹種は，黄色い材ほど明度が高く，赤みの強い材ほど明度が低い傾向にある．さらに，明るい材ほど密度が小さく，暗い材ほど密度が大きい傾向も見出せる．ただし，例外も多い．表 6-1[1] に内外産有用樹種の材色測定例を示す．木材の色はマンセル表色系や L*a*b* 表色系で表されることが多い．後者は色の違いを数値として表すことができるため，建材の製造現場などにおいて品質管理に用いられることもある．

(2) 木 目 模 様

樹木は，季節の変化やときとして起こる大規模な気候変動の影響を受けながら肥大成長を繰り返し，その過程で成長輪（年輪）を形成する．典型的な一年輪内の明暗変化は，春から夏にかけて旺盛に成長した幅の広い明るい早材部と，夏の後半にゆっくり成長した幅が狭く暗い晩材部から構成される．しかも，図 6-9 のように，明るい早材から暗い晩材への変化は緩やかで，晩材から翌年輪の早材への変化は急である．同じ自然の縞模様である大理石（堆積による縞模様）にはこのような明暗変化のリズムは現れにくい（図 6-10）[2]．

われわれはごく単純なまさ目模様に対しても「親しみ」や「自然さ」を覚える．この親和感の理由の 1 つとして，年輪幅のゆらぎがしばしば指摘される．まさ目模様や板目模様の繊維直角方向の明暗変化プロファイルを周波数解析すると，図 6-11 のようなフーリエパワースペクトルが得られる．いずれのスペクトルにも共通しているのは，細かい明暗変化（高周波数成分）ほど目立ちに

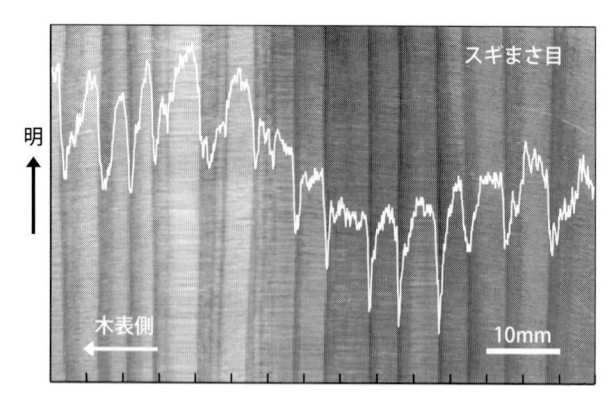

図 6-9 まさ目模様の明暗変化プロファイル

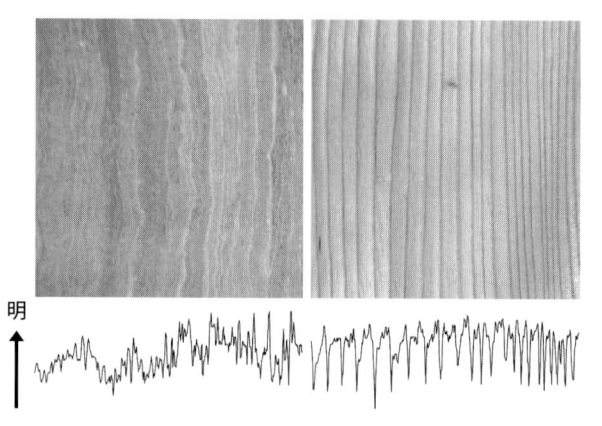

図 6-10 木材および石材に現れる縞模様の明暗変化プロファイルの比較
左：大理石（セルペジアンテ），右：カラマツまさ目．（仲村匡司，1998 を改変）

くくなることである．パワースペクトルの傾きが周波数分の1になるゆらぎはしばしば「1/f ゆらぎ」と呼ばれるが，木目模様の場合，1/f ゆらぎは「自然さ」の要因の1つに過ぎないと考えられる．図 6-12 は，木理が等間隔の直線で表現された縞パターンに，1/f の関係を満たさない低周波数の明暗変化（濃淡むら）を重ねたときの見えの変化で，縞模様に濃淡むらが重なるだけで驚くほど木目模様らしく見えるようになる．このことは，低周波数成分が見た目の「自然さ」に大きく影響することを意味すると同時に，木目模様の特徴を単一

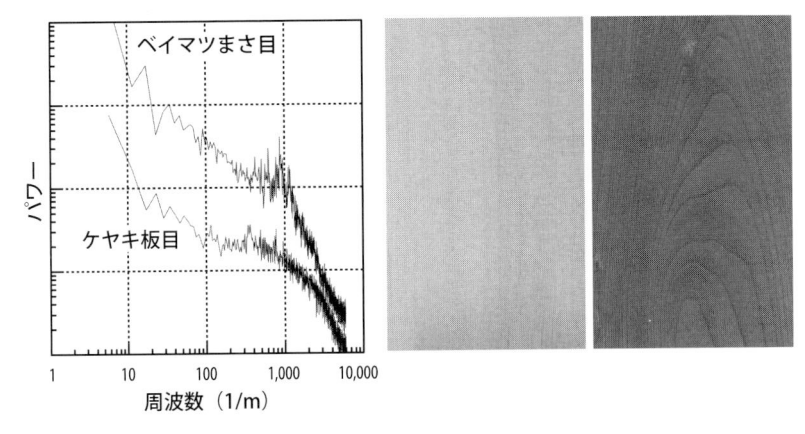

図 6-11 木目模様のフーリエパワースペクトル
写真左から，ベイマツまさ目，ケヤキ板目．

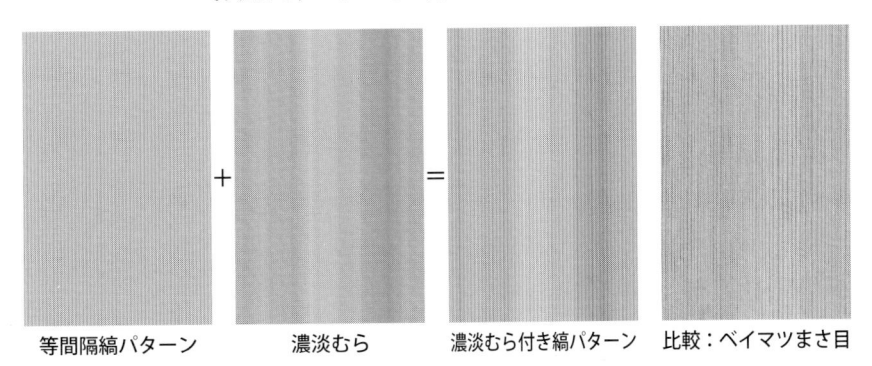

図 6-12 濃淡むらの付与による縞パターンの印象変化

の指標値や数値化法で表現することの難しさを端的に表している．

(3) 光　　　沢

木材表面に入射した光は，一部は細胞壁に透過あるいは散乱され，一部は細胞内こう面や細胞壁断面などに現れた微小面で鏡面反射される．このため，鏡のように面全体で一様に反射するのではなく，輝点が分布した上品で深みのある木材特有の光沢となる．材面に分布する輝点は，光沢度計で測定される鏡面光沢度の数値以上に，つや感あるいは照り感を与え得る．木材光沢のもう1

つの特徴は異方性である．図6-13に示すように，繊維平行方向に投光したときと直交方向に投光したときの鏡面光沢度を比較すると，前者の方が大きい．繊維平行方向の入射光は鏡面反射しやすいが，繊維直交方向からの入射光は細胞壁に当たって散乱反射しやすく，鏡面光沢度が小さくなる．このため，木材

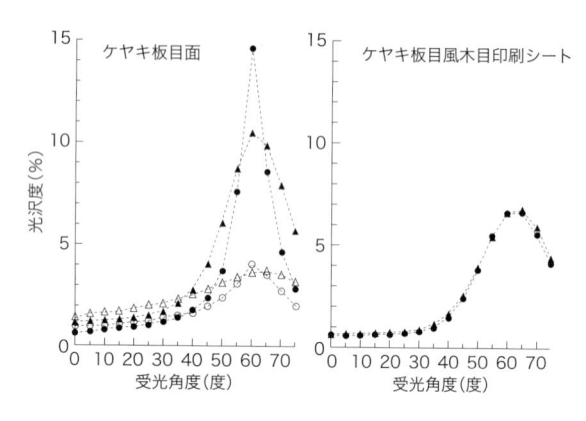

図6-13 木材光沢の特徴

受光角度，入射光の方向，塗装の有無，印刷木目との比較．○，△：塗装なし，●，▲：クリア塗装あり，丸プロット：縦（繊維平行）方向入射，三角プロット：横（繊維直交）方向入射．

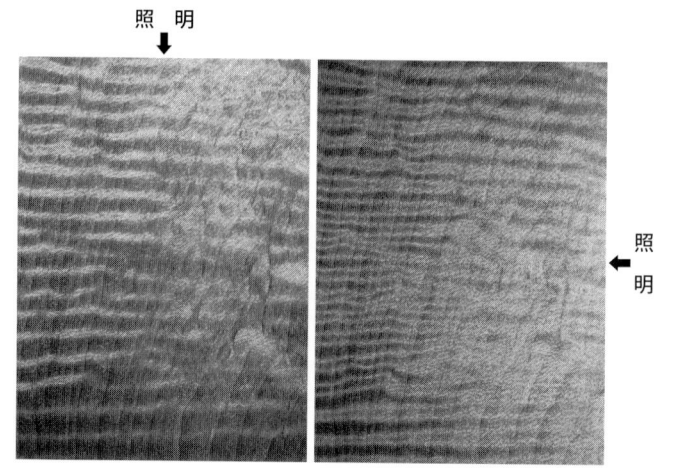

図6-14 照明方向によるトチノキの縮み杢の見えの変化

の光沢は照明方向や観察方向によって異なる．材面を塗装すると塗膜面での反射が大きくなり，この差がいっそう明確になる．また，切削面に対して繊維のなす角度によっても木材の光沢は大きく変化する．図6-14に示すトチノキの縮み杢，あるいは，交錯木理を生じやすい樹種から木取られたまさ目板のリボン杢，挽き板の節周りなどは，切削面に対して繊維のなす角度が目まぐるしく変化しており，照明や観察方向によって見た目が驚くほどかわる．さらに，同一材であっても，表面の切削加工の状態によって光沢は異なる．毛羽立ちを生じやすいサンディングでは鏡面光沢度は低下するが，熟練者による鉋削面は毛羽立ちがなく内こう面にまで光が届き，光沢度は増す．

2）触　　感

　人間の皮膚には温度や圧力などの感覚受容器が分布しており，対象物との接触によってさまざまな情報を得ることができる．われわれが多孔体である木材に触れるとき，無数の凹凸がこれらの感覚受容器を刺激する．皮膚に対するこの局所的な機械的刺激によって，木材特有の温冷感，硬軟感，粗滑感などが生じる．

(1) 温　冷　感

　室内に放置された板材と鉄板に手で触れると，両者の表面温度は室温に等しいにもかかわらず，木材の方が「あたたかく」感じられる．このような接触温冷感は，身体と材料の接触面における熱の移動によって引き起こされると考えられる．つまり，木材が「あたたかい」のは，身体（温度高）から木材（温度低）へと逃げる熱の移動が他の材料に比べて遅いため，身体から奪われる熱が少ないからである．

　材料の熱的性質を表す物理的な指標として，しばしば用いられるのが熱伝導率である．熱伝導率の小さい材料ほど熱を伝えにくく，断熱性が高いと評価される．さまざまな建築材料どうしで比較すると，木材の熱伝導率は鉄やコンクリートに比べて1〜3桁も小さい（図6-15)[3]．熱伝導率と接触温冷感との間

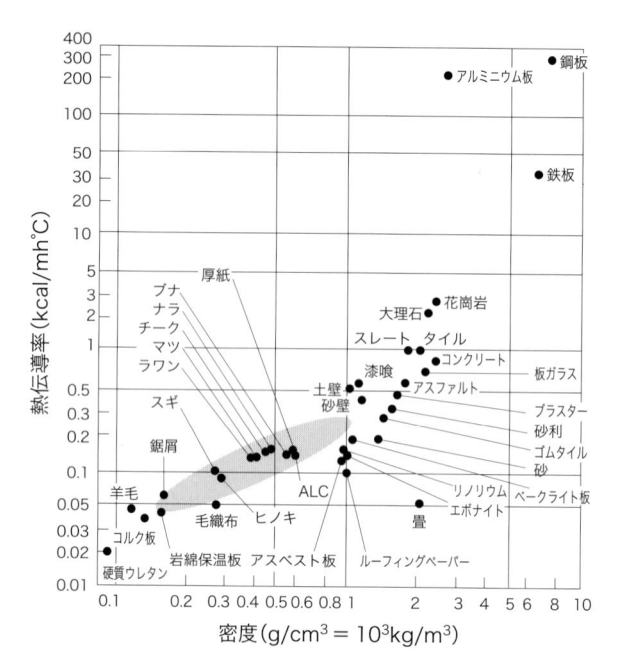

図6-15 建築材料の密度と熱伝導率
木材は網掛け部分に分布.（小林陽太郎, 1957を改変）

には高い相関関係が見出されており，熱伝導率の大きいものほど「つめたい」印象を与えやすい．また，高密度材ほど熱伝導率が大きいので，カシやケヤキなどは密度の小さいスギやキリに比べると触れたときに「つめたく」感じられる．さらに，木材の繊維方向の熱伝導率は放射方向や接線方向のそれのほぼ2倍なので，木口面の方が板目面やまさ目面よりもやや「つめたく」感じられることになる．

　身体から材料へと実際に流れる熱の量，すなわち熱流量（熱流速度）と接触温冷感の間にも高い相関関係が見出されており，熱流量が大きいほど「つめたい」印象が強い（図6-16）[4]．ヒトの足裏に見立てた放熱容器を使って，木質床材，コンクリート，鉄の各材料に容器を接触させたときの熱流量を測定した例では，いずれの材料においても接触開始直後に熱流量が最大となり，その後，木質床

材では比較的短時間で熱流量が小さくなる．一方，コンクリートや鉄では一定値を保持したままなかなか小さくならず，長時間にわたって体温を奪い続けることが示されている．

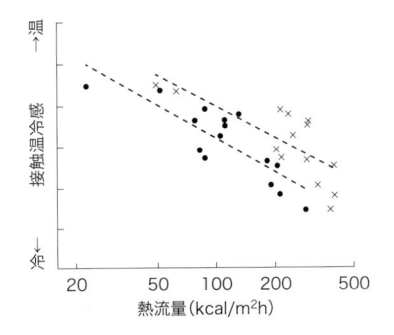

(2) 硬軟感

木材を含むさまざまな材料の硬軟感をヒトの感覚に基づいて評価させ，「かたい - やわらかい」の軸の上にマッピングすると，木材はちょうど中間（どちらでもない）に位置する（図6-17）[5,6]．これは結局比較の問題であり，鉄やコンクリートと比べれば柔らかく，布やスポンジに比べれば硬いのは当然である．むしろ，さまざまな材料の中にあって，

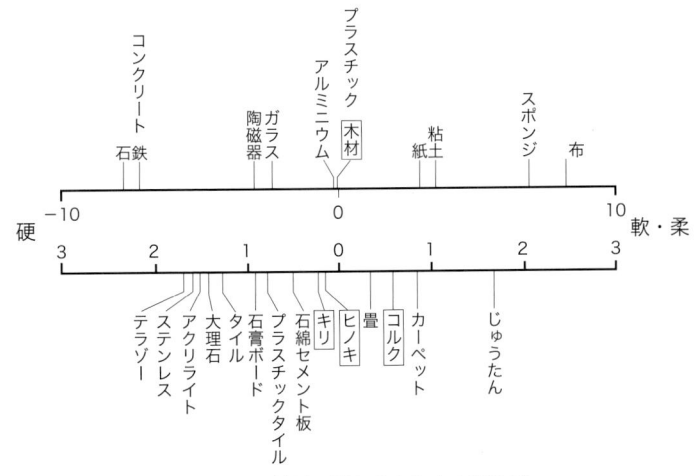

図6-16 熱流量と接触温冷感の関係
×：熱流量最大値，●：接触開始10分後の熱流量．（櫻川智史ら，1991を改変）

図6-17 主観評価によるさまざまな材料の硬軟感
（佐道 健，1989および岡島達雄，1980より作成）

特に「かたく」も「やわらかく」もない中庸の硬軟感を与える性質こそが木材の特性といえる．

　木材のこのような性質は，例えば木質床の歩き心地に影響する．石やコンクリートの上を歩くとき，その衝撃力のほとんどは足部が受けるので，関節にかかる負担が大きい．そのことを気づかって厚い絨毯を敷くと，足にかかる衝撃は絨毯が吸収してくれるものの，柔らかい床の上で体位のバランス保つために常に踏ん張る必要が生じる．一方，木材は床として必要な剛性を維持しつつ，踏み込んだときの衝撃を木材組織が局所的に変形して緩和する．また，床組みにもよるが，部材のたわみ変形による衝撃吸収効果も期待できる．すなわち，歩行時の衝撃を適度に吸収して快適な歩行感をもたらすとともに，転倒しても大事に至らない安全性も付与する．さらに，木材はその粘弾性特性により，振動や衝撃を適度に吸収するので，肌触りの柔らかい材料として，ヒトが直接触れる場所に用いるのに適している．

(3) 粗　滑　感

　木材はパイプ状の細胞の集合体であり，鋭利な刃物で切削しても表面にはこれらのパイプの切断面が微小な表面凹凸として現れる．また，針葉樹材では早晩材での切削抵抗の相違により年輪幅に同調した凹凸が現れやすく，広葉樹材では径の大きい道管が肉眼でも確認できるような凹部として繰り返し現れやすい．さらに，回転刃物によるナイフマークも残りうる．これらはうねりとでも呼ぶべき比較的ピッチの大きい凹凸である．木材に触れたときの粗滑感は，このような表面粗さと切断面のうねりに大きく影響される．また，表面状態をかえるための切削加工や塗装の有無にも当然影響を受ける．

　触針式表面粗さ計で測定された表面粗さプロファイルの最大高さと，それらの材を被験者に触らせて得られた心理的粗さの間には，正の相関関係が認められている．ただし，前述したように，針葉樹材と広葉樹材とでは粗さ感に効く主要因が異なることが指摘されている．また，手が材料の表面を移動するときの摩擦抵抗を粗滑感の指標とすることが試みられており，動摩擦係数の小さい

表6-2 密度と触感の関係

密度			温冷感	硬軟感	粗滑感	軽重感	材色
小		バルサ	温	軟	粗	軽	明
		(0.16g/cm^3)	暖	柔	ざらざら		
大		リグナムバイタ	冷	硬	滑	重	暗
		(1.24g/cm^3)	涼	剛	つるつる		

3断面写真は,佐伯 浩:木材の構造,1982を改変.

材料の方が「なめらかな」印象を与えやすいことが示されている.さらに,さまざまな材料への触れ方の違いが血圧の変化(自律神経系活動)や脳の活動レベルの変化(中枢神経系活動)に及ぼす影響なども調べられており,木材の手触りが人に及ぼす影響が多面的に明らかにされつつある.

以上のように,木材の触感はその組織構造や物性と密接に関係している.表6-2[7]にまとめるように,最低密度樹種であるバルサ材と最高密度樹種であるリグナムバイタ材の電子顕微鏡写真を見比べると,木材のどのような特徴がその触感と結び付くのか理解しやすいであろう.

3. 音

1)音と聴覚

(1) 音の大きさ

音の三要素は,大きさ,高さ,音色である.このうち,大きさは人間の鼓膜を揺らす空気振動の振幅と関係し,その聞こえ方は振動振幅の対数に比例

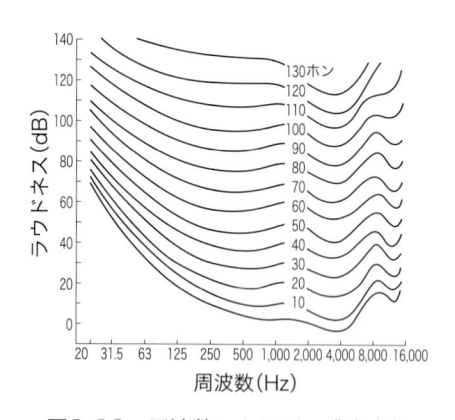

図6-18 周波数による耳の感度変化
(ISO R : 389)

する．このため，音の大きさの評価には，dB（デシベル）単位で表される音圧レベルという対数値が用いられる．人間の耳は，おおむね20～150dBまでの広い範囲の音を聞き取ることができ，それ以上の音圧レベルでは，聴覚よりも痛みを感じる．耳の感度は周波数によって異なり，2～5kHzの辺りで最も感度が高い（図6-18）．また，同じ周波数で比較したときは，心理的には8dB程度の音圧レベル変化で，音の大きさが半分あるいは倍になったと感じる．

(2) 音 の 高 さ

音の高さは，純音ではその振動数（周波数）と対応しており，振動数が2倍になると，音は1オクターブだけ高くなる．一方，木を叩いたときのような多くの周波数成分が混ざりあった複合音では，音の高さは低周波の音（基音）の周波数だけでなく，高次倍音の大きさや周波数にも影響される[1]．人間が聞き取れる音の範囲は，成人男性では20Hz～16kHz（あるいは20kHz）とされているが，体で感じる周波数まで入れると，実際にはより低周波側，より高周波側の広い範囲の音を知覚している．

(3) 音　　色

音色は，音を周波数解析して得られる音響スペクトルのピークの数やその周波数，強度分布および各周波数成分の位相関係などで表される．これらは時間に対して常に変化しており，その解析は音の大きさや高さとは比べものにならないほど複雑である．しかし，この部分に木材らしい音，金属的な音といった，その材料の振動音，放射音を特徴付ける情報が多く含まれる．このため，これ

ら膨大な情報量をできるだけ簡単にして評価するために，音色の支配因子に関する研究がなされ，基音以外に，成分音の数や最高成分周波数も重要であることなどが明らかにされている．楽器音に関しては，倍音構造との関係から研究が進められ，複雑な倍音構造を示す方が豊かな音に感じられること，バイオリンでは3〜4kHzの成分が多いと明るく，低音の成分が多いと比較的暗く感じられることなどが報告されている[2]．

2）木材の音響特性

(1) 音響特性評価の指標

　一般に，材料の音響特性は，振動のしやすさ，伝わりやすさ，吸収されやすさなどに関係する物理的性質から，その利用目的に応じて総合的に評価される．材料への振動の伝わりやすさは，固有音響抵抗値（$\sqrt{\gamma E}$，γ：密度あるいは比重，E：動的ヤング率）で評価され，密度が小さいほど，また，動的ヤング率が小さいほど，振れやすく，外部からの振動が伝わりやすい．材料中を伝播する縦波の速度は，動的ヤング率を密度で除した値（比動的ヤング率あるいは比ヤング率：E/γ（specific Young's modulus））の平方根に比例する．また，はりや板が特定の周波数（共振周波数）で大きく振れる共振現象も，この比ヤング率が大きな材料ほど高い周波数で現れる．

　材料中での振動の減衰，吸収などに関わる値としては，対数減衰率（λ, logarithmic decrement），損失正接（$\tan\delta$, loss tangent）あるいは内部摩擦（Q^{-1}, internal friction）があり，これらの間には，

$$\lambda/\pi = \tan\delta = Q^{-1}$$

の関係がある．内部摩擦の小さな材料ほど，外から与えられたエネルギーが材料中で熱エネルギーに変換されにくいため，音響変換効率に優れ，放射音の減衰が遅く，共振がシャープである．

　木材が，例えば楽器用材として用いられる場合，打撃あるいは弦によって与えられる振動が空気中に伝達される際の効率（音響変換効率）が重要となる．それについては，前記の音響特性を組み合わせた指標がいくつか提案されてい

る．$1/\sqrt{\gamma E}$ 値，$1/(\sqrt{\gamma E} \times Q^{-1})$ 値，$\sqrt{E/\gamma^3}$ 値，$(\sqrt{E/\gamma^3})/Q^{-1}$ 値，E/Q^{-1} 値などである[3, 4]．いずれの値も，大きくなるほど音響変換効率が増大すると考えられている．なお，E/Q^{-1} 値はピアノ響板用材料の選別指標として提案されたもので，同一樹種間など密度差の少ない材料間での比較が前提である．

(2) 比ヤング率と内部摩擦

木材の比ヤング率あるいはヤング率は繊維方向で最も大きく，放射方向および接線方向の値は，針葉樹材では繊維方向の 1/10 および 1/20 程度である．放射組織の多い広葉樹材では，異方度は針葉樹材よりも小さい．木材繊維方向の比ヤング率は，乾燥状態ではおおむね 10〜25GPa の範囲に分布しているが，最高級のバイオリン，ピアノ響板材料として用いられるドイツトウヒ材の中には，35GPa を越えるものもある（図6-19）．これは，鋼やガラスなどの値に比べ，20〜30%程度も高い．

木材は内部摩擦も異方性を示し，繊維方向で最も小さく，放射方向および接線方向ではその 2〜3 倍の値を示す．木材繊維方向の内部摩擦は，おおむね 3×10^{-3}〜1.5×10^{-2} の範囲に分布しており，最も内部摩擦の小さな木材でも，鋼やアルミニウム合金と比べると 10 倍程度大きい．木材は振れやすく振動応答が速いが，その割に振動吸収の大きい材料であるといえる．

また，木材繊維方向の内部摩擦は，周波数が高くなり，せん断たわみが増大するにつれて大きくなる．このような周波依依存性は，木の音色を特徴付ける重要な特性である．

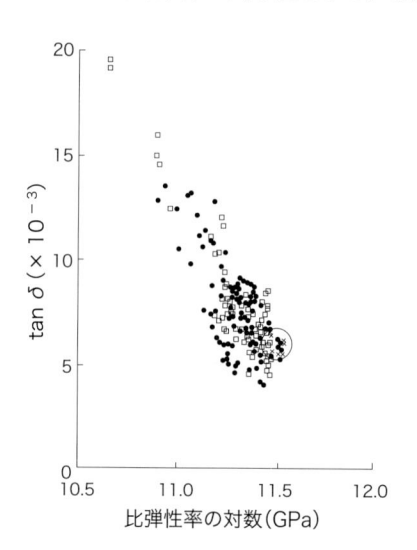

図6-19 木材繊維方向の音響特性
×：トウヒ属，□：針葉樹，●：広葉樹．（則元 京，1982；小野晃明ら，1984より作製）

3）楽器と木材

(1) 打楽器・管楽器用木材

表6-3に代表的な楽器における木材の使われ方について示す.

マリンバ，シロフォンは，木材を発音体とする代表的な打楽器である．その音板にはホンジュラスローズウッドが用いられる．良材は密度が高く硬いことに加え，内部摩擦が小さい[6].

一方，木管楽器の音は基本的に管体内部の空気の共鳴による．管体自体の振動は小さく，材質が楽器の音色に及ぼす影響は打楽器，弦楽器に比べて小さい．しかし，演奏者は材質による音質の違いを認めている.

表 6-3 楽器に使用される木材

楽器の種類	楽器名	樹種名
1. 木材を発音体とする楽器（打楽器）	①木琴，マリンバ	ホオノキ，カツラ，シタン，ホンジュラスローズウッド
	②拍子木	アカガシ，シラカシ
	③カスタネット	ローズウッド
	④木魚	クスノキ，イチョウ，ホオノキ
2. 木材を響板に用いる楽器（弦楽器）	①ピアノ	ドイツトウヒ，シトカスプルース，アカエゾマツ（響板），カエデ，ツゲ（駒）
	②バイオリン	ドイツトウヒ（表板），カエデ（裏板，駒，さお）
	③クラシックギター	ドイツトウヒ，シトカスプルース，アカエゾマツ，ベイスギ（表板），ブラジリアンローズウッド，インディアンローズウッド（裏板，駒）
	④琵琶	キリ，クワ（薩摩琵琶）
	⑤箏（琴）	キリ
3. 木材を共鳴管とする楽器（木管楽器）	①クラリネット	グラナディラ，カエデ，ツゲ
	②リコーダー	ツゲ，カエデ，ナシ，サクラ
	③尺八	マダケ
4. 木材を胴部に用いる楽器（胴鳴楽器）	①太鼓	ケヤキ，センダン，マツ
	②鼓	サクラ
	③三味線	ローズウッド，タガヤサン

（太田正光，1990 ほか）

(2) 弦楽器用木材

バイオリンの表板やギターの表板，あるいはピアノの響板には，ドイツトウ

ヒやシトカスプルースといったトウヒ属の木材が用いられる．トウヒ属は，大面積のまさ目板を得やすいことに加え，比較的低密度で木材の中では最も繊維方向の比ヤング率（E/γ）が大きく内部摩擦が小さい部類に属する．これは，二次壁中層におけるセルロースミクロフィブリルの傾角がほかの樹種より小さいことによる[7]．また，比ヤング率が大きいことは，ドイツトウヒが，木材の中では最も音の伝わりが速い部類の材料であることを示す．

ギターの表板にはベイスギも使用されている．ベイスギは低密度で，ドイツトウヒと比べ比ヤング率は大きくないが，内部摩擦がさらに小さく，音響変換効率に優れている．ベイスギ材の内部摩擦が小さいことは，セルロースミクロフィブリルの配向方向ではなく，この樹種に豊富に含まれる心材成分の寄与による[8, 9]．

高級クラシックギターの裏板材料としては，ブラジリアンローズウッドが高い評価を得ている．その音響的特徴は，高密度でかつ繊維方向の比ヤング率があまり高くないにもかかわらず，内部摩擦が木材の中で最も小さい点である．これもベイスギと同様，20～30％近く含まれている心材成分に起因する[10]．

一方，バイオリンの裏板に用いられるカエデは木材の中では中程度の密度で，比ヤング率はあまり大きくない．音響的特徴はブラジリアンローズウッドとは

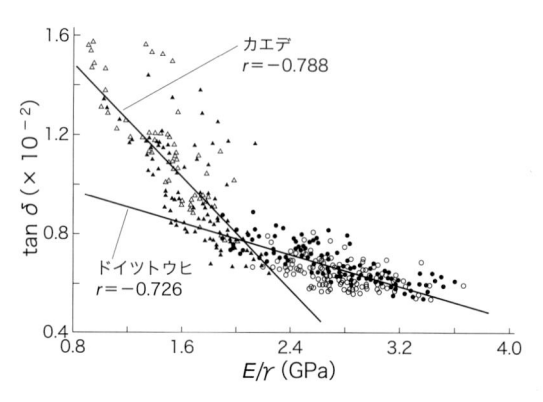

図6-20 バイオリン用ドイツトウヒとカエデの音響特性比較
○：ドイツトウヒ上級材，●：ドイツトウヒ中・低級材，△：カエデ上級材，▲：カエデ中・低級材．（矢野浩之ら，1992）

反対に，内部摩擦が大きい点である．これは放射組織およびバイオリン杢と呼ばれる組織構造と関係しており，高級バイオリン用の材料ほどバイオリン杢が顕著で内部摩擦が大きい傾向がある（図6-20）[11]．裏板材料としてギターでは振動吸収の少ない材料が，バイオリンでは振動吸収の大きい材料がそれぞれ好まれている点はたいへん興味深い．

(3) 化学処理による改質

材料に吸収される振動エネルギーが少なければ，それだけ音響変換効率に優れ，大きな音量を得られる．このことから，木材の内部摩擦を低下させることによる木製楽器の音質向上について多く検討されている[12-14]．

木材の内部摩擦を低下させる手法としては，木材細胞壁を主たる反応の場とし，木材構成成分間の凝集力を増大させる化学処理が有効である．これまでホルマール化処理，低分子量フェノール樹脂処理，レゾルシン・ホルムアルデヒド処理，グリオキサール処理などによって，比較的少ない密度増加で内部摩擦が繊維方向で30〜40％，放射方向で40〜50％も低下することが知られている．さらに，バイオリンにおいてホルマール化処理の効果が検討され，つや，響きなどが向上することが明らかにされている．いずれの処理も木材の吸湿性を50％以上も低下させ，湿度などの環境変化に対して楽器の寸法や音響特性を安定させる効果を有している（図6-21）．

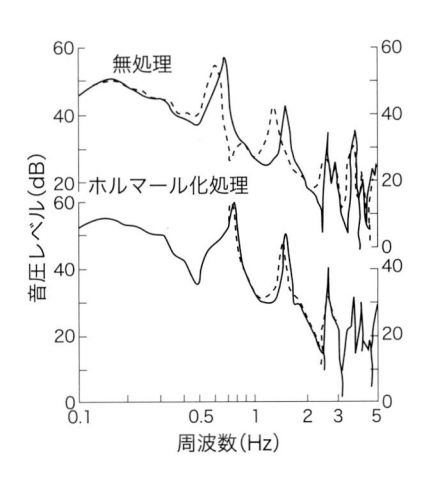

図6-21 ホルマール化処理による周辺固定板の音響特性安定化
——：20℃，65％RH，---：20℃，95％RH．
（矢野浩之，1997）

4）居住空間と音

(1) 吸　　　音

一般の居住空間において壁や床の吸音特性が大きな問題となることはあま

りないが，楽器演奏や音楽鑑賞など積極的に音を聞く環境下では，壁，窓，カーテンあるいは床に使われている材料の吸音特性が重要になる．

音は壁に当たると，一部は壁を透過し（透過エネルギー E_T），一部は壁で反射し（反射エネルギー，E_R），残りは壁の振動エネルギー（吸収エネルギー，E_A）となる．壁に入射した音のエネルギーを E_I とすると（図6-22），これらの関係は次式で示される．

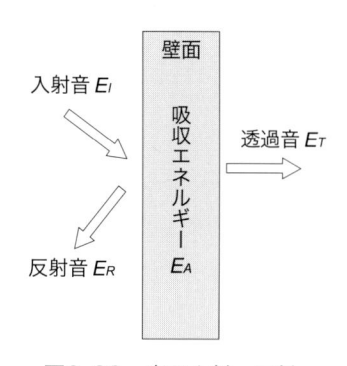

図6-22 音の入射，反射，吸収

$$E_I = E_T + E_R + E_A \tag{6-1}$$

その際，音の反射率 $γ$ は，$γ = E_R/E_I$，透過率 $τ$ は，$τ = E_T/E_I$，内部吸収率 a は E_A/E_I で定義される．また，吸音率（absorption coefficient）$α$ は，$α = 1 - γ$ となり，0〜1の値をとる．

木材自体の吸音特性は周波数に対して平坦で，吸音率は0.1程度であるが（表6-4），実際の吸音は，壁や床の構造が関係し，いくつかの吸収機構の組合せになる．すなわち，①軟質繊維板（インシュレーションボード）などの多孔質繊維材料における繊維間空隙での粘性抵抗や繊維自体の振動による吸収：高音域の吸音に効果，②背後に空気層を有した薄い合板や木質ボードの板振動による吸収：低音域の吸音に効果，③貫通孔のある合板や繊維板と壁中の空洞内での空気のヘルムホルツ共鳴による吸収：共鳴周波数付近の吸音に効果，に分けられる．実際の住宅の壁や天井では，このような吸収機構の組合せに加え，材料の固定・支持方法や異種材料との複合化などにより，さらなる吸音がはかられる[16]．

(2) 遮　　　音

住宅における騒音には，床衝撃音と壁の外から伝わってくる音がある．

床衝撃音は，主として，上階の床に加えられた衝撃で床が振動し，その振動

第6章 木材と住環境

表 6-4 木材および木質材料の吸音率

材料		密度 (kg/m³)	厚さ (mm)	取付条件			周波数 (Hz)				
				開口率	空気層	背後吸音材など	125	250	500	1k	2k	4k
木材	トウヒ板材	410	20		25		0.10	0.14	0.12	0.08	0.08	0.12
	マツ板材	520	19				0.09	0.10	0.12	0.08	0.08	0.12
木質材料	合板	550	3		45		0.12	0.23	0.26	0.11	0.09	0.10
	合板	550	3		45	グラスウール	0.15	0.46	0.20	0.10	0.10	0.06
	合板	550	12		45		0.45	0.16	0.10	0.08	0.10	0.10
	合板	550	12		45		0.25	0.14	0.07	0.04	0.10	0.08
	パーティクルボード	620	20				0.26	0.09	0.08	0.06	0.08	0.08
	軽量パーティクルボード	300	30				0.06	0.15	0.38	0.66	0.54	0.52
	軽量パーティクルボード	300	30	60 ピッチ 30 φ			0.48	0.72	0.72	0.79	0.66	0.68
	硬質ファイバーボード	1,000	5		大		0.20	0.10	0.12	0.08	0.07	0.10
	硬質ファイバーボード	876	3.2		2.54	木質フェルト	0.18	0.19	0.39	0.97	0.61	0.35
	軟質ファイバーボード	221	12.7			穴あき	0.04	0.06	0.14	0.38	0.69	0.59
	木片セメント板	800	30				0.11	0.19	0.54	0.90	0.70	0.74
	木毛セメント板	520	25		45		0.05	0.18	0.58	0.62	0.61	0.75
	根太床 (寄木、縁甲板、舞台など)						0.16	0.14	0.12	0.09	0.08	0.07
その他	ニードルパンチカーペット		3.5				0.03	0.04	0.08	0.12	0.22	0.35
	成人 (劇場イスに座る)						0.22	0.33	0.40	0.41	0.40	0.40
	木製イス						0.02	0.02	0.02	0.04	0.04	0.03
	タタミ						0.31	0.41	0.58	0.50	0.43	0.34

硬質ファイバーボード:ハードボード,軟質ファイバーボード:インシュレーションボード.

(今村祐嗣ら:建築に役立つ木材・木質材料学,東洋書店,1997)

が天井などを通じて下階に伝わる固体伝搬音である．床衝撃音には，軽量物の落下や家具の引きずりなどにより生じる軽量床衝撃音と，子供の飛び跳ねなどで生じる重量床衝撃音がある．軽量床衝撃音が，主として250Hzオクターブ帯域以上の中高音域成分を多く含むのに対し，重量床衝撃音後者は，125Hzオクターブ帯域以下の低音域成分を多く含み，床の剛性と質量が大きくなるほど小さくなる．このため，軽くて剛性が高い木造床は重量床衝撃音の低減が難しい．

一方，壁から伝わる音は，主に空気を媒体とした音である．音が壁を透過する前後での音圧レベル差は，透過損失（transmission loss，TL）により評価される．

$$TL = 10 \log_{10} \tau^{-1} = 10 \log_{10} I_i/I_t \quad \text{(dB)} \tag{6-2}$$

ここで，τ：透過率，I_i，I_t：室内外での音圧レベルである．

最も簡単な1枚の壁による遮音の場合，透過損失，TL_0 は，次式のような周波数 f（Hz）と面密度 m（単位面積当たりの重さ，kg/m^2）に関係する．

$$TL_0 = 20 \log_{10} (f \cdot m) - 42.5 \quad \text{(dB)} \tag{6-3}$$

前式は，周波数が高いほど透過損失が大きく，また，重い材料ほど遮音性に優れていることを示している．しかし，ある周波数域では，壁の曲げ振動により，透過損失が急激に低下する．これをコインシデンス限界周波数（f_c）と呼び，単層壁では，以下の式で示される．

$$f_c = \frac{0.552 V^2}{h} \sqrt{\frac{(1-v^2) \cdot \rho}{E}} \tag{6-4}$$

ここで，V：空気の音速，h：壁の厚さ，v，ρ，E：それぞれ壁材料のポアソン比，密度，弾性率である．

式から明らかなように，コインシデンス効果（coincidence effect）は，壁が厚いほど，また，壁材料の密度が小さいほど，あるいは弾性率が大きいほど，低い周波数で生じる．

単層壁では，板厚を倍にすると質量則によって6dBの透過損失の向上が見込まれるが，一方で，コインシデンス限界周波数が大きく低下することによる，

より低音側での透過損失の低下が生じる．このような単層壁での遮音効果の向上には，壁を二重にする二重壁が有効である．多くの住宅はこの二重壁になっており，断熱性の向上も兼ねて，空気層のかわりに吸音性に優れたグラスウールなどを充填し，壁間での吸音をはかっている[17]．

引用文献

1. 気候調節
1) 国立天文台（編）：理科年表，丸善株式会社，1998．
2) 今村祐嗣ら（編）：木材・木質材料学，東洋書店，1997．
3) 齊藤平蔵：建築気候，共立出版，1975．
4) 花岡利昌，東　修三（編）：ハウスクリマ，海青社，1985．
5) 生活環境研究会（編）：人間・生活・環境，ナカニシヤ出版，1999．

2. 視覚と触感
1) 基太村陽子：内外産有用木材の測色値，林産試験場報告，347, 203-239, 1987．
2) 仲村匡司：木材はなぜ人にやさしい，和んだ感じを与えるのか，繊維製品消費科学，39 (5), 21-26, 1998．
3) 小林陽太郎：防寒構造，理工図書，p.148, 1957．
4) 櫻川智史ら：熱流速度による床の接触温冷感の評価，木材学会誌，37 (8), 753-757, 1991．
5) 佐道　健：子供の生活環境を形作る材料，「人の発達に関わる木質環境の機能に関する研究（研究代表者・山田　正）」，京都大学昭和63年度教育研究学内特別経費実施報告，34-50, 1989．
6) 岡島達雄：木材居住環境ハンドブック，朝倉書店，pp.330-331, 1995．
7) 佐伯　浩：走査電子顕微鏡図説 木材の構造 国産材から輸入材まで，日本林業技術協会，p.170 および p.190, 1982．

3. 音
1) 大串健吾：日本音響学会誌，36, 253, 1980．
2) 厨川　守ら：音質のすべて，誠文堂新光社，1981．
3) 岡野　健：木材学会誌，37, 991, 1991．
4) 則元　京：木材学会誌，28, 407, 1982．
5) Ono, T. and Norimoto, M.：Rheological Acta, 23, 652, 1984．

6) 長谷伸茂：木材学会誌, 33, 762, 1987.
7) Ono, T. and Norimoto, M.：Jpn. J. Appl. Phys., 22, 611, 1983.
8) 矢野浩之ら：材料, 39, 1207, 1990.
9) Yano, H.：Holzforschung, 48, 491, 1994.
10) 矢野浩之ら：木材学会誌, 41, 17, 1995.
11) 矢野浩之ら：木材学会誌, 38, 122, 1992.
12) Yano, H. and Minato, K.：J. Acoust. Soc. Am., 92, 1222, 1992.
13) Yano, H. et al.：J. Acoust. Soc. Am. 96, 3380, 1994.
14) Yasuda, R. and Minato, K.：Wood Sci. Technol., 28, 101, 1994.
15) 矢野浩之：材料, 46, 996, 1997.
16) 今村祐嗣ら（編）：建築に役立つ木材・木質材料学, 東洋書店, 1997.
17) 岡野　健ら（編）：木材居住環境ハンドブック, 朝倉書店, 1995.

第7章　木材試験法と主要樹種の物理的性質

木材の試験方法
Methods of test for woods

Z2101-1994
確認 2002
改正 1977
制定 1594

1. 総則

1.1 適用範囲　この規格は，木材の標準試験体による試験方法について規定する．

　備考 1. この規格の引用規格は，付表 1 に示す．

　備考 2. この規格の中で { } をつけて示してある単位及び数値は，従来単位によるものであって，参考値である．

1.2 試験項目　この規格に規定する試験項目は，次のとおりとする．

(1) 平均年輪幅，含水率及び密度の測定　　(7) 曲げ試験
(2) 収縮率試験　　　　　　　　　　　　　(8) せん断試験
(3) 吸水量試験　　　　　　　　　　　　　(9) 割裂試験
(4) 吸湿性試験　　　　　　　　　　　　　(10) 衝撃曲げ試験
(5) 圧縮試験　　　　　　　　　　　　　　(11) 硬さ試験
(6) 引張試験　　　　　　　　　　　　　　(12) クリープ試験

2. 試験の一般条件

2.1 試験環境の種類　試験環境の種類は，標準状態と気乾状態とに区分する．

(1) **標準状態の試験**

(1.1) **試験体の調整**　試験体は，JIS Z 8703 に規定する標準温湿度状態 3 類 [温度 20 ± 2℃，湿度（65 ± 5）%] の条件の下で，含水率が平衡状態 [(12 ± 1.5)%] に達するまで調整を行う．

(1.2) **試験環境と試験含水率**　試験環境は JIS Z 8703 に規定する標準温湿度

状態3類の室内とし，含水率が（12 ± 1.5）%の試験体について行う．

(2) 気乾状態の試験

(2.1) 試験体の調整及び試験環境　試験体の調整及び試験の環境は，温度が15〜25℃，湿度が60〜80%の範囲とする．

(2.2) 試験体の含水率　試験体の含水率は，11〜17%とする．

2.2 試料の採取及び試験体の作製　試料の採取及び試験体の作製は，次のとおりとする．

(1) 試料は，ロットからそのロットの性質を代表するように採取されなければならない．

(2) ロットが丸太又は製材品の場合は，ずい（髄）周辺と辺材周部以外のところから試料を切り出す．試料には，あて・腐れ・節・もめ・きず・割れ・ぜい（脆）心材などの欠点が含まれないようにする．

(3) 試料を乾燥する場合，乾燥温度は60℃以下とする．乾燥後，できるだけ正確な板目又はまさ（柾）目に木取りした試験体を作成する．

(4) 試験体の年輪幅はほぼ等しく，木理の正常なものでなければならない．また，必要に応じて心材と辺材に区分する．

2.3 試験体の数　試験体の数は，各試験ごとに2.2で規定した試験体につき，原則として12個以上とする．

2.4 試験体の寸法測定精度　試験体の寸法測定精度は，0.5%以上とする．

2.5 結果の計算　試験結果の平均値，標準偏差及び変動係数は，次の式（1）〜（3）によって算出する．

$$\bar{x} = \frac{\sum x_i}{n} \tag{1}$$

$$S = \sqrt{\frac{\sum (x_i - \bar{x})^2}{n-1}} \tag{2}$$

$$C.V = \frac{S}{\bar{x}} \times 100 \tag{3}$$

ここに，$\bar{x}$：平均値，x_i：測定値，n：試験体数，S：標準偏差，$C.V$：変動係数．

第7章　木材試験法と主要樹種の物理的性質

2.6 数値の換算　従来単位の試験機又は計測器を用いて試験する場合の国際単位系（SI）による数値への換算は，次による．

$$1\text{kgf} = 9.80\text{N}$$

3. 平均年輪幅，含水率及び密度の測定

3.1 平均年輪幅

3.1.1 測定方法　年輪幅は，両木口面上において測定する．ただし，場合によっては，一木口面上でだけ測定してもよい．これらの木口面上の年輪幅は，年輪にほぼ垂直方向の同一直線上において年輪幅の完全なもののすべてを測定する．

3.1.2 結果の計算　平均年輪幅は，測定した年輪幅の平均値で表す．
また，平均年輪幅は mm で表し，小数点以下は1位まで求める．

3.2 含水率

3.2.1 測定方法
(1) 試験体の乾燥前の質量（m_1）を測定する．
(2) この試験体を換気の良好な乾燥器の中で温度 100～105℃で乾燥し，恒量に達したときの質量（m_2）を測定する．

3.2.2 結果の計算　含水率は，次の式によって算出し，0.5％まで求める．

$$u = \frac{m_1 - m_2}{m_2} \times 100$$

ここに，u：含水率（％），m_1：乾燥前の質量（g），m_2：全乾質量（g）．

3.3 密度

3.3.1 結果の計算　密度は，次の式によって算出し，小数点以下2位まで求める．

$$\rho = \frac{m}{V}$$

ここに，ρ：密度（g/cm^3），m：試験体の質量（g），V：質量測定時の試験体の体積（cm^3）．

3.4 記録　試験結果として，それぞれ次の事項を記録する．
(1) 平均年輪幅

(2) 含水率

(3) 密度（密度試験を独立して行う場合は，含水率も併記する．）

4. 収縮率試験

4.1 試験体　試験体は，半径及び接線方向の収縮率を測定する場合，長さ 30mm，幅 30mm，厚さ 5mm の正しい二方まさ（柾）の正方形の板とし，繊維方向の収縮率を測定する場合，長さ 60mm，幅 30mm，厚さ 5mm の

図1　半径及び接線方向の収縮率試験体

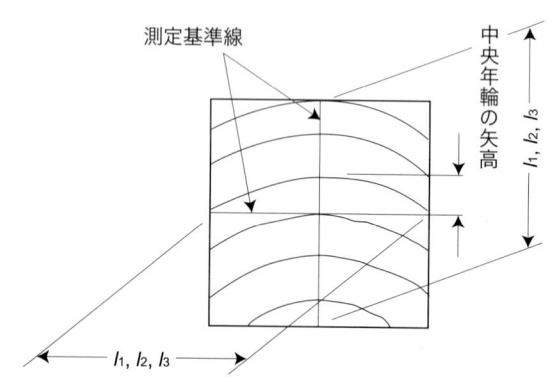

図2　繊維方向の収縮率試験体

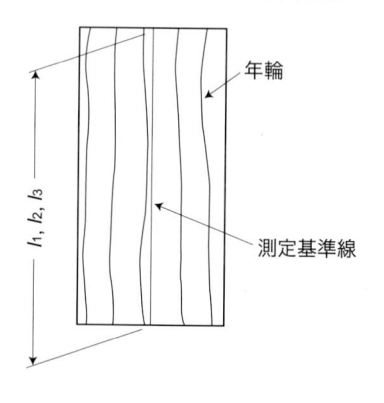

正しい平まさ（柾）の板とする（図1及び図2参照）．

4.2　試験方法

4.2.1　収縮率は，年輪の半径方向，接線方向及び繊維方向について行う．

4.2.2　半径及び接線方向の収縮率試験体には，木口面の両中心線付近に年輪に対して直角及び平行に，繊維方向の収縮率試験体には，まさ（柾）目面の縦中心線付近に繊維と平行に測定基準線を設ける（図1及び図2参照）．

4.2.3　測定基準線の長さは生材のとき，室内で質量が一定に達したとき及び

第7章　木材試験法と主要樹種の物理的性質

ほぼ温度60℃で1昼夜予備乾燥し，更に，温度105℃で乾燥して全乾に達したときにそれぞれ測定し，各々の場合の長さをそれぞれ l_1, l_2, l_3 とする．

4.2.4　測定基準線の長さ測定精度は，1/50mm以上とする．

4.3　**結果の計算**　収縮率は，次の式（1）〜（3）によって算出し，含水率1％に対する平均収縮率については，小数点以下3位まで，また，含水率15％までの収縮率及び全収縮率については，小数点以下2位まで求める．

$$\beta_{\%} = \frac{l_2 - l_3}{ul} \times 100 \tag{1}$$

$$\beta_{15} = \frac{l_1 - l}{l_1} \times 100 \tag{2}$$

$$\beta = \frac{l_1 - l_3}{l_1} \times 100 \tag{3}$$

ここに，$\beta_{\%}$：含水率1％に対する平均収縮率（％），β_{15}：含水率15％までの収縮率（％），β：全収縮率（％），u：l_2 を測定したときの含水率，l：含水率15％のときの基準線の長さで，l_2 及び l_3 から比例的に次の式で算出したもの．$l = l_3 + 15(l_2 - l_3)/u$

4.4　l_2 を測定したときの含水率及び密度並びに図1の試験体については，中央年輪の矢高を測定する．

4.5　**記録**　試験結果として，次の事項を記録する．
（1）半径方向，接線方向，繊維方向について，含水率1％に対する平均収縮率，気乾までの収縮率，全収縮率
（2）樹種
（3）平均年輪幅
（4）密度
（5）中央年輪の矢高

5.　給水量試験

5.1　**試験体**　試験体は，30 × 30 × 100mm 二方まさ（柾）木取りの直六面体とし，長軸は繊維方向にとる．

5.2　**試験方法**　試験体は，室内乾燥で含水率が平衡に達したものを用い，測

定しようとする一対の相対する面（木口の場合は一面だけ）を吸水面として残し，他は常温硬化性石炭酸系合成樹脂，パラフィンとワセリンの等量混合物など十分に耐水性のある被覆剤を数回塗って完全に防水する．

5.2.1 試験用の水は，温度 25 ± 1℃に保持した清水とする．

5.2.2 吸水方法は，吸水面を水面に垂直にして，上端が水面下 50mm の深さになり，かつ，繊維方向が水面と平行になるように試験体をおき，24 時間浸せき（漬）する．

5.3 結果の計算

5.3.1 吸水量は，次の式によって算出し，小数点以下 2 位まで求める．

$$S_w = \frac{m_2 - m_1}{A}$$

ここに，S_w：吸水量（g/cm^2），m_1：防水後の試験体質量（g），m_2：24 時間浸せき完了直後の試験体質量（g），A：吸水面の総面積（cm^2）．

5.3.2 試験前の試験体の含水率は，次の式によって算出し，小数点以下 1 位まで求める．

$$u_1 = \frac{m_1 - m_4}{m_3 - (m_1 - m_4)} \times 100$$

ここに，u_1：試験前の試験体の含水率（％），m_3：防水前の試験体質量（g），m_4：浸せき試験体の全乾質量（g）．

5.4 記録　試験結果として，次の事項を記録する．

（1）吸水面別吸水量　　　　（4）密度
（2）樹種　　　　　　　　　（5）含水率
（3）平均年輪幅

6. 吸湿性試験

　備考 1．吸湿性試験は，まさ（柾）目面，板目面及び木口面について各所定時間における吸湿量を測定する．必要な場合には，全面から吸湿させたときの平衡含水率，膨張率を測定する．

　備考 2．この試験に使用する試験体は，平均年輪幅及び密度を測定するもの

第7章 木材試験法と主要樹種の物理的性質　　*263*

とする．密度は，6.2.2 に規定する処理後の試料から求める．

6.1 試験体

6.1.1 各面単独に吸湿量を測定する試験体は，30 × 30 × 60mm で二方まさ（柾）木取りの直六面体とし，長軸は繊維方向に平行にとる（図3参照）．

6.1.2 全面から吸湿させたときの平衡含水率と膨張率を測定する試験体は，30 × 30 × 5mm で二方まさ(柾)木取りとし，短軸は繊維方向に平行にとる．試験体の辺と平行して中央部に，長さを測定する基準線を設ける(図4参照)．

6.2 試験方法

6.2.1 試験体は，常温で含水率約 10%以下に予備乾燥(^{1})させた後，温度 40 ± 1℃，相対湿度（75 ± 2)%に調整してある装置中(^{2})に移し，質量が恒量に達するまでおく．各面単独に吸湿させる試験体では，質量及び吸湿面積を，全面から吸湿させる試験体では，質量及び年輪に対する半径方向及び

図3 各面吸湿量測定用試験体　単位　mm

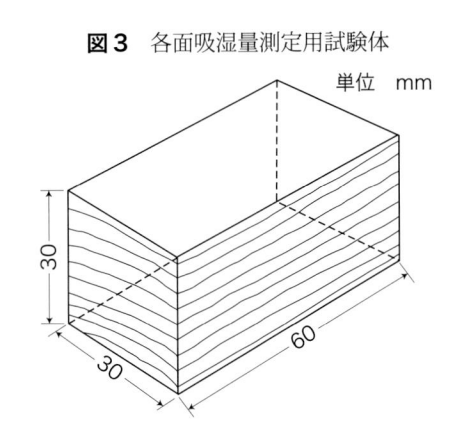

図4 全面吸湿量測定用試験体　単位　mm

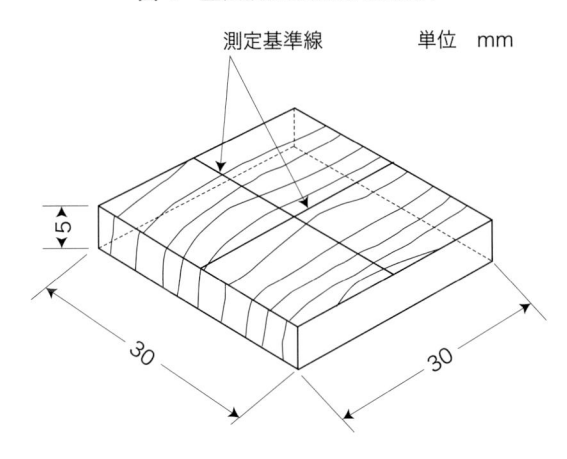

接線方向の基準線の長さを測定する．ただし，各面単独に吸湿させる試験では，その温度を 20 ～ 40℃とし，温度差は± 1℃としてもよい．

なお，質量測定の際は，ひょう（秤）量瓶を用いる（以下，同様とする.）．

 注 (^{1}) 塩化カルシウムの結晶を入れたデシケーター中でほぼ平衡に達するまで保存する．

 注 (^{2}) JIS K 8150 の試薬特級塩化ナトリウムの結晶と共存する飽和水溶液を入れた気密容器を使用する．

6.2.2 6.2.1 の測定が終わった後，各面単独に吸湿させる試験体は，吸湿面以外の側面をパラフィン（融点 70℃以上）又はこれと同等以上の耐湿効果のある被覆剤で被覆し，再び被覆剤を含む質量を測定し，速やかに装置内に戻す．

6.2.3 6.2.1 及び 6.2.2 の処置を行った後，平衡に達した試験体を温度 40 ± 1℃，相対湿度（90 ± 2）％の空気が試料面を十分に循環できるような装置(^{3})に移し，各面単独に吸湿させる試験体では 6 時間目，24 時間目，必要な場合は更に 72 時間目の質量を測定し，全面から吸湿させる試験体では，恒量に達したときの質量及び基準線の長さを測定する．

 注 (^{3}) JIS K 8540 の試薬特級酒石酸ナトリウムの結晶と共存する飽和水溶液を入れて調湿する．この場合，調湿用溶液の蒸発水面は，装置内に入れられた試験体の吸湿面の合計の 2 倍以上でなければならない．

6.2.4 全面から吸湿させた試験体では，前項の測定を終わった試験体を換気の良好な乾燥器の中で温度 100 ～ 105℃で乾燥し，恒量に達したとき質量を測定する．

6.2.5 質量の測定の精度は 1/100g 以上，長さの測定の精度は 1/50mm 以上とする．

6.3 **結果の計算** 吸湿量は，次の式によって算出し，小数点以下 3 位まで求める．

（1）各面単独に吸湿させた試験体の吸湿量

第7章　木材試験法と主要樹種の物理的性質

$$S_{m24h} = \frac{m_{24h}（又は m_{6h} 必要は場合は m_{72h}）- m_{0h}}{A} \times 100$$

ここに，S_{m24h}（又は S_{m6h}，S_{m72h}）：各所定時間における吸湿量（g/cm²），m_{0h}：40℃（又は20～40℃），75％の温湿度条件で平衡したときの質量（g），m_{24h}（又は m_{6h}，m_{72h}）：24時間目（又は6時間目，72時間目）の質量からパラフィン（又は被覆剤）の質量を差し引いた質量（g），A：吸湿面積（cm²）．

吸湿量を一つの値で表示するときは，m_{24h} によって計算した値を用いる．

(2) 全面から吸湿させた試験体の含水率及び膨張率は，次の式(1)～(3)によって算出し，含水率については小数点以下1位まで，膨張率については小数点以下3位まで求める．

$$u_{75} = \frac{m_{0h} - m}{m} \times 100 \tag{1}$$

$$u_{90} = \frac{m_\infty - m}{m} \times 100 \tag{2}$$

$$\alpha_{\%} = \frac{L_R（又は L_T）- l_R（又は l_T）}{l_R（又は l_T）} \times \frac{m}{m_\infty - m_{0h}} \tag{3}$$

ここに，u_{75}：40℃，75％の温湿度条件における平衡含水率（％），u_{90}：40℃，90％の温湿度条件における平衡含水率（％），$\alpha_{\%}$：含水率1％に対する平均膨張率（％），m_{0h}：40℃，75％の温湿度条件で平衡したときの質量（g），m：全乾質量（g），m_∞：40℃，90％の温湿度条件で平衡したときの質量（g），l_R（又は l_T）：40℃，75％の温湿度条件で平衡したときの半径方向（又は接線方向）の長さ（mm），L_R（又は L_t）：40℃，90％の温湿度条件で平衡したときの半径方向（又は接線方向）の長さ（mm）．

6.4　記録
試験結果として，次の事項を記録する．
(1) 吸湿面別吸湿量 S_{m24h}（又は S_{m6h}，S_{m72h}）
(2) 樹種
(3) 平均年輪幅
(4) 密度
(5) 板目からの吸湿については，吸湿面における早晩材の状態を必ず付記する．

必要に応じて，平均膨張率（$\alpha_{\%}$），試験体含水率（u_{75}，u_{90}）を併記するものとする．

図5 縦圧縮試験体

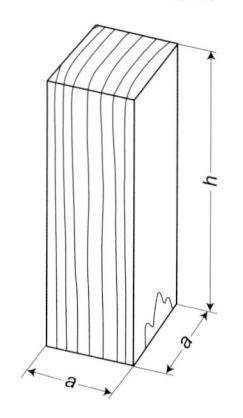

7. 圧縮試験

7.1 縦圧縮試験

備考　この試験は，荷重方向と繊維方向とが平行な場合について行う．

7.1.1 試験体
試験体は，次のとおりとする．

（1）試験体は，横断面が正方形の直六面体とし，その寸法は，横断面の一辺の長さ（a）を 20 ～ 40mm，高さを辺長（a）の 2 ～ 4 倍とする（図5参照）．

（2）試験体は，その長手方向を繊維方向に平行にし，その両端面を長手方向に垂直かつ平行にするように注意しなければならない．

7.1.2 試験方法
試験方法は，次のとおりとする．

（1）試験体を鋼製平板の間に挟んで荷重を加える．なお，必要と認めた場合には，球座を用いる．

（2）平均荷重速度は，毎分 9.80N/mm² ｛100kgf/cm²｝以下とする．

（3）試験中，縮みの測定を行う場合は，試験体の両端から辺長（a）の 1/2 以上離れた領域において標点距離を定めて行う．

7.1.3 結果の計算
縦圧縮のヤング係数，比例限度及び強さは，次の式（1）～（3）によって算出し，有効数字 3 けたまで求める．

$$E_c = \frac{\Delta Pl}{\Delta lA} \tag{1}$$

$$\sigma_{cp} = \frac{P_p}{A} \tag{2}$$

$$\sigma_c = \frac{P_m}{A} \tag{3}$$

ここに，E_c：縦圧縮ヤング係数（N/mm²）｛kgf/cm²｝，σ_{cp}：縦圧縮比例限度（N/mm²）｛kgf/cm²｝，σ_c：縦圧縮強さ（N/mm²）｛kgf/cm²｝，ΔP：比例域における上限荷重と下限荷重との差（N）｛kgf｝，l：標点距離（mm），Δl：ΔP に対応する縮み（mm），A：断面積（mm²），

P_p：比例限度荷重（N）{kgf}，P_m：最大荷重（N）{kgf}．

7.1.4 記録 試験結果として，次の事項を記録する．
（1）縦圧縮ヤング係数 　　　（5）試験体寸法
（2）縦圧縮比例限度 　　　　（6）平均年輪幅
（3）縦圧縮強さ 　　　　　　（7）密度
（4）樹種 　　　　　　　　　（8）含水率

7.2 横圧縮試験

備考 この試験は，荷重方向と繊維方向とが垂直な場合について行う．

7.2.1 試験体 試験体は，次のとおりとする．
（1）試験体は，横断面が正方形の直六面体とし，その寸法は，横断面の一辺の長さ（a）を20～40mm，高さを辺長（a）の2倍とする（図6参照）．
（2）試験体は，その長手方向を繊維方向に垂直にし，その両端面を長手方向に垂直かつ平行にするように注意しなければならない．

7.2.2 試験方法 試験方法は，次のとおりとする．
（1）試験体を鋼製平板の間に挟んで荷重を加える．
　なお，必要と認めた場合には，球座を用いる．
（2）荷重方向は，年輪に対して半径及び接線方向並びにこれと45°をなす方向とする．
（3）平均荷重速度は，軟材では毎分 $0.49\mathrm{N/mm^2}$ {$5\mathrm{kgf/cm^2}$} 以下，硬材では

図6　横圧縮試験体

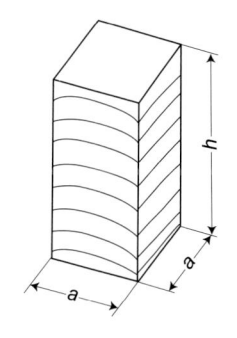

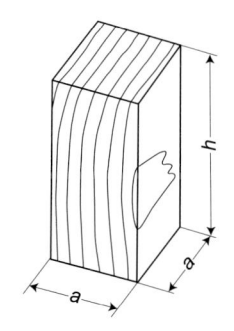

毎分 1.47N/mm^2 {15kgf/cm^2} 以下とする．

(4) 試験中，縮みの測定を行う場合は，試験体の両端から辺長（a）の 1/2 以上離れた領域において標点距離を定めて行う．

7.2.3 結果の計算 横圧縮のヤング係数及び比例限度は，次の式（1）及び式（2）によって算出し，有効数字 3 けたまで求める．

$$E_{c90} = \frac{\Delta Pl}{\Delta lA} \tag{1}$$

$$\sigma_{cp90} = \frac{P_p}{A} \tag{2}$$

ここに，E_{c90}：横圧縮ヤング係数（N/mm^2）{kgf/cm^2}，σ_{cp90}：横圧縮比例限度（N/mm^2）{kgf/cm^2}，A：断面積（mm^2），ΔP：比例域における上限荷重と下限荷重との差（N）{kgf}，l：標点距離（mm），Δl：ΔP に対応する縮み（mm），P_p：比例限度荷重（N）{kgf}．

7.2.4 記録 試験結果として，次の事項を記録する．

(1) 横圧縮ヤング係数　　　　　(5) 荷重方向
(2) 横圧縮比例限度　　　　　　(6) 平均年輪幅
(3) 樹種　　　　　　　　　　　(7) 密度
(4) 試験体寸法　　　　　　　　(8) 含水率

7.3 部分圧縮試験

　備考 この試験は，荷重と繊維方向とが垂直な場合について行う．

7.3.1 試験体 試験体は，横断面が正方形の柱体とし，その寸法は，横断面の一辺の長さ（a）を 20〜40mm，材長を辺長（a）の 3 倍以上とする．

7.3.2 試験方法 試験体の中央部に図 7 に示すような直六面体の鋼板を用いて荷重を加える．この場合，縮みの測定は，被圧部の全厚さについて行う．

(1) 荷重方向は，年輪に対して半径及び接線方向並びにこれと 45° をなす方向とし，接線方向以外の場合は木表から荷重を加える．

(2) 平均荷重速度は，軟材では毎分 0.98N/mm^2 {10kgf/cm^2} 以下，硬材では毎分 2.94N/mm^2 {30kgf/cm^2} 以下とする．

7.3.3 結果の計算 部分圧縮の比例限度，辺長の 5% 部分圧縮強さは，次の式

第7章　木材試験法と主要樹種の物理的性質

図7　部分圧縮試験

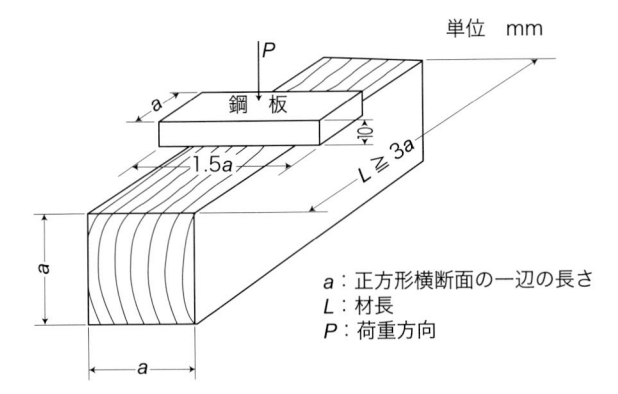

a：正方形横断面の一辺の長さ
L：材長
P：荷重方向

（1）及び式（2）によって算出し，有効数字3けたまで求める．

$$\sigma_{ep} = \frac{P_p}{A} \tag{1}$$

$$\sigma_{e5\%} = \frac{P_{5\%}}{A} \tag{2}$$

ここに，σ_{ep}：部分圧縮比例限度（N/mm²）{kgf/cm²}，$\sigma_{e5\%}$：辺長の5％部分圧縮強さ（N/mm²）{kgf/cm²}，P_p：比例限度荷重（N）{kgf}，$P_{5\%}$：縮みが辺長5％のときの荷重（N）{kgf}，A：荷重面積（mm²）．

7.3.4　記録　試験結果として，次の事項を記録する．
（1）部分圧縮比例限度　　　（5）荷重方向
（2）辺長の5％部分圧縮強さ　（6）平均年輪幅
（3）樹種　　　　　　　　　（7）密度
（4）試験体寸法　　　　　　（8）含水率

8. 引張試験

8.1　縦引張試験

備考　この試験は，荷重方向と繊維方向とが平行な場合について行う．

8.1.1　試験体　試験体は，図8に示すものとし，試験体の幅（a）を20〜30mmとする．ただし，場合によっては試験体中央平行部の厚さを3mm，

図8 縦引張試験体

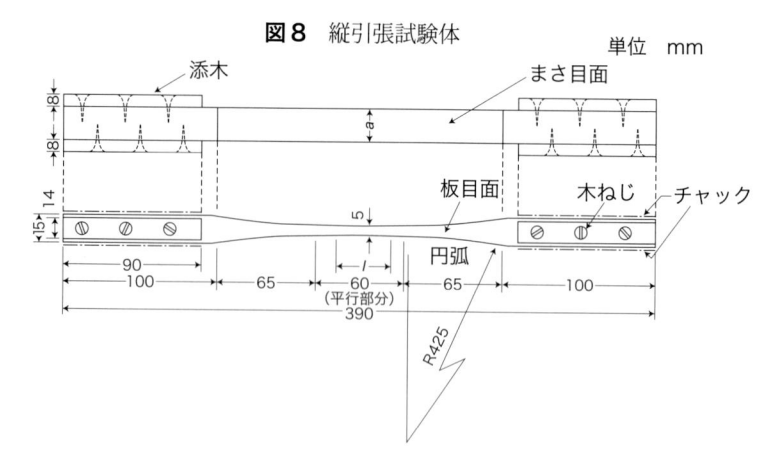

円弧の半径(R)を355mmとしてもよい．添木が必要な場合は，かし，けやき，その他の硬い木材を用い，その取付けは，木ねじ又は接着剤による．

8.1.2 試験方法
試験方法は，次のとおりとする．
(1) 平均荷重速度は，毎分 19.60N/mm² {200kgf/cm²} 以下とする．
(2) 伸びの測定を行う場合は，試験体の中央平行部分において，標点距離 (l) を定めて行う．

8.1.3 結果の計算
縦引張のヤング係数，比例限度及び強さは，次の式（1）〜（3）によって算出し，有効数字3けたまで求める．

$$E_\mathrm{t} = \frac{\Delta Pl}{\Delta lA} \tag{1}$$

$$\sigma_\mathrm{tp} = \frac{P_\mathrm{p}}{A} \tag{2}$$

$$\sigma_\mathrm{t} = \frac{P_\mathrm{m}}{A} \tag{3}$$

ここに，E_t：縦引張ヤング係数 (N/mm²) {kgf/cm²}，σ_tp：縦引張比例限度 (N/mm²) {kgf/cm²}，σ_t：縦引張強さ (N/mm²) {kgf/cm²}，ΔP：比例域における上限荷重と下限荷重との差 (N) {kgf}，l：標点距離 (mm)，Δl：ΔP に対応する伸び (mm)，A：平行部分の断面積 (mm²)，P_p：比例限度荷重 (N) {kgf}，P_m：最大荷重 (N) {kgf}．

8.1.4 記録
試験結果として，次の事項を記録する．

（1）縦引張ヤング係数
（2）縦引張比例限度
（3）縦引張強さ
（4）樹種
（5）試験体中央平行部分の寸法
（6）平均年輪幅
（7）密度
（8）含水率

8.2 横引張試験

　備考　この試験は，荷重方向と繊維方向とが垂直及び45°をなす場合について行う．

8.2.1 試験体　試験体は，図9に示すものとし，試験体の幅（a）を20～30mmとする．ただし，場合によっては，試験体中央平行部の厚さを6mm，円弧の半径（R）を48mmとしてもよい．

8.2.2 試験方法　試験方法は，次のとおりとする．

（1）荷重方向は，年輪に対して半径及び接線方向並びにこれと45°をなす方向とする．
（2）平均荷重速度は，軟材では毎分 0.49N/mm^2 $\{5\text{kgf/cm}^2\}$ 以下，硬材では毎分 1.47N/mm^2 $\{15\text{kgf/cm}^2\}$ 以下とする．
（3）試験中，伸びの測定を行う場合は，試験体の中央平行部分において，標点距離（l）を定めて行う．

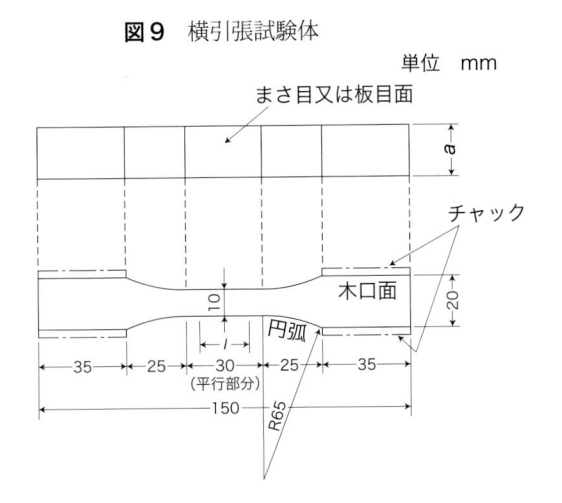

図9　横引張試験体

8.2.3 結果の計算 横引張のヤング係数，比例限度，強さは，次の式（1）〜（3）で算出し，有効数字 3 けたまで求める．

$$E_{t90} = \frac{\Delta Pl}{\Delta lA} \tag{1}$$

$$\sigma_{tp90} = \frac{P_p}{A} \tag{2}$$

$$\sigma_{t90} = \frac{P_m}{A} \tag{3}$$

ここに，E_{t90}：横引張ヤング係数（N/mm²）{kgf/cm²}，σ_{tp90}：横引張比例限度（N/mm²）{kgf/cm²}，σ_{t90}：横引張強さ（N/mm²）{kgf/cm²}，ΔP：比例域における上限荷重と下限荷重との差（N）{kgf}，l：標点距離（mm），Δl：ΔPに対応する伸び（mm），A：平行部分の断面積（mm²），P_p：比例限度荷重（N）{kgf}，P_m：最大荷重（N）{kgf}．

8.2.4 記録 試験結果として，次の事項を記録する．

（1）横引張ヤング係数　　　　（6）荷重方向
（2）横引張比例限度　　　　　（7）平均年輪幅
（3）横引張強さ　　　　　　　（8）密度
（4）樹種　　　　　　　　　　（9）含水率
（5）試験体中央平行部分の寸法

9. 曲げ試験

　備考 この試験は，長手方向が繊維方向と平行で荷重方向と垂直な場合について行う．

9.1 試験体 試験体は，横断面が正方形の柱体とし，その寸法は，一辺の長さ（a）を 20 〜 40mm，試験体の長さをスパンに辺長（a）の 2 倍を加えたものとする．

9.2 試験方法

9.2.1 スパンは，辺長（a）の 14 倍とし，集中荷重をスパンの中央部に加える．

9.2.2 荷重面は原則としてまさ（柾）目面とし，板目面又は追まさ（柾）面の場合には木表から荷重を加える．

9.2.3 荷重点及び支点に用いる鋼材の形状は，図 10 及び図 11 に示す．

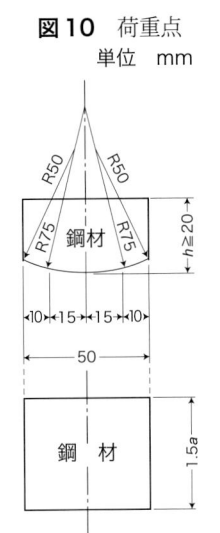

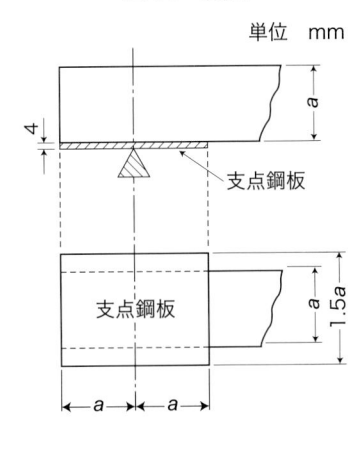

第7章　木材試験法と主要樹種の物理的性質

図10 荷重点　　　　**図11** 支点

9.2.4　平均荷重速度は，毎分 14.70N/mm^2 $\{150\text{kgf/cm}^2\}$ 以下とする．

9.3　結果の計算　曲げのヤング係数，比例限度，強さは，次の式（1）～（3）によって算出し，有効数字3けたまで求める．

$$E_\text{b} = \frac{\Delta P l^3}{48 I \Delta y} \tag{1}$$

$$\sigma_\text{bp} = \frac{P_\text{p} l}{4Z} \tag{2}$$

$$\sigma_\text{b} = \frac{P_\text{m} l}{4Z} \tag{3}$$

ここに，E_b:曲げヤング係数（N/mm^2）$\{\text{kgf/cm}^2\}$，σ_bp:曲げ比例限度（N/mm^2）$\{\text{kgf/cm}^2\}$，σ_b:曲げ強さ（N/mm^2）$\{\text{kgf/cm}^2\}$，ΔP:比例域における上限荷重と下限荷重との差（N）$\{\text{kgf}\}$，Δy:ΔPに対応するスパン中央のたわみ（mm），I:断面2次モーメント　$I = bh^3/12$（mm^4），l:スパン（mm），b:試験体の幅（mm），h:試験体の高さ（mm），Z:断面係数　$Z = bh^2/6$（mm^3），P_p:比例限度荷重（N）$\{\text{kgf}\}$，P_m:最大荷重（N）$\{\text{kgf}\}$．

9.4　記録　試験結果として，次の事項を記録する．
（1）曲げヤング係数　　　　（5）試験体寸法
（2）曲げ比例限度　　　　　（6）平均年輪幅

(3) 曲げ強さ
(4) 樹種

(7) 密度
(8) 含水率

10. せん断試験

図12 せん断試験体

単位 mm

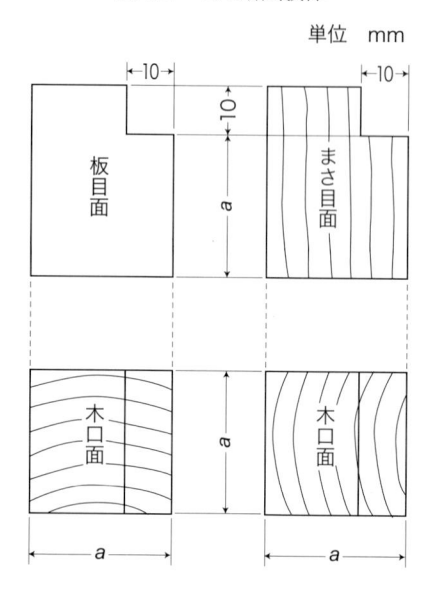

備考　この試験は，荷重方向と繊維方向とが平行な場合について行う．

10.1 試験体

10.1.1　試験体は，図12に示すものとし，木口面における正方形断面の一辺の長さ（a）を20〜30mmとする．

10.1.2　せん断面は，原則としまさ（柾）目面及び板目面とする．

10.2 試験方法

10.2.1　図13に示す方法によって荷重を加える．

10.2.2　平均荷重速度は，軟材では毎分 $5.88\text{N/mm}^2\{60\text{kgf/cm}^2\}$ 以下，

図13 せん断試験方法

単位 mm

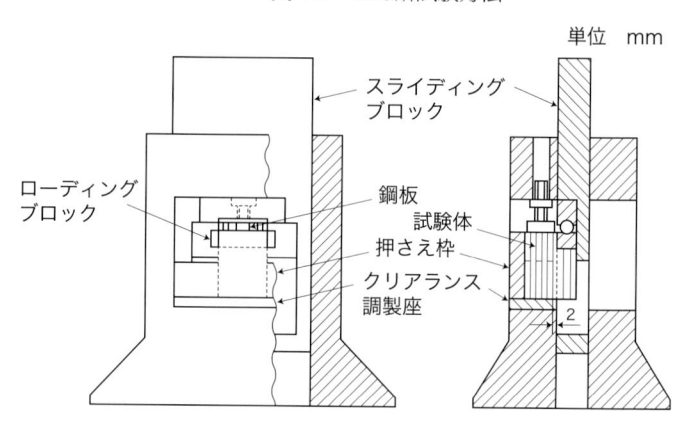

スライディングブロック
ローディングブロック
鋼板
試験体
押さえ枠
クリアランス調製座

第7章 木材試験法と主要樹種の物理的性質　　　　　*275*

硬材では毎分 9.80N/mm^2 {100kgf/cm^2} 以下とする.

10.2.3　せん断破壊面が下部支持台（クリアランス調整座）にかかった場合は，その試験値は採用しないものとする.

10.3　結果の計算　せん断強さは，次の式によって算出し，有効数字3けたまで求める.

$$\tau = \frac{P_\text{m}}{A}$$

ここに，τ：せん断強さ（N/mm^2）{kgf/cm^2}，P_m：最大荷重（N）{kgf}，A：せん断面積（mm^2）.

10.4　記録　試験結果として，次の事項を記録する.
(1) せん断強さ　　　　　　　　(5) 平均年輪幅
(2) 樹種　　　　　　　　　　　(6) 密度
(3) 試験体寸法　　　　　　　　(7) 含水率
(4) まさ（柾）目面，板目面の区分

11. 割裂試験

備考　この試験は，荷重方向と繊維方向とが垂直な場合について行う.

11.1　試験体

11.1.1　試験体は，図14に示すものとし，その寸法は，試験体の幅（b）を20～30mm，試験体の高さ（h）を30mm，試験体の長さ（L）を60mm，荷重軸から試験体の端までの距離（e）を3.75mm，割裂用ジグが接する円孔の半径（r）を7.5mmとする.

11.1.2　試験体は，その長手方向を繊維方向に平行になるようにする.

11.1.3　割裂面は，原則としてまさ（柾）目面及び板目面とする.

11.2　試験方法

11.2.1　円孔の半径（r）に等しい半径をもつ2個の半円筒を荷重頭とし，図14に示す方向に荷重を加える.

11.2.2　平均荷重速度は，毎分 3.92N/mm {40kgf/cm} 以下とする.

11.3　結果の計算　割裂抵抗は，次の式によって算出し，有効数字3けたまで求める.

図14 割裂試験体

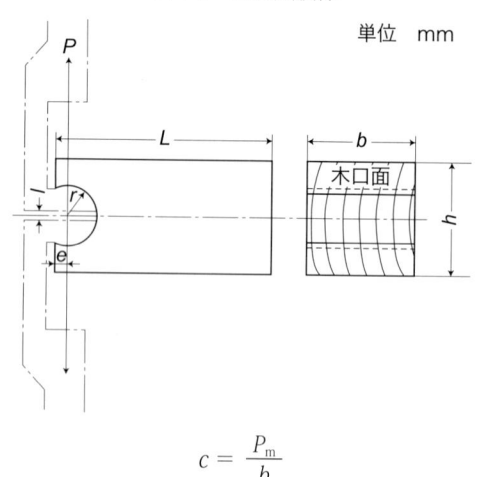

単位 mm

$$c = \frac{P_m}{b}$$

ここに，c：割裂抵抗（N/mm）{kgf/cm}，P_m：最大荷重（N）{kgf}，b：割裂面の幅（mm）．

11.4 記録 試験結果として，次の事項を記録する．

（1）割裂抵抗　　　　　　（5）平均年輪幅
（2）樹種　　　　　　　　（6）密度
（3）試験体寸法　　　　　（7）含水率
（4）まさ（柾）目面，板目面の区分

12. 衝撃曲げ試験

　備考　この試験は，長手方向が繊維方向に平行で荷重方向と垂直な場合について行う．

12.1 試験体　試験体は，横断面が正方形の柱体とし，その寸法は，正方形断面の一辺の長さを20mm，試験体の長さを300mmとする．

12.2 試験方法

12.2.1　スパンは240mmとし，98.0J {10kgf・m} の衝撃エネルギーをもっている衝撃ハンマーでスパンの中央を打撃する．支点と衝撃ハンマーの荷重頭の円筒又は半円筒の直径は，30mmとする．

12.2.2　衝撃荷重面は，原則としてまさ（柾）目面とし，板目面又は追まさ（柾）

第7章　木材試験法と主要樹種の物理的性質

面の場合は，木表から荷重を加える．

12.3　結果の計算　衝撃曲げ吸収エネルギーは，次の式によって算出し，有効数字3けたまで求める．

$$a = \frac{W_1}{bh}$$

ここに，a：衝撃曲げ吸収エネルギー（J/cm²）{kgf·m/cm²}，W_1：衝撃仕事量（J）{kgf·m}，b：試験体の幅（mm），h：試験体の高さ（mm）．

12.4　記録　試験結果として，次の事項を記録する．
(1) 衝撃曲げ吸収エネルギー　　　　　　　　(4) 平均年輪幅
(2) 樹種　　　　　　　　　　　　　　　　(5) 密度
(3) まさ（柾）目面，板目面又は追まさ（柾）目面の区分　(6) 含水率

13. 硬さ試験

　備考　この試験は，荷重方向と繊維方向とが平行及び垂直な場合について行う．

13.1　試験体　試験体は，図15に示すものとし，辺長（a）を40mmの立方体とする［図15の(1)参照］．ただし，場合によっては試験体の厚さを15mm以上とする［図15の(2)，(3)，(4)参照］．

13.2　試験方法

13.2.1　試験面は，木口面，まさ（柾）目面及び板目面とする．板目面の場合は木表から荷重を加える．

13.2.2　試験面に直径10mmの鋼球を深さ$1/\pi$ mm（約0.32mm）まで圧入する．

13.2.3　平均圧入速度は，原則として毎分約0.5mmとする．

13.2.4　圧入位置（相互の間隔及び周辺からの距離）は，図15に示すようにする．

13.2.5　測定箇所数は，各試験面につき3か所以上とする．

13.3　結果の計算　硬さは，次の式によって算出し，有効数字2けたまで求める．

図15 硬さ試験及び測定位置

単位 mm

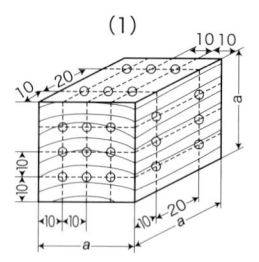

備考 ○印は，鋼球の圧入位置を示す．

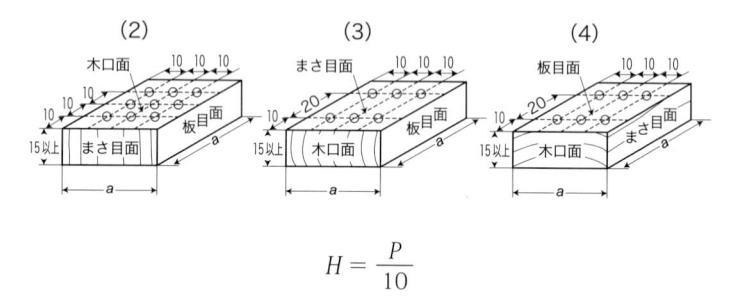

$$H = \frac{P}{10}$$

ここに，H:硬さ（N/mm²）{kgf/mm²}，P:圧入深さが $1/\pi$ mm となるときの荷重（N）{kgf}．

13.4 記録
試験結果として，次の事項を記録する．

（1）硬さ
（2）樹種
（3）荷重方向
（4）平均年輪幅
（5）密度
（6）含水率

14. クリープ試験

14.1 各種クリープ試験に共通の試験方法

14.1.1 この試験に使用する試料に対しては，これと同質と考えられる試料について対応する静的試験を行うとともに，1.2の（5）〜（11）に規定する試験をなるべく多く併せて行う．

14.1.2 ひずみ（縮み，伸び及びたわみの総称，以下，同様．）の測定は，ひずみ - 時間の曲線を描くのに十分な間隔で行い，200時間以上継続する．

14.1.3 破壊を起こさない試料に対しては，クリープ試験終了後直ちに荷重を

第7章 木材試験法と主要樹種の物理的性質

除去した後，静的試験の方法に基づいて破壊させ，静的試験で決定することを規定されている事項を求める．場合によってはクリープ試験終了後，荷重を除去してクリープひずみの回復の性質を調べた後，破壊試験を行う．

14.1.4 この試験は，恒温恒湿の場所で行う．ただし恒温恒湿の場所で行うことができない場合には，なるべく温湿度の変化を少なくする処置を講じたうえで，試験体表面に適当な防湿剤を塗布して，試験を行うことができる．

14.1.5 クリープ試験において継続載荷する一定荷重の荷重水準は，少なくとも静的比例限度荷重の 2/4，3/4，4/4，5/4 の水準とし，恒温恒湿の条件で行う場合は，これらの水準について，同時又は順次にクリープ試験を行い，温湿度の変化が避けられない場合には同時に行う．

14.2 縦圧縮クリープ試験

備考 この試験は，荷重方向と繊維方向とが平行な場合について行う．

14.2.1 試験体 試験体は，横断面正方形の直六面体とし，その寸法は，正方形の一辺の長さ (a) を 10～30mm，高さ (h) を辺長 (a) の 2～4 倍とする．

14.2.2 試験方法 試験方法は，次のとおりとする．

(1) 試験体を鋼製平板の間に挟んで一定荷重を加える．
(2) 縮みの測定は，試験体の両端から辺長 (a) の 1/2 以上離れた領域において標点距離を定めて行うが，この場合，試験体全長についても同時に行う．

14.3 横圧縮クリープ試験

備考 この試験は，荷重方向と繊維方向とが垂直な場合について行う．

14.3.1 試験体 試験体は，横断面正方形の直六面体とし，その寸法は，正方形の一辺の長さ (a) を 20～40mm，高さ (h) を辺長 (a) の 2 倍とする．

14.3.2 試験方法 試験方法は，次のとおりとする．

(1) 荷重方向は，年輪に対して半径及び接線方向並びにこれと 45°をなす方向とする．
(2) 試験体を鋼製平板の間に挟んで一定荷重を加える．
(3) 縮みの測定は，試験体の両端から辺長 (a) の 1/2 以上離れた領域におい

14.4 部分圧縮クリープ試験

備考 この試験は，荷重方向と繊維方向とが垂直な場合について行う．

14.4.1 試験体 試験体は，横断面が正方形の柱体とし，その寸法は，正方形の一辺の長さ (a) を $20 \sim 40$ mm，材長 (L) を辺長 (a) の3倍以上とする．

14.4.2 試験方法 試験方法は，次のとおりとする．

(1) 試験体の中央部に 7.3 の図7に示すような鋼板を用いて一定荷重を加える．この場合，縮みの測定は，被圧部の全厚さについて行う．

(2) 荷重方向は，年輪に対して半径及び接線方向並びにこれと 45° をなす方向とし，接線方向以外の場合には，木表から荷重を加える．

14.5 横引張クリープ試験

備考 この試験は，荷重方向と繊維方向とが垂直な場合について行う．

14.5.1 試験体 試験体は，図16に示すものとし，試験体の幅 (a) を $20 \sim 30$ mm とする．ただし，場合によっては試験体中央平行部の厚さを 6 mm，円弧の半径 (R) を 48 mm としてもよい．

14.5.2 試験方法 試験方法は，次のとおりとする．

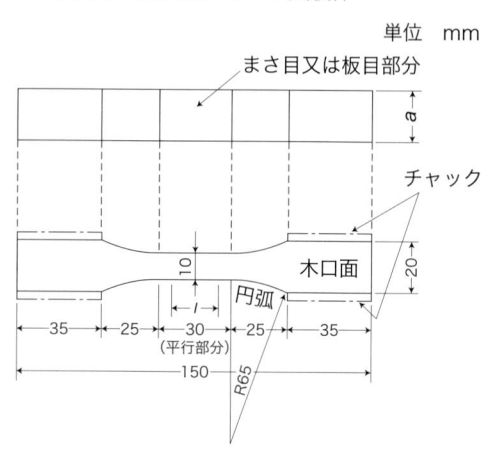

図16 横引張クリープ試験体

第7章 木材試験法と主要樹種の物理的性質　　*281*

（1）荷重方向は，年輪に対して半径及び接線方向並びにこれと45°をなす方向とする．
（2）試験体の両端に一定荷重を加えるものとする．この場合，伸びの測定は，図16に示した標点距離（l）について行う．

14.6　曲げ　クリープ試験

　備考　この試験は，長手方向が繊維方向と平行で荷重方向と垂直な場合について行う．

14.6.1　試験体
試験体は，横断面が正方形の柱体で，その寸法は，正方形の一辺の長さ辺長（a）を10～30mm，試験体の長さを辺長（a）の17倍に200mmを加えたものとする．

14.6.2　試験方法
試験方法は，次のとおりとする．

（1）荷重面は原則としてまさ（柾）目面とし，板目面又は追まさ（柾）面の場合には，木表から荷重を加える．

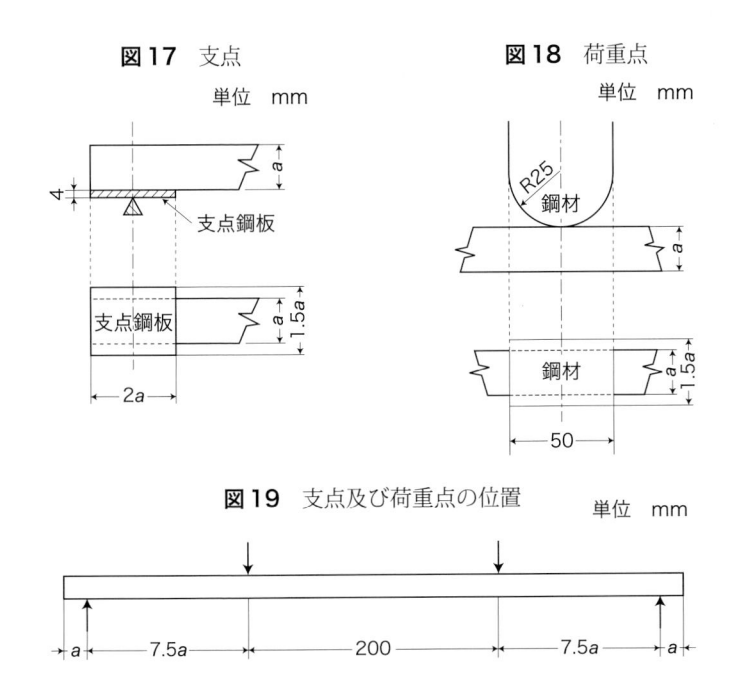

図17　支点　　単位　mm

図18　荷重点　　単位　mm

図19　支点及び荷重点の位置　　単位　mm

(2) 四点荷重法によって一定荷重を加え，荷重点及び支点の寸法及び距離は図17，図18及び図19のとおりとする．

(3) たわみは，曲げモーメント一定の中央部において，荷重点のつぶれの影響の入らないようにして測定する．

14.7　各種クリープ試験に共通の記録　試験結果として，次の事項を記録する．

(1) 試料がクリープ試験中に破壊すると否とにかかわらず，ひずみの測定結果から全ひずみ又はクリープひずみと時間との関係を示す曲線．

(2) クリープ試験の種類，荷重方向及び荷重水準

(3) 樹種

(4) 試験体寸法

(5) 平均年輪幅

(6) 密度

(7) 含水率

(8) 温湿度条件

『日本規格協会（編）：JISハンドブック⑨建築Ⅱ（試験・設備）2007年版』に掲載されている「木材試験法」（JIS Z 2101～1994）のうち，「14. クリープ試験」まで（p.573～586）の全文および図表を許可を得て引用転載

主要樹種の物理的特性（その1）

樹種	心材色	気乾比重	平均収縮率(%) まさ目方向	平均収縮率(%) 板目方向	強度(kgf/cm²) 曲げ強さ	強度(kgf/cm²) 圧縮強さ	強度(kgf/cm²) せん断強さ	曲げヤング係数(10³kgf/cm²)	保存性 耐朽性	保存性 摩耗性
日本産材 針葉樹 ヒノキ	淡黄褐色～淡紅色	0.41	0.12	0.23	750	400	75	90	大	IV
サワラ	帯黄褐色	0.34	0.07	0.24	550	330	50	60	大	V
ネズコ	黄褐色	0.33	0.06	0.19	500	300	55	70	大	V
アスナロ	淡黄色	0.41	0.12	0.27	750	400	75	90	大	IV
モミ	白色	0.44	0.12	0.24	640	370	85	90	小	III
トドマツ	白色	0.42	0.14	0.37	680	340	80	80	小	IV
カラマツ	褐色	0.53	0.14	0.31	850	450	80	105	中	III
エゾマツ	淡黄白色	0.43	0.17	0.36	720	360	75	95	極小	IV
アカマツ	淡赤褐色	0.53	0.16	0.29	900	450	100	115	小	III
ヒメコマツ	淡黄赤色～淡紅色	0.41	0.12	0.24	700	350	80	70	小	IV
クロマツ	淡褐色	0.57	0.14	0.28	890	445	95	100	小	III
ツガ	淡黄褐色	0.51	0.16	0.29	760	430	90	80	小	III
コウヤマキ	淡黄褐色	0.42	0.10	0.21	750	350	60	80	大	IV
スギ	淡紅色～帯赤暗褐色	0.38	0.10	0.26	660	340	80	80	中	IV
イタヤカエデ	帯紅白色～淡紅褐色	0.67	0.19	0.30	965	435	120	105	小	II
ハリギリ(セン)	淡灰褐色	0.50	0.17	0.27	750	350	85	85	小	III
日本産材 広葉樹 ミズメ	紅褐色	0.69	0.23	0.26	1,090	500	150	140	小	II
マカンバ	淡紅褐色	0.69	0.21	0.27	1,060	475	145	130	小	II
アサダ	紅褐色	0.70	0.20	0.31	1,160	535	150	135	中	II
カツラ	褐色	0.49	0.15	0.24	770	390	75	85	中	III
クリ	褐色	0.55	0.16	0.27	785	425	80	90	大	III
シイノキ(スダジイ)	くすんだ黄褐色	0.61	0.15	0.26	900	450	150	100	中	III
ブナ	淡黄白色～淡紅色	0.63	0.17	0.31	890	435	130	120	極小	II
アカガシ	淡紅褐色～紅褐色	0.92	0.20	0.37	1,310	640	190	155	中	I
ミズナラ	くすんだ褐色	0.67	0.17	0.26	990	465	110	105	中	II

第7章 木材試験法と主要樹種の物理的性質

分類	樹種	色									
日本産材 広葉樹	イスノキ	帯紅褐色〜紫褐色．ときに縞状に色調の濃淡がある	0.89	0.22	0.37	1,320	660	195	145	中	I
	トチノキ	帯紅白色〜淡黄褐色	0.53	0.16	0.27	750	400	95	80	小	III
	ヤスノキ	黄白色〜紅褐色．ときに暗緑色を帯びた褐色	0.52	0.13	0.25	700	400	100	90	中	III
	タブノキ	紅褐色	0.69	0.16	0.28	700	400	120	90	中	IV
	ホオノキ	くすんだ灰緑色	0.48	0.14	0.24	705	330	115	75	中	III
	ヤチダモ	くすんだ褐色	0.65	0.17	0.36	1,030	465	125	110	中	II
	シオジ	ヤチダモより鮮やかな褐色	0.55	0.16	0.27	840	430	110	100	中	III
	サクラ	褐色ときに暗緑色の縞が出る	0.60	0.17	0.31	1,050	450	100	120	中	II
	シナノキ	淡黄褐色	0.48	0.23	0.37	660	365	75	90	極小	III
	キリ	くすんだ白色または帯褐色ときに紫色を帯びる	0.29	0.06	0.20	395	215	55	50	中	V
	ハルニレ	くすんだ褐色	0.59	0.14	0.35	860	425	110	100	小	III
	ケヤキ	黄褐色〜帯紅褐色	0.62	0.16	0.27	1,010	475	130	120	大	II
	ビーオーシーダー(ベイヒ)	黄褐色〜桃褐色	0.47	0.14	0.20	700	300	90	80	大	IV
北米材 針葉樹	アラスカンイエローシーダー(アラスカシーダー，ベイヒバ)	黄色	0.51	0.08	0.18	705	375	80	100	大	III
	ウエスターンレッドシーダー(ベイスギ)	帯赤暗褐色	0.37	0.08	0.14	550	310	60	80	大	IV
	バルサムファー(ベイモミ)	淡褐色〜帯桃淡褐色	0.42	0.08	0.20	495	280	50	85	小	III
	ノーブルファー(ベイモミ)	淡褐色〜帯桃淡褐色	0.47	0.13	0.24	615	305	75	95	小	IV
	エンゲルマンスプルース(ベイトウヒ)	淡色〜桃色	0.41	0.10	0.19	600	305	75	95	小	IV
	シトカスプルース	淡黄桃色〜淡褐色	0.46	0.13	0.22	645	325	75	100	小	IV
	ロッジポールパイン	淡黄褐色	0.47	0.13	0.20	705	320	95	75	小	IV
	ショートリーフパイン(エキナータマツ)	淡褐色〜赤褐色	0.58	0.13	0.23	810	420	90	115	小	III
	スラッシュマツ	淡褐色〜赤褐色	0.67	0.16	0.23	1,055	470	105	130	中	II

(次頁へ続く)

主要樹種の物理的特性（その2）

分類	樹種	心材色	気乾比重	平均収縮率(%) まさ目方向	平均収縮率(%) 板目方向	強度(kgf/cm²) 曲げ強さ	強度(kgf/cm²) 圧縮強さ	強度(kgf/cm²) せん断強さ	曲げヤング係数(10^3kgf/cm²)	保存性 耐朽性	保存性 摩耗性
北米材 針葉樹	シュガーパイン	淡褐色～淡赤褐色で放置しても濃色にならない	0.41	0.08	0.16	515	260	70	80	小	IV
北米材 針葉樹	ロングリーフパイン（ダイオウショウ）	淡褐色～赤褐色	0.67	0.15	0.22	900	490	105	130	中	II
北米材 針葉樹	ポンデローサマツ	黄褐色～淡褐色	0.46	0.12	0.18	620	330	70	90	小	IV
北米材 針葉樹	イースタンホワイトパイン（ストローブマツ）	淡黄色～淡褐色～赤褐色で次第に濃色になる	0.42	0.06	0.18	575	295	70	75	小	IV
北米材 針葉樹	ロブロリパイン（テーダマツ）	淡褐色～赤褐色	0.58	0.14	0.21	790	410	90	120	中	III
北米材 針葉樹	ダグラスファー（オレゴンパイン、ベイマツ）	橙赤色～赤色	0.55	0.14	0.23	780	420	80	130	中	III
北米材 針葉樹	ウエスタンヘムロック（ベイツガ）	やや紫色を帯びた淡褐色～白色	0.46	0.13	0.23	745	405	90	105	小	IV
北米材 針葉樹	イースタンヘムロック	帯桃白色～淡黄褐色	0.52	0.09	0.19	600	330	75	85	小	III
北米材 針葉樹	レッドウッド（センペルセコイア、アカスギ）	赤色～濃赤褐色	0.46	0.07	0.14	620	355	65	90	極大	IV
北洋材 針葉樹	トドマツ	白色	0.45	0.18	0.40	650	330	65	80	小	IV
北洋材 針葉樹	シベリアアカマツ（ダイマツ）	黄褐色	0.51	0.15	0.33	1,025	465	120	120	中	III
北洋材 針葉樹	ベニマツ（チョウセンゴヨウ）	淡紅色	0.50	0.15	0.32	680	340	85	90	小	III
北洋材 針葉樹	オウシュウアカマツ（ヨーロッパアカマツ）	赤褐色	0.47	0.14	0.31	650	290	80	85	中	III
北洋材 針葉樹	エゾマツ	淡桃色	0.47	0.18	0.36	695	310	80	95	極小	IV
南洋材	アガチス	帯桃淡灰褐色～淡黄褐色	0.52	0.16	0.30	735	370	80	115	小	III
南洋材	ブローカリア	桃色～紫色を帯びた灰褐色、色調には差があることがある、縞状になることもある	0.45	0.17	0.24	655	340	90	110		III
針葉樹	ベンゲットマツ（カシヤマツ）	わが国のマツ類と同様	0.60	0.24	0.39	935	430	100	140	小	III
針葉樹	メルクシマツ（ミンドロマツ）	わが国のマツ類と同様	0.69	0.18	0.30	1,160	490	95	130	小	II

第7章　木材試験法と主要樹種の物理的性質

	樹種名	心材の色調									
	メルサワ（アニンブテラ）	淡黄色〜淡黄褐色，さらに桃色の縞が縦断面，特にまさ目面に認められることがある	0.66	0.22	0.39	810	400	90	100	小	II
	ケルイン（アピトン）	赤褐色	0.74	0.20	0.34	1,085	505	130	140	中	II
	カプール	淡赤褐色〜濃赤褐色	0.70	0.17	0.35	1,075	555	110	135	中	II
	ホワイトセラヤ	淡桃灰褐色濃色の縞あり	0.58	0.22	0.48	765	355	95	90	小	II
	赤ワイトラワン	帯桃淡褐色	0.53	0.16	0.26	725	355	85	115	小	III
	レッドメランチ（レッドラワン）	桃色〜赤褐色	0.56	0.12	0.26	780	420	90	115	中	III
南洋材広葉樹	イエローメランチ	帯緑黄褐色	0.55	0.10	0.27	790	420	80	105	小	III
	ホワイトメランチ	淡黄色淡橙色，短黄褐色で新しい材面でも桃色を帯びないが，時間の経過により褐色を帯びるようになる	0.67	0.21	0.38	855	475	100	100	小	II
	セランガンバツ	黄褐色〜褐色で後で暗褐色となる	0.94	0.20	0.43	1,155	560	130	160	大	I
	ラミン	黄白色	0.65	0.21	0.39	1,200	620	110	145	極小	II
	セプター（セプチール）	帯桃褐色．しばしば濃色の条を持つことがある	0.58	0.19	0.26	875	425	125	135	中	II
	ジョンコン	淡桃褐色〜淡橙褐色	0.48	0.16	0.28	810	445	80	110	小	III
	マトア	桃褐色〜赤褐色	0.70	0.21	0.27	1,030	460	115	125	中	II
	ニヤトー	桃色〜赤褐色	0.64	0.21	0.30	950	455	110	105	中	II
	チーク	金褐色〜濃褐色．しばしば濃色の縞	0.69	0.12	0.20	920	445	115	125	極大	II

（次頁へ続く）

主要樹種の物理的特性 (その3)

樹種	心材色	気乾比重	平均収縮率(%) まさ目方向	平均収縮率(%) 板目方向	強度(kgf/cm²) 曲げ強さ	強度(kgf/cm²) 圧縮強さ	強度(kgf/cm²) せん断強さ	曲げヤング係数 (10³kgf/cm²)	保存性 耐朽性	保存性 摩耗性
その他針葉樹 タイヒ	黄褐色	0.48	0.13	0.23	860	385	105	110	大	Ⅲ
その他針葉樹 オウシュウトウヒ(ドイツトウヒ)	淡黄白色	0.41	0.16	0.28	660	325	90	90	極小	Ⅳ
その他針葉樹 ラジアタマツ	淡褐色	0.49	0.14	0.25	700	330	90	85	小	Ⅲ

・収縮率とは含水率の1%の減少に伴う平均収縮量を、基準長に対して百分率で表したもの。平均収縮率は膨潤の場合の平均膨潤率と同じと見てよい。
・強度、曲げヤング係数のデータは含水率15%に調整した。
・保存性および摩耗性Ⅰ,Ⅱ,Ⅲ,Ⅳ,Ⅴは板目面の厚さ摩耗量 mm/100回転で 0.010〜0.020, 0.021〜0.032, 0.033〜0.053, 0.054〜0.080, 0.081〜0.120 を示す。

(木材活用事典、産業調査会事典出版センター、1994より一部抜粋)

参 考 図 書

第1章
大塚正久（訳）：ギブソン，アシュビー・セル構造体，内田老鶴圃，1993.
島地 謙ら：木材の構造，文永堂出版，1985.
日本木材学会（編）：木質の構造，文永堂出版，2007.

第2章
今村浩之ら：木材利用の化学，共立出版，1983.
上平 恒・逢坂 昭：生体系の水，講談社，1997.
上平 恒：水の分子工学，講談社，2000.
上平 恒：水とは何か，講談社，1999.
慶伊富長：吸着，共立出版，1976.
高分子学会（編）：高分子物性（Ⅲ）高分子実験学講座5，共立出版，1958.
越島哲夫ら：新訂基礎木材工学，フタバ書店，1979.
近藤精一ら：吸着の科学，丸善，1991.
鈴木 勲：吸着の科学と応用，講談社，2003.
伏谷賢美ら：木材の物理，文永堂出版，1985.
渡辺治人：木材理学総論，農林出版，1978.

第3章
浅野猪久夫（編）：木材の事典，朝倉書店，1982.
鵜戸口英善・国尾 武（訳）：チモシェンコ，S.・材料力学（上巻），東京図書，1957.
岡野 健・祖父江信夫（編）：木材科学ハンドブック，朝倉書店，2006.
北原覚一：木材物理，森北出版，1966.
木村好次・岡部平八郎：トライボロジー概論，養賢堂，1982.
高分子学会（編）：緩和現象の科学，共立出版，1982.
曽田範宗：摩擦の話，岩波書店，1971.

曽田範宗（訳）：バウデン・テイバー・個体の摩擦と潤滑，丸善，1961．
田中久一郎：摩擦のおはなし，日本規格協会，1985．
福島和彦ら（編）：木質の形成－バイオマス科学への招待，海青社，2003．
伏谷賢美ら：木材の物理，文永堂出版，1985．
山本三三三：物体の変形学，誠文堂新光社，1972．
和田八三久：応用物理学選書6，高分子の電気物性，裳華房，1987．
和田八三久：高分子の固体物性，培風館，1971．
Adams, D.F. et al.: Experimental Characterization of Advanced Composite Materials 3rd Ed. CRC Press, Boca Raton, 2003.
Annual Book of ASTM Standards 2005, Section 4 Construction, Vol. 04. 10, Wood, ASTM. West Conshohocken, PA, 2005.
Annual Book of ASTM Standards 2006, Section 15 General Products, Chemical Specialties, and end use products, Vol. 15. 03, Space simulation ; aerospace and aircraft ; composite materials, ASTM. West Conshohocken, PA, 2006.
Archer, R. R.: Growth stresses and strains in trees, Springer-Verlag, Berlin, 1987.
Bodig, J. and Jayne, B.A.: Mechanics of Wood and Wood Composites, Van Nostrand Reinhold Company, 1981.
Boyd, J.D.: An anatomical expansion for visco-elastic and mechano-sorptive creep in wood, and effects of loading rate on strength, New Perspective in Wood Anatomy P. Baas (ed.), Martinus Nijoff, 177-222, 1982.
Kollmann, F. F. P. and Côte, W. A. Jr.:Principles of Wood Science and Technology Ⅰ. Solid wood, Springer-Verlag, Berlin, 1968.
Timell, T.E.: Compression wood in gymnosperms1, 2, 3, Springer-Verlag, Tokyo, 1986.

第4章
岡野　健・祖父江信夫（編）：木材科学ハンドブック，朝倉書店，2006．

第5章

池田拓郎：圧電材料学の基礎, オーム社, 1984.

花井哲也：不均質構造と誘電率, 吉岡書店, 2000.

永宮健夫・中井　祥（訳）：フレーリッヒ・誘電体論, 吉岡書店, 1965.

第6章

安藤由典：楽器の音色を探る, 中央公論社, 1978.

今村祐嗣ら（編）：建築に役立つ木材・木質材料学, 東洋書店, 1997.

岡野　健ら（編）：木材居住環境ハンドブック, 朝倉書店, 1995

厨川　守ら：音質のすべて, 誠文堂新光社, 1981.

国立天文台（編）：理科年表, 丸善, 1998.

齊藤平蔵：建築気候, 共立出版, 1975.

生活環境研究会（編）：人間・生活・環境, ナカニシヤ出版, 1999.

高橋　徹（編）：木材利用啓発推進事業報告書（音編）, 日本住宅・木材技術センター, 1990.

高橋　徹ら（編）：木材科学講座5, 環境, 海青社, 1995.

竹内龍一：音その形態と物理, 日本放送出版協会, 1966.

納谷嘉信：産業色彩学, 朝倉書店, 1980.

西岡常一：法隆寺を支えた木, 日本放送出版協会, 1978.

花岡利昌・東　修三（編）：ハウスクリマ, 海青社, 1985.

増山英太郎・小林茂雄：センソリー・エバリュエーション－官能検査へのいざない－, 垣内出版, 1989.

武者利光：ゆらぎの世界－自然界の1/fゆらぎの不思議, 講談社, 1980.

持田康典：音をつくる, 日本工業新聞社, 1987.

山田　正（編）：木質環境の科学, 海青社, 1987.

第7章

日本規格協会：JISハンドブック2007 ⑨ 建築Ⅱ 試験・設備, 日本規格協会, 2007.

索　　　引

あ

Eyring の空孔理論　136
圧縮あて材　183
圧縮試験　154
圧縮ひずみ　92
圧縮ヤング率　16
圧電温度分散　224
圧電緩和　224
圧電気　218
圧電効果　219
圧電定数　220
圧電率　220
圧電率テンソル　221
アブレシブ摩耗　179

い

ENF 試験　169
いす型せん断試験法　160
異方性　2, 51
因果律　114, 121
インクボトル説　44

え

永久ひずみ　93

ASTM　156
液体蒸発　78
液体置換法　5
液体の溶解度パラメータ　69
1/f ゆらぎ　238
$L^*a^*b^*$ 表色系　14, 237

お

応答関数　122
凹凸説　178
応　力　91
応力緩和　114
応力テンソル　96
応力‐ひずみ図　93
落ち込み　82, 87
音
　―の三要素　245
　―の高さ　246
　―の透過率　252
　―の内部吸収率　252
　―の反射率　252
off-axis 法　161
音圧レベル　246
温度調節作用　231
温冷感　241

索 引

か

加圧収縮　82, 86
拡　散　47
拡散係数　47
拡散方程式　47
かさ効果　67
可塑化　140
楽　器　249
活性化エネルギー　46
活　量　36, 76
割裂試験　152
割裂強さ　152
仮道管長　15
ガラス転移温度　9
環孔材　7
含水率　19
乾燥応力　82
緩和時間　116
緩和スペクトル　130
緩和弾性率　116
緩和の強度　217

き

気化熱　25
気体置換法　5
気密性　229
逆効果　219

吸　音　251
吸音率　252
吸湿性　25
吸　着　24
吸着エネルギー　30
吸着サイト　19
吸着質　24
吸着等温線　20
吸着熱　25
吸着媒　24
凝集エネルギー密度　69
凝着説　178
凝着摩耗　179
鏡面光沢度　240
鏡面反射　239
極性液体　79
居住性　230

く

空隙率　6
Clausius-Clapeyron の式　26
クラスタサイズ　43
クリモグラフ　229
狂　い　60
クリープ　116

け

結合水　43

索　引

結晶格子ひずみ　223
Kelvin 式　44
弦楽器　249

こ

コインシデンス効果　254
高温乾燥　145
工学弾性定数　98
孔　圏　10
光　沢　239
硬軟感　243
鋼ブラシ摩擦法　180
Cole-Cole の円弧則　216
固有音響抵抗値　247
混合液体　75
コンダクタンス　212
コンプライアンス　94
コンプレッションセット　86

さ

最大応力説　165
最大ひずみ説　165
彩　度　14
栽培品種　14
座　屈　162
座標軸変換　101
散孔材　7
3 点曲げ　156

残留応力　181

し

G_c 値　169
色　相　14
刺激応答理論　114
JIS　156
湿潤熱　25
湿度調節作用　233
遮　音　252
収　縮　50
収縮異方性　60
収縮応力　82
収縮率 α　51
自由水　43
自由体積　136
収　着　24
蒸気圧　28
衝撃硬さ　175
状態式　27
ショートビームシア法　162
心材色　14
真比重　5
親和力　126

す

水酸基　46
水素結合　22, 46

垂直応力　91
垂直ひずみ　92
水和水　34
スパン/はりせい比　158
スプリング　113
スライス法　85

せん断弾性係数　94
せん断ひずみ　92
せん断力　156
線膨潤率　52
全膨潤率　55
線膨張率　199

せ

正吸着　66
正効果　219
生材含水率　11
成長応力　182
静的粘弾性　114
静摩擦係数　178
積分吸着熱　25
接触温冷感　241
ゼラチン層　186
セル構造体　2
セルロース引張応力仮説　188
セルロースミクロフィブリル　186
繊維傾斜　109
繊維飽和点　43,56
全　乾　19
線型性　121
線型粘弾性理論　113
線収縮率　52
せん断応力　91
せん断コンプライアンス　94

そ

双極子モーメント　21,69
相互作用説　165
相互作用ポテンシャル　26
相対湿度　20
相対蒸気圧　28
双片持ちばり試験　169
粗滑感　244
塑性ひずみ　93
損失角　213
損失正接　121,213,247
損失弾性率　121

た

対数減衰率　247
体積収縮率　51
体積全収縮率　56
体積弾性係数　94
体積膨潤率　51
体積膨張率　199
ダッシュポット　113

索　引

脱　着　24
縦圧縮強さ　16
WLFの式　139
暖　色　237
弾　性　9, 93, 113
弾性限度　93
弾性定数　93
弾性板定数　103
弾性率　94
端部切欠ばり曲げ試験　169
単分子吸着　41

ち

遅延時間　117
遅延スペクトル　130
中立軸　155
調　湿　233
貯蔵弾性率　121
直交異方性体　95
直交異方体　2

つ

Tsai-Wuの破壊条件　166

て

DCB試験　169
テーバー摩耗試験法　180
Tetmajerの式　163

電気感受率　220
電気分極　212
電気容量　211
テンションセット　86

と

統一仮説　188
透過損失　254
動的硬さ　175
動的コンプライアンス　119
動的粘性係数　121
動的粘性率　119
動的ヤング率　13
導電率　212
等方性体　94
動摩擦係数　178
トライボロジー　177
ドライングセット　82, 144

な

内部摩擦　247
生　材　19

に

二元吸着理論　39
Newtonの粘性流動則　113
Newlin-Gahaganの式　163

ぬ

ぬか目 10

ね

音色 246
ねじり試験法 161
熱移動 201
熱拡散率 231
熱貫流 231
熱貫流率 205
熱浸透率 204
熱伝達 201
熱伝達率 205
熱伝導 201
熱伝導方程式 202
熱伝導率 202, 231, 241
熱軟化温度 146
熱平衡状態 125
熱放射 201
熱流量 242
粘性 113
粘弾性 9, 113

は

破壊 164
破壊応力 93
破壊ひずみ 93
破壊力学 167
反応拡散方程式 49
反発係数 176
反発性 176

ひ

BET吸着理論 29
B値 233
非極性液体 79
比重 3
ヒステリシス 26, 44
ひずみ 91
ひずみゲージ法 184
ひずみテンソル 96
引張あて材 183, 186
引張試験 152
引張ひずみ 92
比熱 200
微分吸着熱 25
非平衡状態 125
比ヤング率 247
比誘電率 211
表面成長応力 183
Hill型の破壊条件 166
比例限度 93
比例限度応力 93
比例限ひずみ 93
疲労摩耗 179

索　引

ふ

ファンデルワールスエネルギー　22
physical aging　138
Fick の第 2 法則　47
Hooke の法則　113
フーリエの法則　202
フーリエパワースペクトル　237
不可逆過程　126
負吸着　66
複合構造体　3
複合則　106
複素弾性率　119
複素誘電率　216
節　109
腐食摩耗　179
フックの法則　98
物体の強さ　93
部分圧縮強さ　155
浮遊法　5
Bragg の式　223
ブリネル硬さ　174
プロトン受容力　68
分光反射率曲線　236
分子間結合　22
分子内結合　22
分子容　69

へ

平均緩和時間　217
平衡含水率　19
平衡吸着量　26
平衡定数　29
Hailwood and Horrobin 吸着理論　34
Henry 則　40

ほ

ポアソン効果　65
ポアソン数　94
ポアソン比　94
放射孔材　7
膨潤　50
膨潤応力　82
膨潤率 β　51
Boltzmann の重畳原理　114

ま

マイクロ波加熱　143
マイヤー硬さ　174
曲げ木加工　143
曲げ剛性　104
曲げ試験　156
曲げモーメント　156
摩擦　177
マスターカーブ　132

索　引

Maxwell モデル　120
マトリックス物質　7
摩　耗　177
マンセル表色系　237

み

見かけの活性化エネルギー　147
ミクロフィブリル　7
ミクロフィブリル傾角　8，188
ミクロブラウン運動　9，148
水分子　21
密　度　3，9
密度勾配法　5

め

明　度　14
メカノソープティブクリープ　135
面内せん断法　160

も

モードⅠ　168
モードⅡ　168
モードⅢ　168
木材の色　236
木造住宅　230
木目模様　237

や

ヤンカ硬さ　174
ヤング係数　94
ヤング率　13

ゆ

有機液体　62，67
誘電緩和　216
誘電損失　213
誘電分散　216
誘電率　211
Euler の式　163

よ

溶解水　34
容積比熱　232
容積密度　3，15，56
容積密度数　3
溶媒置換　78
4 点曲げ　157

ら

Langmuir 吸着理論　27

り

力学緩和　114
力学的インピーダンス　117

力学モデル 114
リグニン膨潤仮説 188
臨界砥粒径効果 180

わ

割れ 60

木 質 の 物 理　　　　　　　　　　定価（本体 4,000 円＋税）

2007 年 6 月 1 日　初版第 1 刷発行　　　　　　　　＜検印省略＞

編　集　日　本　木　材　学　会
発行者　永　　井　　富　　久
印　刷　㈱　平　河　工　業　社
製　本　田　中　製　本　印　刷　㈱
発　行　**文 永 堂 出 版 株 式 会 社**
〒113-0033　東京都文京区本郷 2 丁目 27 番 3 号
　　　TEL　03-3814-3321　FAX　03-3814-9407
　　　　　　　振替　00100-8-114601 番

ⓒ 2007　日本木材学会

ISBN　978-4-8300-4111-2

文永堂出版の農学書

書名	著編者	価格	送料
植物生産学概論	星川清親 編	¥4,200	〒400
植物生産技術学	秋田・塩谷 編	¥4,200	〒400
作物学（Ⅰ）－食用作物編－	石井龍一 他著	¥4,200	〒400
作物学（Ⅱ）－工芸・飼料作物編－	石井龍一 他著	¥4,200	〒400
作物の生態生理	佐藤・玖村 編著	¥5,040	〒440
緑地環境学	小林・福山 編	¥4,200	〒400
植物育種学 第3版	日向・西尾 他著	¥4,200	〒400
植物育種学各論	日向・西尾 編	¥4,200	〒400
植物感染生理学	西村・大内 編	¥4,893	〒400
園芸学概論	斎藤・大川・白石・茶珍 共著	¥4,200	〒400
園芸生理学 分子生物学とバイオテクノロジー	山木昭平 編	¥4,200	〒400
果樹の栽培と生理	高橋・渡部・山木・新居・兵藤・奥瀬・中村・原田・杉浦 共訳	¥8,190	〒510
果樹園芸 第2版	志村・池田 他著	¥4,200	〒440
新版 蔬菜園芸	斎藤 隆 編	¥4,200	〒400
花卉園芸	今西英雄 他著	¥4,200	〒400
"家畜"のサイエンス	森田・酒井・唐澤・近藤 共著	¥3,570	〒370
新版 畜産学 第2版	森田・清水 編	¥5,040	〒440
畜産経営学	島津・小沢・渋谷 編	¥3,360	〒400
動物生産学概論	大久保・豊田・会田 編	¥4,200	〒440
動物資源利用学	伊藤・渡邊・伊藤 編	¥4,200	〒440
動物生産生命工学	村松達夫 編	¥4,200	〒440
家畜の生体機構	石橋武彦 編	¥7,350	〒510
動物の栄養	唐澤 豊 編	¥4,200	〒440
動物の飼料	唐澤 豊 編	¥4,200	〒440
動物の衛生	鎌田・清水・永幡 編	¥4,200	〒440
家畜の管理	野附・山本 編	¥6,930	〒510
風害と防風施設	真木太一 編	¥5,145	〒400
農地工学 第3版	安富・多田・山路 編	¥4,200	〒400
農業水利学	緒形・片岡 他著	¥3,360	〒400
農業機械学 第3版	池田・笈田・梅田 編	¥4,200	〒400
植物栄養学	森・前・米山 編	¥4,200	〒400
土壌サイエンス入門	三枝・木村 編	¥4,200	〒400
新版 農薬の科学	山下・水谷・藤田・丸茂・江添・高橋 共著	¥4,725	〒440
応用微生物学 第2版	清水・堀之内 編	¥5,040	〒440
農産食品 －科学と利用－	坂村・小林 他著	¥3,864	〒400
木材切削加工用語辞典	社団法人 日本木材加工技術協会 製材・機械加工部会 編	¥3,360	〒370

食品の科学シリーズ

書名	著編者	価格	送料
食品化学	鬼頭・佐々木 編	¥4,200	〒400
食品栄養学	木村・吉田 編	¥4,200	〒400
食品微生物学	児玉・熊谷 編	¥4,200	〒400
食品保蔵学	加藤・倉田 編	¥4,200	〒400

木材の科学・木材の利用・木質生命科学

書名	著編者	価格	送料
木質の物理	日本木材学会 編	¥4,200	〒400
木材の構造	原田・佐伯 他著	¥3,990	〒400
木材の加工	日本木材学会 編	¥3,990	〒400
木材の工学	日本木材学会 編	¥3,990	〒400
木質分子生物学	樋口隆昌 編	¥4,200	〒400
木質科学実験マニュアル	日本木材学会 編	¥4,200	〒440

現代の林学シリーズ

書名	著編者	価格	送料
林政学	半田良一 編	¥4,515	〒400
森林風致計画学	伊藤精晤 編	¥3,990	〒400
林業機械学	大河原昭二 編	¥4,200	〒400
林木育種学	大庭・勝田 編	¥4,515	〒400
森林水文学	塚本良則 編	¥4,515	〒400
砂防工学	武居有恒 編	¥4,410	〒400
造林学	堤 利夫 編	¥4,200	〒400
林産経済学	森田 学 編	¥4,200	〒400
森林生態学	岩坪五郎 編	¥4,200	〒400
樹木環境生理学	永田・佐々木 編	¥4,200	〒400

定価はすべて税込み表示です

文永堂出版　〒113-0033　東京都文京区本郷2-27-3
URL http://www.buneido-syuppan.com
TEL 03-3814-3321　FAX 03-3814-9407